高等学校计算机基础教育教材精选

程序设计基础

赵 宏 主 编

王 恺 副主编

清华大学出版社
北 京

内 容 简 介

本书是专门为高等学校理工类特别是新工科学生编写的教材。全书共 16 章,内容涵盖结构化程序设计方法、面向对象程序设计方法以及基本的数据结构和算法 3 部分。本书通过对一些精选问题求解思路和方法的分析,以及针对初学者容易出现错误和困惑的地方提供的大量提示,帮助读者更好地理解使用计算机解决问题的基本原理和方法,提高计算思维能力,初步具备使用 C++ 程序设计语言解决实际问题的能力。

本书面向初学者,不要求读者具备计算机高级程序设计语言方面的背景知识。本书也是学堂在线的"程序设计基础(上)"和"程序设计基础(下)"MOOC 课程使用的教材,同时配套有《程序设计基础——上机实习及习题集》。本书也适合结合 MOOC 课程自主学习的读者学习参考。

图书在版编目(CIP)数据

程序设计基础/赵宏主编. —北京:清华大学出版社,2019(2024.8重印)
(高等学校计算机基础教育教材精选)
ISBN 978-7-302-53215-6

Ⅰ. ①程… Ⅱ. ①赵… Ⅲ. ①程序设计—高等学校—教材 Ⅳ. ①TP311.1

中国版本图书馆 CIP 数据核字(2019)第 129404 号

责任编辑:张瑞庆
封面设计:何凤霞
责任校对:胡伟民
责任印制:杨 艳

出版发行:清华大学出版社
  网 址:https://www.tup.com.cn,https://www.wqxuetang.com
  地 址:北京清华大学学研大厦 A 座   邮 编:100084
  社 总 机:010-83470000   邮 购:010-62786544
  投稿与读者服务:010-62776969,c-service@tup.tsinghua.edu.cn
  质量反馈:010-62772015,zhiliang@tup.tsinghua.edu.cn
  课件下载:https://www.tup.com.cn,010-83470236
印 装 者:三河市君旺印务有限公司
经 销:全国新华书店
开 本:185mm×260mm   印 张:27   字 数:677 千字
版 次:2019 年 9 月第 1 版   印 次:2024 年 8 月第 6 次印刷
定 价:69.90 元

产品编号:083947-02

前言

21世纪人类步入信息社会,大数据、人工智能、互联网+、物联网、区块链等已经融入人们日常的生活中,正在影响和改变着人们工作、学习和生活的方式,而这些都离不开计算机。

"计算"本身是一门学科,它在发展的同时也促进了其他学科的发展。21世纪科学上最重要的、经济上最有前途的研究前沿都有可能通过与计算科学进行学科融合而得到解决。计算机不仅为不同专业提供了解决专业问题的有效方法和手段,而且还提供了一种独特的处理问题的思维方式——计算思维。逻辑思维、实证思维和计算思维三大科学思维构成了现代科技创新的三大支柱。计算思维不仅仅属于计算机科学家所特有,它已经成为每个人应该具备的基本能力。因此,在培养学生的解析能力时,不仅要掌握阅读、写作和算术(Reading,wRiting,and aRithmetic——3R)能力,还要使学生接触计算的方法和模型,学会计算思维。

众所周知,计算机可以进行数值计算(科学计算)问题的求解,例如解方程(组)、函数求值、概率统计等,用来解决如气象预报、石油探测等问题。更多的时候,人们利用计算机进行非数值计算问题的求解,例如字符、图形、图像、声音、动画等,来解决文字处理、飞机售票、学生信息管理、道路交通管理等问题。对于计算机的处理对象,特别是非数值计算的问题求解,需要研究计算机的操作对象(数据元素)以及它们之间的关系和运算。

人类使用计算机求解实际问题的基本步骤是:首先将实际问题抽象成数学模型,即分析问题,从中抽象出操作的对象和相应的操作,找出这些操作对象之间的关系,并用数学的语言加以描述;其次设计实现这些操作的算法,并编写程序实现相应的算法;最后才是运行程序对实际问题进行求解。如何表示信息和如何处理信息,这正是计算机科学研究的主要问题。人类进行抽象和形式化,就需要学习和掌握常用的计算思维方式。

程序设计方法、数据结构和算法是计算机科学与工程的基础性领域知识,是开发高效计算机程序、解决各领域应用问题的核心。在寻求和实现数学模型的过程中,计算机算法与数据的结构密切相关。学习程序设计方法、数据结构和算法课程,不仅可以使学生掌握计算机基础课程的基本方法,更是训练学生计算思维的有效途径。

本书面向高等院校理工类特别是新工科学生掌握如何使用计算机求解问题、具有主动使用计算机解决生活和学科问题的意识和能力的需求,针对计算机学科最基础性的问题编写的教材。全书共分3部分:①结构化程序设计方法;②面向对象程序设计方法;③基本数据结构和算法。书中除了讲解计算的基本概念、方法,还给出了完整的实现代码。几乎每一章都给出了拓展学习的内容,读者可以通过扫描二维码进一步学习和提高。同时在配套教材《程序设计基础——上机实习及习题集》中,还为每一章配套了"课程实习""课后习题"

和"课后习题参考答案"等内容。

全书共 16 章,主要内容如下。

第 1～6 章为结构化程序设计方法。其中:

第 1 章 如何让计算机进行计算。首先介绍计算思维和程序流程图的基本画法;然后介绍程序设计的基本概念、步骤和方法;最后介绍 C++ 源程序的基本结构和组成元素以及 Visual studio 2010 集成开发环境。

第 2 章 计算机如何表示与处理数据。首先介绍二进制数及几种基本数据类型的二进制数据表示方法,包括不同数制数据之间的转换方法,整数、实数、字符和逻辑型数据的二进制表示方法等;然后介绍如何通过 C++ 语言实现这些基本数据类型在计算机中的存储,以及如何对这些基本数据类型的数据进行处理的方法。

第 3 章 选择与迭代算法。介绍处理问题时的选择算法和迭代算法,以及如何使用 C++ 语言实现选择和迭代算法。

第 4 章 结构化数据的处理。介绍多记录数据和多属性数据的存储方法,以及如何使用 C++ 语言实现这些数据的存储和处理。

第 5 章 模块化。介绍模块化的思想,以及如何使用 C++ 语言编写模块化程序。

第 6 章 数据存储。重点介绍计算机中数据存储的基本原理,以及如何使用 C++ 语言编写程序去操作内存中的数据。

第 7～10 章为面向对象程序设计方法。其中:

第 7 章 面向对象方法。介绍面向对象方法的基本概念,以及用 C++ 语言实现面向对象程序设计的基本方法。

第 8 章 继承与多态。介绍如何使用 C++ 语言来实现面向对象程序设计的两个重要特性——继承和多态。

第 9 章 输入输出流。介绍标准输入输出的基本方法,即输入输出流和文件输入输出流两方面的内容。

第 10 章 模板。介绍模板的基本概念,以及 C++ 中函数模板和类模板的定义及使用方法等。

第 11～16 章为基本的数据结构和算法。其中:

第 11 章 数据结构与算法的基本概念。首先介绍数据结构的基本术语、抽象数据类型、数据结构的存储结构和逻辑结构,然后介绍算法的基本概念和算法分析方法,最后介绍算法设计基本方法与常用的算法设计策略。

第 12 章 线性表。介绍线性表的逻辑结构,并给出线性表的抽象数据类型;还介绍线性表的顺序存储和链式存储的表示和实现方法等。

第 13 章 栈和队列。介绍栈的逻辑结构和抽象数据类型,并分别给出栈的顺序存储和链式存储的表示和实现方法;介绍队列的逻辑结构和抽象数据类型,并分别给出队列的顺序存储和链式存储的表示及实现方法等。

第 14 章 树和二叉树。介绍树的基本概念、二叉树的基本特性;二叉树的顺序表示、链式表示,二叉树的遍历和其他常用操作及其实现方法;哈夫曼树和哈夫曼码等。

第 15 章 图。介绍图的基本概念;图在计算机中常用的 3 种表示方法、图的遍历方法及其实现方法;结合具体应用问题,讲解最小生成树和最短路径的问题等。

第 16 章 算法设计策略及应用实例。介绍分治、贪心、动态规划、回溯和分支限界 5 种算法设计策略,并给出相应的应用实例。启发读者在遇到实际问题时,使用合理的策略设计出理想的算法。

为了便于练习,本书不仅给出算法的描述,还给出完整的程序代码。读者可直接或稍加改动就可以复用这些代码来解决自己的实际问题。

本书是由南开大学计算机学院公共计算机基础教学部的教师结合多年的教学经验及目前理工类和新工科大学生对计算机基础知识的需要编写的,教材综合考虑了 MOOC 和 SPOC 课程知识碎片化的特点,方便教师、学生和其他读者使用。赵宏负责第 1~3 章、第 7 章、第 10~13 章和第 16 章的编写并统编全书,王恺负责第 4~6 章、第 8 章、第 9 章、第 14 章和第 15 章的编写。

在本书的编写过程中,得到了清华大学出版社张瑞庆编审的大力支持,在此表示真诚的感谢!

本书还参考了国内外的一些程序设计方面的开放课程网站和书籍,力求有所突破和创新。由于编者能力和时间的限制,书中难免有不妥之处,恳请同行和读者指正,在此表示真诚谢意!

编　者

2019 年 4 月于南开园

目录

第1章　如何让计算机进行计算

导 学

【主要内容】

本章首先介绍计算思维和程序流程图的基本画法；然后介绍程序设计的基本概念、步骤和方法；接着简单介绍 C++ 高级程序设计语言，并通过两个简单的 C++ 程序实例，介绍 C++源程序的基本结构和组成元素；最后介绍 Visual Studio 2010 集成开发环境。

【重点】

● 计算思维的基本概念。
● 程序流程图的画法。
● C++ 程序的基本组成。
● 在 Visual Studio 2010 下编辑和运行 C++ 程序。

【难点】

培养主动使用计算机去解决生活和学科中问题的意识。

1.1　计算思维和程序流程图

1.1.1　计算思维

随着计算机技术的发展和应用，大数据、人工智能、互联网＋、物联网、区块链等都已经融入人们日常的生活中，正在影响和改变着人们工作、学习和生活的方式，而这些都离不开计算机，离不开程序设计。计算思维直面机器智能的不解之谜：在什么方面人类比计算机做得好？在什么方面计算机比人类做得好？最基本的问题是：什么是可计算的？

要使用计算机解决问题，就要具备计算思维。周以真教授在"Computational Thinking"这篇论文中明确地定义了计算思维：计算思维是运用计算机科学的基本理念，进行问题求解、系统设计以及理解人类行为。也就是说，计算思维是一种利用计算机解决问题的思维方式，而不是具体的学科知识。计算思维已成为世界公认的与理论思维、实验思维并列的三大思维之一。

计算思维作为利用计算机解决问题的思维方式,应当在所有领域被应用,而不是局限于计算机学科领域。计算思维是每个人的基本技能,而不仅仅属于计算机科学家。我们已见证了计算思维在其他学科中的影响。例如,机器学习已经改变了统计学,就数学尺度和维数而言,统计学习用于各类问题的规模在几年前还是不可想象的。人类已进入人工智能时代,人工智能的基础和核心都是机器学习。

当下及未来,计算思维是每个人都要具备的基本能力,而学习程序设计是培养计算思维的最直接有效的方法。本书将使用计算机进行计算的基本原理和方法以及如何使用 C++ 语言去实现这些方法等内容有机融合,培养人们主动运用"计算"的思想去思考和解决问题的意识及能力,为将来使用计算机解决问题打下良好的基础。

1.1.2 程序流程图

"程序流程图"简称"流程图",是人们对解决问题的方法、思路或算法的一种描述。流程图利用图形化的符号框来表示不同的操作,并用流程线来连接这些操作。通过画流程图,可以清楚地描述算法,方便交流,并为后边编写程序实现算法打好基础。

流程图具有如下优点:

■ 采用简单规范的符号,画法简单。

■ 结构清晰,逻辑性强。

■ 便于描述,容易理解。

流程图的基本符号及其含义见表 1-1。

表 1-1　流程图的基本符号和含义

符号名称	图形符号	含　义
圆角矩形		开始框或结束框,描述算法的开始或结束
矩形		处理框,描述处理
平行四边形		输入输出框,描述数据的输入或结果的输出
菱形		判断框,根据某个条件是否满足,作进一步相应的处理
流程线		流程线,描述各种处理之间的顺序关系

任何复杂的算法都可以由顺序结构、选择(分支)结构和循环(迭代)结构这 3 种基本结构组成,因此,只要掌握 3 种基本结构的流程图的画法,就可以画出任何算法的流程图。

【例 1-1】　图 1-1 是求任意两个整数和的算法流程图,采用顺序结构。

通过流程图可以看出,求任意两个整数和的算法如下:

处理开始→输入任意两个整数到 x 和 y 中→计算 x 和 y 的和并放到 result 中→输出问题求解结果 result→处理结束。

【例 1-2】　图 1-2 是判断某年是否是闰年的算法流程图,采用选择结构。

通过流程图可以很容易就看出判断某年是否是闰年的算法,表 1-2 是描述这个算法的表格。

图 1-1　顺序结构程序流程图

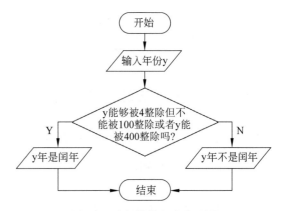

图 1-2　选择结构程序流程图

表 1-2　判断某年是否是闰年的算法

步骤	处　　理
1	输入要判断的年份到 y 中
2	如果 y 能够被 4 整除但不能被 100 整除或者 y 能被 400 整除,则输出判断结果"y 年是闰年";否则,输出判断结果"y 年不是闰年"

【例 1-3】　图 1-3 是计算 $1+2+3+\cdots+100$ 的算法流程图,采用循环结构。

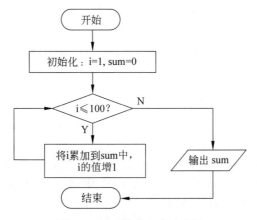

图 1-3　循环结构程序流程图

通过流程图可以很容易就看出计算 $1+2+3+\cdots+100$ 的算法,表 1-3 是描述这个算法的表格。

表 1-3　计算 $1+2+3+\cdots+100$ 的算法

步骤	处　　理
1	初始化,i=1,sum=0
2	如果 i≤100,将 i 累加到 sum 中,i 增加 1;重复步骤 2,直到条件 i≤100 不成立,执行步骤 3
3	输出 $1+2+3+\cdots+100$ 的计算结果 sum

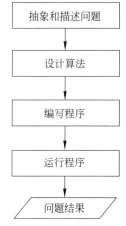1.2　程序设计的基本概念

1.2.1　用计算机求解问题的过程

1. 用计算机求解问题的基本流程

图 1-4 是用计算机求解问题的基本流程。下面是人类使用计算机求解实际问题的基本步骤。

（1）将实际问题抽象成数学模型。分析问题，从中抽象出处理的对象，用数据的形式对问题加以描述。

（2）设计求解问题的算法。对描述问题的数据设计出相应的处理方法，从而达到求解问题的目的。算法需要用某种形式（如自然语言、流程图、伪代码等）表示出来。设计算法是最关键的一步。

（3）编写程序实现算法。将算法翻译成计算机能够读懂的语言，期间还需要调试和测试计算机程序。

（4）运行程序求解问题。通过计算机运行程序，对描述问题的数据按照所设计的算法进行处理，最终得到求解问题的结果。

可见，**计算机程序**是通过计算机程序语言精确描述算法的模型，它的作用是指示计算机进行必要的计算和数据处理从而解决特定的问题。计算机程序涉及两个基本概念——数据和算法。**数据**是程序使用和处理的信息。面对问题，需要找出解决问题的方法，将这种能够在有限的步骤内解决问题的过程和方法称为**算法**。

图 1-4　用计算机求解问题的基本流程

下面举一个简单的例子，说明如何建立数学模型和确定算法。

【例 1-4】　在高度为 100m 的铁塔上平抛一个物体，初速度为 20m/s，求其运动轨迹。以 0.1s 为时间间隔，直到物体落到地面为止。

问题分析：设坐标原点在塔底，物体初始位置是 $x=0$，$y=100$。如果用 v_0 表示初速度，则物体在时刻 t 的坐标是：

$$x = v_0 t$$
$$y = 100 - \frac{1}{2}gt^2$$

这两个公式就是问题的数学模型。该问题是求物体的运动轨迹，即每隔 0.1s 计算物体的坐标值。采用的算法是：利用循环结构按以上公式计算每一组 x、y 的值，直到 $y=0$ 为止。

先用自然语言对算法进行描述：

① 定义变量 x、y 和 t，分别表示物体的坐标(x,y)和时刻 t，并分别给它们赋初值 0、100 和 0。输出物体的初始坐标(x,y)。

② 利用公式,计算 t＝0.1 时物体的坐标值 x、y 并输出,然后 t 增加 0.1。

③ 判断:如果 y＞0,则重复步骤②,否则结束。

描述该问题的算法流程图如图 1-5 所示。

2. 编程的步骤

用计算机求解问题的过程也称为**程序设计过程**,是指设计、编制、调试程序的方法和过程,是寻找算法并用计算机能够理解的语言表达出来的一种活动。程序设计过程涵盖了上述步骤,即明确要解决的问题,将问题抽象成一定的数学模型,找出解决问题的算法,用程序设计语言描述算法,运行程序求解问题。

编程是将所设计的算法转换成计算机能够运行的代码的过程。编写一个程序并让程序运行起来,一般包括编辑、编译、连接和执行等步骤。编程步骤如图 1-6 所示。

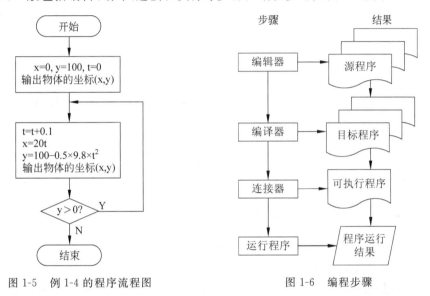

图 1-5　例 1-4 的程序流程图　　　　　　图 1-6　编程步骤

(1) 编写程序——编辑。使用文本编辑器编写程序,并将它保存到文件中,这个文件就是程序的**源代码**,保存源代码的文件称为源文件。源代码又称**源程序**,是程序员使用计算机高级语言(如 C++)编写的,但计算机不能直接运行源代码。

(2) 编译成目标程序——编译。编译器是一个软件,运行该软件将源代码翻译成计算机能够识别的内部语言——**机器语言**。源文件经过编译器编译后就会生成程序的目标代码文件,目标代码又称**目标程序**。

(3) 连接成可执行程序——连接。运行连接程序,将程序的目标程序和该程序调用的库函数的目标代码以及一些标准的启动代码组合起来,生成存储程序可执行代码的文件。可执行代码又称**可执行程序**。

(4) 运行程序——执行。运行可执行程序,得到程序的运行结果。

在编程的各阶段都可能出现问题。在编译阶段发现问题,说明程序的语法存在错误,需要回到编辑步骤,对不符合高级语言的语法错误进行修改;在运行阶段出现问题,可能是语法问题,但更多的是程序算法逻辑问题,此时需要重新修改源代码,再重复进行编译、连接和执行,直到得到满足要求的程序。

1.2.2 程序设计方法

20 世纪 60 年代末期,随着"软件危机"的出现,程序设计方法的研究开始受到重视。结构化程序设计(Structured Programming,SP)方法是程序设计历史中被最早提出的方法。20 世纪 70 年代中后期,针对结构化程序设计方法在进行大型项目设计时存在的缺陷,又提出了面向对象程序设计(Object Oriented Programming,OOP)方法。40 多年来人们针对面向对象程序设计方法开展了大量的研究工作,使得 OOP 方法成为目前最重要的程序设计方法。

1. 结构化程序设计方法

结构化程序设计(SP)方法也称为面向过程的程序设计方法,它反映了过程性编程的设计思想。SP 方法根据执行的操作来设计一个程序,简单易学,容易掌握,模块的层次清晰,降低了程序设计的复杂性,程序的可读性强。SP 方法便于多人分工开发和调试,从而有利于提高程序的可靠性。

例如,对于计算圆的面积和周长的问题,结构化程序设计方法的设计思想可用图 1-7 表示。

图 1-7　结构化程序设计方法的设计思想示意图

SP 方法的核心是将程序模块化,主要通过使用顺序、分支(选择)和循环(重复)3 种基本结构,形成具有复杂层次的结构化程序。它采用"自顶向下,逐步求精"的设计思想,其理念是将大型的程序分解成小型和便于管理的任务,如果其中的一项任务仍然较大,就将它分解成更小的任务。程序设计的过程就是将程序划分成为小型的、易于编写的模块的过程。程序的模块功能独立,只使用 3 种基本结构,具有单一出口和入口,增加了模块的独立性,可以像搭积木一样根据需要使用不同的模块。程序员开发程序单元(称为函数)来表示各个任务模块。图 1-8 是采用结构化程序设计方法所设计的程序结构示意图。

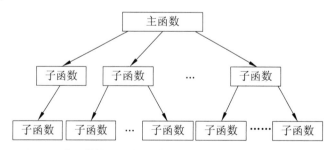

图 1-8　采用结构化程序设计方法所设计的程序结构示意图

到目前为止,仍有许多应用程序的开发采用结构化程序设计技术和方法。即使在目前普通采用的面向对象软件开发中,也不能完全脱离结构化程序设计。

2. 面向对象程序设计方法

面向对象程序设计(OPP)方法强调的是数据,而不是算法的过程性。根据人们认识世界的观念和方法,把任何事物都看成对象,复杂的对象由简单的对象以某种方式组成,认为世界是由各种对象组成的。

OOP 方法最重要的两个概念是类与对象,图 1-9 是类和对象的关系示意图。

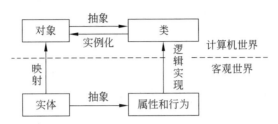

图 1-9　类和对象的关系示意图

OOP 方法中的对象是一个封装了数据和操作这些数据的代码的逻辑实体;类是具有相同类型的对象的抽象,一个对象所包含的所有数据和代码都可以通过类来构造。OOP 方法中的类通常规定了可以使用哪些数据和对这些数据执行哪些操作。数据表示对象的静态特征——属性,操作表示了对象的动态特征——行为。

例如,对于计算圆的面积和周长的问题,可以定义一个描述圆的类。类中定义的数据部分包括圆心的位置和半径;类中定义的操作部分包括输入圆心、输入半径、计算面积、计算周长以及输出结果等。

OOP 方法首先设计类,这些类准确地表示了程序要处理的事物,然后就可以设计使用这些类的对象的程序。它是自下向上(bottom—top)的编程方法,即从低级组织(如类)到高级组织(如程序)的处理过程。OOP 这种以对象为中心的设计方式符合人类认识事物和解决问题的思维方式和方法,能够较好地实现软件工程的 3 个主要目标:重用性、灵活性和扩展性。

OOP 方法还包含数据抽象、继承、动态绑定、数据封装、多态性、消息传递等主要概念,本书将在第 7 章及后续章节详细介绍。

说明:如果读者暂时对 SP 和 OOP 还不能理解,这是很正常的,不会影响下面内容的学习。其实,以后的学习也会遇到这样的情况,例如马上要遇到的 C++ 中的头文件、主函数及 cout、cin 等。不必担心,先把它们作为一种定式来使用,随着不断的使用和学习的深入,很快就会豁然开朗的。

📊 1.3　高级程序设计语言——C++

1. 低级程序设计语言和高级程序设计语言

计算机本身只会完成几十种及至上百种不同的简单动作,每一个动作称为一条指令。

计算机设计者用一个二进制的编码表示每一个动作,并为每一个动作设计一种通用的格式,即设计由指令码和内存地址组成的指令。所有指令构成了计算机的指令系统。计算机唯一可以读懂的语言就是计算机的指令,称之为**机器语言**,它也被称为低级程序设计语言。如果程序员直接把让计算机完成的任务以指令序列的形式写出来,就是机器语言程序设计。

高级程序设计语言,例如 C、C++、Java、C♯、Fortran、Python 和 R 语言等,是为解决使用机器语言编写程序困难的问题而逐步发展起来的,其语法符合人的习惯,便于普通用户编程,但计算机却不懂这类语言。编译程序、编译系统或编译器就是把用高级语言写出的程序翻译为机器语言的指令序列的程序。

有了高级程序设计语言及其编译系统的帮助,人们可以编制出规模更大、结构更复杂的程序。

在众多的高级程序设计语言中,如果学习好一种最基础的语言,其他语言就很容易上手了。因此,本书把 C++ 语言作为学习程序设计的工具语言。

2. C++ 语言

20 世纪 70 年代早期,Bell 实验室为开发 UNIX 操作系统,在旧语言的基础上,开发了能将低级语言的效率、硬件访问能力和高级语言的通用性、可移植性融合在一起的 C 语言。C 语言直至今天仍然被广泛应用。C++ 语言在 20 世纪 80 年代同样诞生于 Bell 实验室。C++ 语言是在 C 语言的基础上,沿用了 C 的大多数语法,并引入面向对象的特征,开发出的一种过程性与对象性相结合的程序设计语言,1983 年取名为 C++。1998 年国际标准化组织和美国国家标准局制定了 C++ 标准,称为 ISO/ANSI C++,也就是平时所使用的 C++。

C++ 语言开发的宗旨是使 OOP 方法和数据抽象成为软件开发者的一种真正实用技术。经过多次的改进和完善,目前的 C++ 语言具有两方面的特点:第一,C++ 是 C 语言的超集,与 C 语言兼容,这使得许多 C 代码不经修改就可以经 C++ 编译器进行编译;第二,C++ 支持面向对象程序设计,被称为真正意义上的面向对象程序设计语言。C 语言的灵魂是指针,掌握了指针,可以说就学会了 C 语言。C++ 的核心是面向对象、模板和泛化编程。

3. C++ 开发工具——Visual C++

Visual C++ 是由微软公司开发的专门负责开发 C++ 软件的工具,称为集成开发环境(Integrated Development Environment,IDE)。集成开发环境包括编写和修改源代码的文本编辑器、编译器、连接器、程序调试和运行,以及其他程序开发的辅助功能和工具。通过这个工具,可以大大地提高程序员开发程序的效率。本书采用的 IDE 是 Visual Studio 2010(简称 VS 2010)作为学习 C++ 语言和开发程序的工具。

1.4　初识 C++ 程序

下面通过两个简单的 C++ 程序实例,使读者初步了解 C++ 源程序的基本组成和在 VS 2010 下编辑、编译、连接和运行程序的步骤,通过模仿程序实例能够立即上手编写一些简单的 C++ 程序。

1.4.1　简单 C++ 程序实例

【例 1-5】　下面程序的功能是将"大家好!"输出到屏幕上。

```
/*
第一个简单 C++程序____Chap1_1.cpp
设计日期：2019 年 1 月
*/
#include<iostream>                        //预处理命令
using namespace std;                      //命名空间
int main()                                //主函数
{
    cout<<"大家好!";                      //输出
    return 0;                             //函数返回
}
```

【例 1-6】　下面程序的功能是将用户输入的两个整数求和,并将结果输出到屏幕上。

```
//第二个简单 C++程序____Chap1_2.cpp
//设计日期：2019 年 1 月
#include<iostream>                        //预处理命令
using namespace std;                      //命名空间
int main()                                //主函数
{
    int x,y,result;                       //定义变量
    cout<<"请输入两个整数：";             //输出
    cin>>x>>y;                            //从键盘输入数据
    result=x+y;                           //进行计算和赋值处理
    cout<<"两数之和为："<<result<<endl;   //向屏幕输出数据
    return 0;                             //函数返回
}
```

下面通过分析例 1-5 和例 1-6 两个程序的含义,了解 C++ 程序的几个基本组成部分。

1.4.2　C++ 源程序的组成

一个 C++ 程序一般由编译预处理命令、函数、语句、变量、输入输出和注释等几个部分组成。

1. 编译预处理命令

例 1-5 和例 1-6 中的"#include<iostream>"是一个编译预处理命令,它使程序具有了基本的输入输出功能。C++ 的编译预处理命令包括：宏定义命令、文件包含命令和条件编译命令,都是以井号"#"开始。关于编译预处理的内容也将在第 5 章详细介绍。

2. 函数

main()是程序的主函数。一个 C++ 程序一般由多个函数组成。这些函数可以是用户根据需要自己编写的函数——用户自定义函数,也可以是直接使用系统提供的函数——标准库函数。函数体用一对花括号(大括号)"{ }"括起来。函数又称模块,关于函数的内容也将在第 5 章详细介绍。

说明:

◆ 程序都是从主函数 main() 开始执行的。所以,任何一个程序必须有且只能有一个主函数 main。

◆ 例 1-5 和例 1-6 采用的都是 SP 方法。

3. 语句

语句是函数的基本组成单元。任何一条语句都以分号";"结束。上面的两个程序都只有一个函数——主函数,该函数由用花括号"{"和"}"括起来的多条语句组成。语句可以构成顺序、选择和循环 3 种程序控制结构。关于 C++ 的基本语句和程序控制结构的内容将在第 2 章和第 3 章详细介绍。

4. 变量

例 1-6 的语句"int x,y,result;"是变量定义语句。其中,int 表示变量的数据类型是整型。这条语句说明在程序中定义了 3 个整型变量:x、y 和 result。C++ 程序需要将数据放在内存单元中,变量名就是内存单元中数据的标识符,通过变量名来存储和访问相应的数据。关于变量的定义和使用将在第 2 章详细介绍。

5. 命名空间

例 1-5 和例 1-6 中的"using namespace std;"是 using 编译指令,表示使用命名空间 std。命名空间是为了解决 C++ 中的变量、函数、类等命名冲突的问题而设置的。解决的办法就是将相同名字定义在一个不同名字的命名空间中。就好像 Tom 有一本《哈利波特》,Jane 也有一本《哈利波特》。如果要借阅《哈利波特》这本书,就要说明借阅的是 Tom 的还是 Jane 的。Tom 和 Jane 就是两个命名空间。如果前面声明过是 Tom 的(using namespace Tom;),则再遇到《哈利波特》时,指的就是 Tom 的《哈利波特》。上面两个例子中的 main 函数都需要使用位于命名空间 std 中的 cin、cout 和 endl,所以,在前面增加了声明命名空间的语句"using namespace std;"。

事实上,语句"using namespace std;"也可以放在函数里。在具有多个函数的程序中,为了使多个函数都能够访问命名空间 std,只需将"using namespace std;"语句放在所有函数定义之前即可。

如果没有使用"using namespace std;"语句,在需要使用命名空间 std 中的元素时,可以直接使用前缀"std::"。例如:

```
std::cout<<"大家好!";
```

6. 输入输出

C++ 程序中的输入语句用来接受用户的输入,输出语句用来向用户返回程序的运行结果和相关信息。

1)输出 cout

例 1-5 中的"cout＜＜"大家好!";"是输出语句,用 cout(读 C—Out)将用两端加上双引号表示的一个字符串"大家好!"输出到屏幕上。语句中的＜＜称为**插入运算符**,不能省略。第二个程序中的输出语句"cout＜＜"结果为:"＜＜result＜＜endl;"的功能是先将字符串"结果为:"输出到屏幕上,然后再将变量 result 的值输出到屏幕上,最后在屏幕上输出一个换行。其中,endl 是 C++ 的一个控制符,表示重起一行。

2)输入 cin

例 1-6 中的"cin＞＞x＞＞y;"是输入语句,用 cin(读 C—In)将用户通过键盘输入的两个整数分别放在变量 x 和 y 中。语句中的＞＞称为**提取运算符**,也不能省略。语句"cin＞＞x＞＞y;"也可以用以下两条语句代替:

```
cin>>x;
cin>>y;
```

读者可以模仿程序实例直接使用 cin 和 cout。关于 C++ 输入输出更多的内容将在第 9 章详细介绍。

7. 函数返回

两个程序中的"return 0;"是函数返回语句,表示结束函数调用。对于有函数值的函数,必须使用返回语句,以便将值返回给调用函数。相关内容将在第 5 章介绍。

8. 注释

注释的作用就是帮助程序员阅读源程序,提高程序的可读性。编译器在进行编译时会忽略注释,即不会将注释的内容一起编译。注释有单行注释和多行注释两种方式。

1)单行注释
单行注释使用符号//,其后面直到一行结束的内容都为注释内容。

2)多行注释
多行注释使用符号/＊和＊/,它们中间的内容为注释内容。

上面的两个程序中都用到了两种注释,但并不是每一条语句都需要注释,程序员可在需要的地方添加注释。

说明:

◆ 不能去掉语句"♯include＜iostream＞"和"using namespace std;",否则程序无法使用 cout 和 cin 等输入输出操作。

◆ 源程序中表示函数名后面的一对圆括号"("和")"不能缺省;函数体的一对花括号"{"和"}"也不能缺省,且须成对出现。

◆ 字符串常量是一个整体,两端的双引号不能缺省,如"大家好!"。

◆ 每一条语句后面的分号";"不能缺省。

◆ 在编写程序时特别要注意标点符号,如分号、双引号、单引号、句点等,都是英文符号。一旦输入的是中文的标点符号就会出错而且不易查找。

◆ 多行注释实际上是C语言的注释风格,在C++中也可以使用,但应尽量使用C++风格的单行注释。

1.4.3 C++源程序的组成元素

1. 字符集

字符集是组成语言词法的一个字符集合。程序员编写的源程序不能使用字符集以外的字符,否则编译系统无法识别。C++语言的字符集包括:

■ 大写、小写英文字母,共52个。

■ 数字字符0~9,共10个。

■ 运算符、标点符号及其他字符,共30个,即:

＋、－、＊、／、％、＝、!、&、|、~、^、＜、＞、;、:、?、,、.、'、"、\、()、[,]、{,}、#、_、空格

2. 标识符

标识符是指由程序员定义的词法符号,用来给变量、函数、数组、类、对象、类型等命名。定义标识符应该遵守以下规则:

■ 标识符只能使用大小写字母、数字和下画线(_)。

■ 标识符的首字符必须是字母或下画线。

例如,下列标识符是合法的。

No200、m_name、v1_1、Prog1、name、warm、student

而下列标识符是不合法的。

100Student、％Num、Number5-3、AnShan Road 183、abc＋123

■ C++标识符区分大写字母和小写字母。例如,Time、TIME、time是3个不同的标识符。

■ C++对标识符的长度没有限制,但受编译系统的影响,C++标识符的长度最好不要超过32个字符。

■ 标识符不能与系统关键字(保留字)同名。

3. 常用系统关键字

关键字又称**保留字**,是组成编程语言词汇表的标识符,用户不能再用它们标识其他实体。表1-4是C++的关键字(按字母顺序排列)。

表 1-4　C++ 的关键字

asm	auto	bool	break	case	catch
char	class	const	const_case	continue	default
delete	do	double	dynamic_case	else	enum
explicit	export	extern	flase	float	for
friend	goto	if	inline	int	long
mutable	namespace	new	operator	private	protected
public	register	reinterpret_cast	return	short	signed
sizeof	static	static_case	struct	switch	template
this	throw	true	try	typedef	typeid
typename	union	unsigned	using	virtual	void
volatile	wchar_t	while			

　　C++ 中可以用单词或字符组合来代替一些运算符——替代标记,关于运算符的含义将在第 2 章详细介绍。用户也不能用替代标记来标识其他实体。关于具体的替代标记使用较少,在此不再赘述。

1.5　集成开发环境——VS 2010

　　首先了解 VS 2010 的几个基本术语。

1. 解决方案

　　VS 2010 使用解决方案(Solution)来组织和管理多个相关的项目。一般情况下,一个解决方案都会包含多个项目,为解决方案设置一个合理的目录结构并配合一定的环境变量,不但可以使代码管理井井有条,项目成员之间也更容易相互配合,更重要的是能够使最终应用程序安装包的制作、源代码的打包发布和转移变得十分容易。

2. 项目

　　在 VS 2010 程序开发环境下,编写程序的工作是以项目(Project)为单位的。开发一个软件,相当于开发一个项目。项目的作用是协调组织好一个软件中的所有程序代码、头文件或其他额外资源。可以在 VS 2010 下创建不同类型的项目,本书只介绍"Win32 控制台应用程序(Win32 Console Application)"类型的应用程序的开发。

3. 源程序文件

　　用 C++ 源程序文件(简称源文件,Source File)的扩展名为.cpp,一般放在项目的源文件目录中。该源文件不能直接在机器中运行,需要经过后面的编译连接成可执行文件后,才能运行。

4. 编译并连接

编译并连接(Build)是把源程序编译成目标程序和可执行程序。如果源程序有错误,则编译器会给出编译错误信息;连接器会将相关目标程序连接成可执行程序,如果连接有问题,连接器会给出连接错误,否则连接生成可执行程序。

5. 运行

运行(Run)就是启动一个可执行程序使其开始运行。

6. 调试

调试(Debug)一般是指当程序运行出错时,借助 VS 2010 中的调试工具,逐条执行或部分执行程序的代码,在执行过程中查看变量的值,当发现变量的值与预期的值不同时,也就找到程序出错的地方。

图 1-10 是 VS 2010 集成开发环境的主要工作界面。

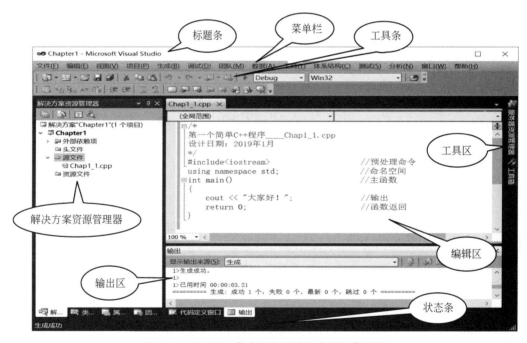

图 1-10　VS 2010 集成开发环境的主要工作界面

VS 2010 集成开发环境的各部分组成如下。

- 标题条:显示当前开发的应用程序名,形式为

  应用程序名 - Microsoft Visual Studio

- 菜单栏:包含文件、编辑、视图、项目、生成、调试、团队、数据、工具、体系结构、测试、分析、窗口和帮助等菜单项,可完成 VS 2010 的所有功能。

- 工具条:包含若干图形按钮和下拉式列表框,对应于某些常用的菜单项或命令的功能,简单形象,可方便用户操作。

- 解决方案资源管理器：用于组织和选择项目、文件等。
- 编辑区：用于编辑程序的源代码和资源。
- 工具区：包含工具箱、服务器资源管理器等可以滑出的隐藏页面。
- 输出区：包含输出、代码定义窗口和调用浏览器等页面，用于显示操作的结果和出错信息、相关定义和帮助信息等。
- 状态条：显示当前操作或所选菜单/图标的提示信息。

如何使用 VS 2010 开发和调试程序详细的用法请参考教学视频和与本书配套的《程序设计基础——上机实习及习题集》的附录 A。请扫描下面的二维码学习在 VS 2010 下开发程序的基本方法。还有很多 IDE 环境可以用来开发 C++ 程序，例如 Dev-C++ 和 CodeBlocks，也可以扫描下面的二维码学习和选择自己喜欢的 IDE。

拓展学习

几种 IDE 环境

更多关于计算思维的内容和对于本课程的学习建议，请参阅拓展学习。

拓展学习

Computational Thinking 和学习建议

第 2 章　计算机如何表示与处理数据

🎯导 学

【主要内容】

在计算机中,所有的数据和指令都采用二进制数形式存储。计算机中存储的数据分为两大类:数值数据和非数值数据。数值数据能够表示数值的大小;而非数值数据则是字符、图形、图像、声音等非数值信息的数字化表示。因此,在计算机中存储的同一个二进制数,在不同的应用场景下,会有不同的含义。人类使用计算机求解问题,就是对计算机中存储的数据进行加工处理得到新的数据,即获得新的信息,得到问题的解。本章介绍二进制数以及几种基本数据类型的二进制数据表示方法,包括不同进制数值之间进行转换的方法,整数、实数、字符和逻辑型数据的二进制表示法等;介绍如何通过 C++ 语言实现这些基本数据类型在计算机中的存储,以及对这些基本数据类型的数据进行处理的方法。

【重点】

- 数制及数制之间相关转换的方法。
- 计算机表示整数、实数等数值型数据的方法。
- 计算机表示字符、汉字、字符串、逻辑型数据的方法。
- C++ 中的基本数据类型。
- C++ 中的常量和变量。
- C++ 中各类运算符及其表达式。
- C++ 中运算符的优先级和结合性。

【难点】

- 实数在计算机中的表示方法。
- C++ 中运算符的优先级、结合性以及表达式的求值顺序。

2.1 常用数制及不同数制数值之间的转换

2.1.1 数制

1. 数制

数制就是用一组固定的数码和一套统一的规则来表示数值的方法。例如我们最熟悉的十进制,使用固定的 10 个数码(0,1,2,3,4,5,6,7,8,9)并按照"逢十进一"的计数规则来表示数值;再如,在计算机中使用的二进制数,使用两个固定数码(0 和 1),计数规则为"逢二进一"。

在一种数制中所使用的数码的个数称为该数制的**基数**。可见十进制的基数为 10,二进制的基数为 2。每一种数制中最小的数码都是 0,而最大的数码比基数小 1。

十进制数 1111.11 中有 6 个数码 1,它们所表示的值从左到右依次是 1000、100、10、1、0.1 和 0.01。该数可以表示成如下按权展开的形式:

$$1111.11 = 1 \times 10^3 + 1 \times 10^2 + 1 \times 10^1 + 1 \times 10^0 + 1 \times 10^{-1} + 1 \times 10^{-2}$$

任意一个具有 n 位整数和 m 位小数的 R 进制数 N 的按权展开式如下:

$$(N)_R = a_{n-1} \times R^{n-1} + a_{n-2} \times R^{n-2} + \cdots + a_2 \times R^2 + a_1 \times R^1 + a_0 \times R^0 + a_{-1} \times R^{-1} + \cdots + a_{-m} \times R^{-m}$$

其中,a_i 为 R 进制的数码,a_i 的取值范围为 $[0, R-1]$;R^i 为 R 进制数的位权。

【例 2-1】 写出十进制数 1230.45 的按权展开式。

解:$1230.45 = 1 \times 10^3 + 2 \times 10^2 + 3 \times 10^1 + 0 \times 10^0 + 4 \times 10^{-1} + 5 \times 10^{-2}$

【例 2-2】 二进制数 11011.11 的按权展开式。

解:$11011.01 = 1 \times 2^4 + 1 \times 2^3 + 0 \times 2^2 + 1 \times 2^1 + 1 \times 2^0 + 0 \times 2^{-1} + 1 \times 2^{-2}$

2. 常用数制

计算机领域中常用的数制有 4 种:二进制、八进制、十进制和十六进制。二进制是计算机中使用的基本数制,二进制数比十进制的运算规则简单得多。二进制仅使用两个数码 0和 1,只需要用两种不同的稳定状态(如高电位与低电位)来表示。1 和 0 两个数码可以用来表示逻辑值"真"和逻辑值"假",从而容易处理逻辑运算。如果采用十进制数,则需要用 10种状态来表示每个数码,实现起来要困难很多。二进制仅使用两个数码,传输和处理时出错概率小,这使得计算机具有很高的可靠性。

人们可以将熟悉的十进制数输入计算机,由计算机将其自动转换成二进制数进行存储和处理,计算结果也会自动转换成十进制数输出,这给人们使用计算机带来极大的方便。由于二进制数的位数较多,不方便书写和阅读,所以常用十六进制数或八进制数表示二进制数。十六进制数的数码为 0,1,2,3,…,9,A,B,C,D E,F,其中,A~F 分别代表 10~15。

当给出一个数时就必须指明它属于哪一种数制。不同数制中的数在书写时,可以用下标或后缀来标识。例如,二进制数 10110 可以写成 $(10110)_2$ 或 10110B;十六进制数 2D5F

可以写成$(2D5F)_{16}$或2D5FH；十进制数123.45可以写成$(123.45)_{10}$或123.45D，也可直接写成123.45。

表2-1列出了4种常用数制中的数码、基数、位权及后缀。

表2-1　4种常用数制中的数码、基数、位权及后缀

数　制	十　进　制	二　进　制	八　进　制	十　六　进　制
数码	$0,1,2,3,\cdots,9$	$0,1$	$0,1,2,3,\cdots,7$	$0,1,2,3,\cdots,9,A,B,C,D\,E,F$
基数	10	2	8	16
位权	10^i	2^i	8^i	16^i
后缀	D	B	Q	H

2.1.2　不同数制之间的转换

1. 非十进制数转换成十进制数

非十进制数转换成十进制数的方法是将非十进制数按权展开求和。

【例2-3】　将二进制数$(1101.1)_2$转换成十进制数。

解：$(1101.1)_2=1\times 2^3+1\times 2^2+0\times 2^1+1\times 2^0+1\times 2^{-1}$
$$=8+4+0+1+0.5$$
$$=13.5$$

【例2-4】　将八进制数$(346)_8$转换成十进制数。

解：$(346)_8=3\times 8^2+4\times 8^1+6\times 8^0$
$$=192+32+6$$
$$=230$$

【例2-5】　将十六进制数$(2A6.8)_{16}$转换成十进制数。

解：$(2A6.8)_{16}=2\times 16^2+10\times 16^1+6\times 16^0+8\times 16^{-1}$
$$=512+160+6+0.5$$
$$=678.5$$

2. 十进制数转换成非十进制数

十进制数转换成非十进制数的方法是：整数部分的转换采用"除基取余法"；小数部分的转换采用"乘基取整法"。

【例2-6】　将十进制数20转换成二进制数。

解：采用"除基取余法"：

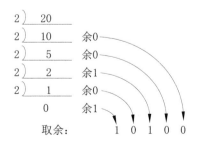

转换结果是：20＝10100B。

【例 2-7】 将十进制数 20.25 转换成二进制数。

解： 首先将整数部分 20 按上述方法转换为二进制数 10100B；再将小数部分 0.25 连续乘以基数 2，直到小数部分等于 0 为止。然后，将每次相乘所得到的数的整数部分按正序从左到右排列即可。

小数部分 0.25 采用"乘基取整法"：

$$
\begin{array}{r}
\text{整数} \quad 0.25 \quad \times 2 \\
0 \quad 0.50 \quad \times 2 \\
1 \quad 1.00 \\
\text{取整：} 0 \quad 1
\end{array}
$$

转换结果是：20.25＝10100.01B。

说明： 不是所有的十进制小数都能用二进制小数来精确地表示。例如 0.57，无论乘以多少个 2，都不可能使小数部分成为 0。此时，可根据精度的要求取适当的小数位数即可。

3. 非十进制数之间的相互转换

1）二进制数与八进制数之间的相互转换

八进制数转换成二进制数的方法是：将每一位八进制数直接写成相应的 3 位二进制数。

二制数转换成八进制数的方法是：以小数点为界，向左或向右将每 3 位二进制数分成一组，如果不足 3 位则用 0 补足。然后，将每一组二进制数直接写成相应的 1 位八进制数。

【例 2-8】 将八进制数 $(425.67)_8$ 转换成二进制数。

解： $(425.67)_8 = (100 \quad 010 \quad 101.110 \quad 111)_2$

【例 2-9】 将二进制数 $(10101111.01101)_2$ 转换成八进制数。

解： $(10101111.01101)_2 = (010 \quad 101 \quad 111.011 \quad 010)_2$
$$= (257.32)_8$$

2）二进制数与十六进制数之间的相互转换

十六进制数转换成二进制数的方法是：将每一位十六进制数直接写成相应的 4 位二进制数。

二进制数转换成十六进制数的方法是：以小数点为界，向左或向右将每 4 位二进制数分成一组，如果不足 4 位则用 0 补足。然后，将每一组二进制数直接写成相应的 1 位十六进制数。

【例 2-10】 将十六进制数 $(2C8)_{16}$ 转换成二进制数。

解： $(2C8)_{16} = (0010 \quad 1100 \quad 1000)_2$
$$= (1011001000)_2$$

【例 2-11】 将二进制数 $(1011001.11)_2$ 转换成十六进制数。

解： $(1011001.11)_2 = (0101 \quad 1001.1100)_2$
$$= (59.C)_{16}$$

2.2 整数在计算机中的表示

2.2.1 数据的单位

1. 位

计算机中最小的数据单位是二进制的一个数位,简称位(bit,b),译音为"比特"。一个二进制位可以表示 0 和 1 两种状态,即 2^1 种状态,所以,n 个二进制位可以表示 2^n 种状态。位数越多,所能表示的状态就越多,也就能够表示更多的数据或信息。

2. 字节

8 位二进制数为一个字节(Byte,B),译音为"拜特"。

字节是计算机中用来表示存储空间大小的最基本的容量单位。表示更多的存储容量经常使用 KB(2^{10}B)、MB(2^{20}B)、GB(2^{30}B)和 TB(2^{40}B)等单位。

3. 字

字(word)是计算机一次能够存储和处理的二进制位的长度。所谓的 64 位计算机,含义是该计算机的字长是 64 个二进制位,即每一个字由 8 个字节组成。

2.2.2 整数的表示方法

数值型数据是人类用来表示数据大小的数据,包括整数和实数两种类型。

整型包括正整数($1,2,3,\cdots,n,\cdots$,其中 n 为整数)、0 和负整数($-1,-2,-3,\cdots,-n,\cdots$,其中 n 为整数)。整数是人类掌握的最基本的数学工具。

在计算机中用二进制数来表示整数,采用无符号和有符号两种形式。无符号整数只能表示正整数和 0,有符号整数可以用来表示正整数、0 和负整数。

1. 无符号整数的表示方法

无符号整数的编码与其数值相同。因此,无符号整数只能表示正整数或 0。

【例 2-12】 假设二进制数 01001010 表示的是一个无符号整数,则该无符号整数的值是多少?

解:
$$01001011 = 0\times2^7 + 1\times2^6 + 0\times2^5 + 0\times2^4 + 1\times2^3 + 0\times2^2 + 1\times2^1 + 1\times2^0$$
$$= 0+64+0+0+8+0+2+1$$
$$= 75$$

所以,二进制数 01001011 所代表的无符号整数的值是 75。

8 位二进制数表示的最大无符号整数是 11111111,即 2^8-1;表示的最小无符号整数是 00000000,即 0。在计算机中,用于存储数据的位数越多,所能表示的数值的范围越大。

表 2-2是二进制的位数与所能表示的无符号整数的范围。

表 2-2　二进制的位数与所能表示的无符号整数的范围

位　　数	最大值	最小值
8(1 个字节)	$2^8-1=255$	0
16(2 个字节)	$2^{16}-1=65\ 535$	0
32(4 个字节)	$2^{32}-1=4\ 294\ 967\ 295$	0
64(8 个字节)	$2^{64}-1=18\ 446\ 744\ 073\ 709\ 551\ 615$	0

2. 有符号整数的表示方法

1) 原码表示法

将数的符号数码化,对于 n 位有符号整数,用最高的一个二进制位表示符号:正数该位取 0,负数该位取 1。其余 n－1 位是数值位,存储数的绝对值,如果绝对值不足 n－1 位,则在左侧用 0 补齐。

【例 2-13】　假设 x＝＋1011011,y＝－1011011,z＝－10110(＝－0010110),写出 x、y 和 z 的 8 位原码形式。

解:$[x]_原$＝01011011

$[y]_原$＝11011011

$[Z]_原$＝10010110

可以从另一个角度来理解原码。以 n＝8 为例,其数值部分写成二进制形式,最多为 7 位。当要表示的整数 x 为正数时,其原码就是该数本身,第 8 位(符号位)补 0;当 x 为负数时,第 8 位为 1,等于该数的绝对值加上(10000000)₂,即 127。所以,8 位原码所能表示的整数范围为:－127≤x≤127。

原码表示法有如下特点:

- 直观,与真值转换很方便。
- 进行乘、除运算方便。这是因为其数值部分保持了数据的原有形式,对数值部分进行乘或除运算就可得到积或商的数值部分,而积或商的符号位可由两个数原码的符号位进行逻辑运算而得到。
- 进行加、减运算比较麻烦。例如加法运算,两个数相加需先判别符号位,若其不同,实际要做减法运算,这时需再判断绝对值的大小,用绝对值大的数减绝对值小的数,最后还要决定结果的符号位。主要原因是符号位不能参与运算。
- 原码有两个 0:＋0(00000000)和－0(10000000)。

2) 补码表示法

据统计,在所有的运算中,加、减运算要占到 80％以上,因此,能否方便地进行正、负的加、减运算将直接关系到计算机的运行效率。

(1) 一个非常重要的概念——模。

"模"是指一个计量系统的计数范围。例如,时钟的计量范围是 0～11,模＝12。

"模"实质上是计量器产生"溢出"的量,它的值在计量器上表示不出来,计量器上只能表示出模的余数。

任何有模的计量器,均可将减法运算转化为加法运算。

例如,假设当前时针指向 10 点,而准确时间是 6 点,调整时间可有以下两种拨法:一种是倒拨 4 小时,即 $10-4=6$;另一种是顺拨 8 小时,即 $10+8=12+6=6$。

在钟表上,12 相当于 0,超过 12 时,12 就丢失了。这种运算称为**按模运算**。在以 12 为模的系统中,加 8 和减 4 效果是一样的,因此凡是减 4 运算,都可以用加 8 来代替。

所以,在以 12 为模的系统中,8 和 4 互为补数,11 和 1、10 和 2、9 和 3、7 和 5、6 和 6 也都互为补数,即相加等于模的两个数互为补数。

计算机也可以看成是一个计量机器,它也有一个计量范围,即都存在一个"模"。n 位计算机,表示 n 位的计算机计量范围是 $0\sim2^n-1$,模$=2^n$。

设 $n=8$,所能表示的最大数是 11111111,若再加 1 成为 100000000(9 位),但因只有 8 位,最高位 1 自然丢失。又回到 00000000,所以 8 位二进制系统的模为 $2^8=256$。同样,在计算机中也可以采用按模运算,可以将正数加负数(减法)转化成正数加正数。例如,要将 $+0001111$(15)和 -0001100(-12)相加(实际是要做减法运算),先将 -0001100 与模 10000000(256)相加,得到 11110100($-12+256=244$),再拿原被加数 0001111(15)和 11110100(-12 的补数)相加,得 00000011($15+244=256+3=3$),最高位的进位,即模丢失。

可见,在计算机中,将负数加模就可以转化成正数,使正数加负数转化成正数加正数。把补数用到计算机对数据的处理上,就是补码。在计算机系统中,正数的补码就是它本身,符号位取 0,即和原码相同,负数的补码是该负数加模的结果。

(2) 补码的求法。

补码的求法如下:

■ 对正数,补码与原码相同。

■ 对负数,由上面的规则求补码,需做减法,不方便。经推导可知,负数的补码等于其原码除符号位外按位"求反"(即 1 变 0,0 变 1),末位再加 1。

说明:由求补码的方法可以看出,对于补码,其符号位和原码的符号相同,也表示了真值的符号,即正数的符号位为 0,负数的符号位为 1。

【例 2-14】 在计算机中用 1 个字节如何表示 75。

解:1 个字节是 8 个二进制位。由于 75 是正整数,最高的 1 位符号位为 0,表示正数。剩下的 7 位数值位用来表示 75 的值。由例 2-12 可知,75 的二进制数值为 1001011。所以,在计算机中用 1 个字节表示 75 的格式为:01001011。

【例 2-15】 在计算机中用 1 个字节如何表示 -75。

解:1 个字节是 8 个二进制位。由例 2-12 可知,75 的二进制数值为 1001011,所以,-75 的原码为 11001011,下面求 -75 的补码:

① 对后 7 位数值位 1001011 逐位取返,即 0 变 1,1 变 0。

    原　　值:1001011

    逐位取返:0110100

② 在末位加 1。

$$0110100$$
$$+\ 0000001$$
$$\overline{\ \ 0110101}$$

所以,在计算机中用 1 个字节表示 -75 的格式为:10110101。

(3) 补码的性质。

补码的性质如下:

- $[x+y]_{\text{补}}=[x]_{\text{补}}+[y]_{\text{补}}$,即两数之和的补码等于两数各自补码的和。
- $[x-y]_{\text{补}}=[x]_{\text{补}}+[-y]_{\text{补}}$,即两数之差的补码等于被减数的补码与减数相反数的补码之和。
- $[[x]_{\text{补}}]_{\text{补}}=[x]_{\text{原}}$,即按求补的方法,对 $[x]_{\text{补}}$ 再求补一次,结果等于 $[x]_{\text{原}}$。

【例 2-16】　假设用 8 位表示有符号整数。已知 $X=107,Y=-41$,求 $X+Y$。

解:$[X]_{\text{补}}=01101011$

　　$[Y]_{\text{补}}=11010111$

　　$[X+Y]_{\text{补}}=[X]_{\text{补}}+[Y]_{\text{补}}$

$$01101011$$
$$+\ \ 11010111$$
$$\overline{101000010}$$

因为计算机中运算器的位长是固定的 8 位,上述运算中产生的最高位进位自动丢掉,所以,$[X+Y]_{\text{补}}=01000010$。

由于最高位为 0,其值为正,即 $[X+Y]_{\text{原}}=[X+Y]_{\text{补}}$。由于 1000010 的值为 66,所以,$X+Y$ 的值为 66。

【例 2-17】　假设用 8 位表示有符号整数。已知 $X=41,Y=107$,求 $X-Y$。

解:$[X]_{\text{补}}=00101001$

　　$[-Y]_{\text{补}}=[-107]_{\text{补}}=10010101$

　　$[X-Y]_{\text{补}}=[X]_{\text{补}}+[-Y]_{\text{补}}$

$$00101001$$
$$+\ \ 10010101$$
$$\overline{10111110}$$

由于 $[X-Y]_{\text{补}}$ 的最高位为 1,其值为负,对 $[X-Y]_{\text{补}}$ 求补得 $[X-Y]_{\text{原}}=11000010$。由于最高位为 1,是负数,1000010 的值为 66,所以,$X-Y$ 的值为 -66。

表 2-3 是补码表示整数的范围。

表 2-3　补码表示整数的范围

位　数	最　大　值	最　小　值
8	$+2^7-1=+127$	$-2^7=-128$
16	$+2^{15}-1=+32\ 767$	$-2^{15}=-32\ 768$
32	$+2^{31}-1=+2\ 147\ 483\ 647$	$-2^{31}=-2\ 147\ 483\ 648$
64	$+2^{63}-1=+9\ 223\ 372\ 036\ 854\ 775\ 807$	$-2^{63}=-9\ 223\ 372\ 036\ 854\ 775\ 808$

2.3 实数在计算机中的表示

实数可以用来表示连续的量。在实际运用中,实数经常被近似成一个有限小数,即保留小数点后 n 位,n 为正整数。

我们已经知道了如何在计算机中存储没有小数部分的数值数据。如果采用类似的格式来存储实数,由于能够存储的小数位数非常有限,这对于实数来说是远远不够的。因此,在计算机领域,一般采用浮点数的形式来近似地表示实数。具体地说,在计算机中,表示一个实数的浮点数 a 是一个整数 M 乘以 2 的整数次幂 E 构成:

$$a = sM \times 2^E$$

其中,s 为数值的符号,称为**数符**,M 为数值的精度,称为**尾数**,指数 E 称为**阶码**。

每一个浮点数都包含数符、尾数和阶码 3 部分。最常用的浮点数格式之一就是 IEEE 754 国际标准。IEEE 745 规定:

- 尾数 M 采用原码表示。
- 尾数采用二进制的规格化方法。
- 阶码 E 用移码表示(即在真值上增加一个偏置值)。

由于同一个浮点数的表示不是唯一的,例如十进制数 0.75 可以表示成多种形式:

$$11.0 \times 2^{-2}$$
$$1.1 \times 2^{-1}$$
$$0.11 \times 2^{0}$$
$$0.011 \times 2^{1}$$
$$0.0011 \times 2^{2}$$
$$\vdots$$

因此,浮点数都采用二进制数的规格化格式。

规格化浮点数的规定如下:

- 尾数的最高有效位为 1。
- 为了提高浮点数的表数精度,最高位不会被存储,只存储尾数的小数部分。

表 2-4 是 IEEE 754 规定的 32 位和 64 位浮点数的格式和能够表示的数据(简称表数)范围。

表 2-4 IEEE 754 规定的 32 位和 64 位浮点数的格式和表数范围

类型	二进制位数				移码	表数范围	
	数符(s)	阶码(E)	尾数(M)	总位数	偏置值	最小值	最大值
单精度浮点数(float)	1 位	8 位	23 位	32 位	127	-3.4×10^{38}	3.4×10^{38}
双精度浮点数(double)	1 位	11 位	52 位	64 位	1023	-1.7×10^{308}	1.7×10^{308}

浮点数格式中的 1 位数符若设置为 0 表示正数,若设置为 1 则表示负数。

除了默认的尾数最高位是 1 的有效数字外,对于单精度浮点数,最多还能够存储 23 位有效数字,对于双精度浮点数,最多还能够存储 52 位有效数字。如果有效数字的位数少于23 或 52,则用 0 补齐。由于单精度浮点数和双精度浮点数的存储在尾数中隐含存储着一个 1,因此在计算尾数的真值时比一般形式要多一个整数 1。

【例 2-18】 写出数值 −2.75 按 IEEE 754 的单精度浮点数的存储格式。

解: ① 先将 −2.75 转换成二进制数并写成标准化形式。

$$−2.75(十进制) = −10.11(二进制) = −1.011 \times 2^1(二进制)$$

② 接着确定 s、M 和 E。

由于是负数,所以 s=1;

尾数 1.011 整数位的 1 被隐含,且 M 是 23 位,所以 M=01100000000000000000000;

$[E]_{移} = [E]_{真值} + 127 = 1 + 127 = 128(十进制) = 10000000(二进制)$;

所以,−2.75 按 IEEE 754 的单精度浮点数的存储格式如下:

1	10000000	01100000000000000000000
数符	移码	尾数

说明: IEEE 754 单精度浮点数阶码的取值范围为 −127～128,相应的移码取值范围为0～255。

2.4 非数值数据在计算机中的表示

2.4.1 字符型数据在计算机中的表示

1. 字符

字符型数据也是人们常用的基本数据。主要包括计算机键盘上的英文字符、数字字符、各种标点符号等文本符号。当在键盘上输入一个文本符号时,每一个符号都会以一个二进制的形式存储在计算机中。为了在一台计算机上存储的字符也能够在另一台计算机上正常显示,就需要给这些字符进行统一编码。在世界范围内通用的字符编码标准是 ASCII(American Standard Code for Information Interchange)。ASCII 编码使用 1 个字节,最高位为 0,使用 00000000～01111111 为常用的 128 个字符编码。字符编码 0～31 和 127 是不可打印字符,字符编码 32 是空格。本书配套教材《程序设计基础——上机实习及习题集》的附录 B 中,列出了 ASCII 编码及对应的字符。

虽然字符是以二进制的 ASCII 编码存储在计算机中的,人们经常用十进制和十六进制的形式来使用 ASCII 码。例如,字符 G 的 ASCII 码是 71,意味着在计算机中用 01000111来表示字符 G,即字符 G 在计算机中以二进制序列 01000111 的形式被存储。

2. 汉字

计算机中汉字的表示也是必须采用二进制编码。根据应用目的的不同,汉字编码分为输入码、交换码、机内码和字形码。

1）输入码

输入码属于外码，是用来将汉字输入到计算机中的一组键盘符号。目前常用的输入码有拼音码、五笔字型码、自然码、表形码、认知码、区位码和电报码等。一种好的编码应有编码规则简单、易学好记、操作方便、重码率低、输入速度快等优点，每个人可根据自己的需要进行选择。

2）交换码

汉字交换码是指不同的具有汉字处理功能的计算机系统之间在交换汉字信息时所使用的代码标准。

中国标准总局 1981 年制定了中华人民共和国国家标准 GB2312-80《信息交换用汉字编码字符集——基本集》，即国标码。该标准共收集常用汉字和符号 7445 个，其中一级汉字 3755 个，按拼音排序；二级汉字 3008 个，按部首排序；还有图形符号 682 个。

交换码使用两个字节来表示一个汉字或图形符号，每个字节与 ASCII 码一样，只是用低 7 位，即第 8 位为 0。例如，"啊"的编码为 3021H。

由于汉字处理系统要和英文处理系统兼容，当 ASCII 和国标码同时出现在系统中时，会产生二义性。例如，编码为 3021H 可以理解为中文"啊"，也可易理解为"0"和"!"的两个字符。因此，汉字编码需要经过适当的变换后才能存储在计算机中。这就是汉字的机内码或内码。

3）机内码

常用的汉字机内码是在汉字交换码上加上 8080H，即使每一个字节的第 8 位都变成 1。由于 ASCII 码的最高位是 0，这样就不会再产生二义性了。

例如，"啊"的机内码为交换码＋8080H 为 B0A1H。

$$\begin{array}{r} 0011 \quad 0000 \quad 0010 \quad 0001 = 3021H \\ + \quad 1000 \quad 0000 \quad 1000 \quad 0000 = 8080H \\ \hline 1011 \quad 0000 \quad 1010 \quad 0001 = B0A1H \end{array}$$

每一个汉字和常用字符图形在计算机内部都用汉字机内码存储，在磁盘上记录它们也使用机内码。

4）字形码

汉字字型码又称汉字字模，用于在显示屏或打印机输出汉字。汉字字型码通常有两种表示方式：点阵表示方法和矢量表示方法。

用点阵表示字型时，汉字字型码指的是这个汉字字型点阵的代码。根据输出汉字的要求不同，点阵的多少也不同。简易型汉字为 16×16 点阵，提高型汉字为 24×24 点阵，32×32 点阵和 48×48 点阵等。点阵规模越大，字型越清晰美观，所占存储空间也越大。

矢量表示方式存储的是描述汉字字型的轮廓特征，当要输出汉字时，通过计算机的计算，由汉字字型描述生成所需大小和形状的汉字点阵。矢量化字型描述与最终文字显示的大小、分辨率无关，因此可以产生高质量的汉字输出。Windows 中使用的 TrueType 技术就是汉字的矢量表示方式。

2.4.2　字符串

字符串是指一串连续的字符,例如:"Hello 李明","大家晚上好!"等。可采用两种方法在内存中存储字符串。表示字符串的一种常用方法是向量法。

向量法是在内存使用一片连续的空间来存放字符或汉字的编码,字符串中逻辑上连续的字符在物理上也是连续的。内存的存储单元以字节为单位,所以,一个存储单元能够存储一个 ASCII 字符,两个存储单元能存储一个汉字。例如,"Hello 李明"在内存中的存储情况如表 2-5 所示。

表 2-5　字符串向量表示法示例

存储单元	…	i	i+1	i+2	i+3	i+4	i+5	i+6	i+7	i+8	i+9	…
编码 (16 进制形式)	…	48	65	6C	6C	6F	20	C0	EE	C3	F7	…
代表的字符	…	H	e	l	l	o	空格	李		明		…

2.4.3　逻辑型数据

逻辑型数据只有"逻辑真"和"逻辑假"两个值,在计算机中只存储 0 和 1 两个数码的特点,很容易表示逻辑数据。即用 1 来表示"逻辑真",用 0 来表示"逻辑假"。因此,不需要为逻辑型数据进行特殊的编码。

2.5　C++ 中的基本数据类型和转义字符

C++ 的数据类型分为两大类:基本数据类型和用户自定义数据类型。

对于前面的基本数据类型,如整型、浮点型、字符型和逻辑型等,C++ 语言已预先解决了这些基本数据在计算机中如何表示、占用多少存储空间以及可以进行的操作等问题,程序员只需要以变量或常量的形式,就可以直接使用这些基本数据类型的数据来描述和处理自己的问题。

C++ 中允许程序员自己根据实际问题的需要定义自己的数据类型,即用户自定义数据类型。C++ 提供的可由程序员定义的数据类型包括数组、指针、结构、联合体、枚举和类等。

另外,C++ 还有专门的转义字符。

2.5.1　C++ 的基本数据类型

表 2-6 是 C++ 提供的常用基本数据类型的标识符、占用的存储空间和取值范围。

表 2-6　C++ 提供的常用基本数据类型的标识符、占用的存储空间和取值范围

存储格式	基本数据类型	C++ 中相应的数据类型	C++ 中相应的标识符	占用空间（字节）	取 值 范 围
整数值	逻辑型	逻辑型	bool	1	{false, true}
	字符型	字符型	char	1	$-128\sim127$
	整型	短整型	short 或 short int	2	$-2^{15}\sim2^{15}-1$
		整型	int	4	$-2^{31}\sim2^{31}-1$
		无符号整型	unsigned int	4	$0\sim2^{32}-1$
		长整型	long 或 long int	4	$-2^{31}\sim2^{31}-1$
浮点格式	实型	单精度浮点型	float	4	$-3.4e38\sim3.4e38$（7 位有效数字）
		双精度浮点型	double	8	$-1.7e308\sim1.7e308$（15 位有效数字）

说明：

◆ 本书使用的 VS 2010 是基于 32 位 Windows 操作系统的，所以 short 和 int 型占用的内存空间分别为 2 和 4。事实上，它们的长度不仅与具体的操作系统有关，而且还与编译器有关。

◆ 对于很大的整数，如果无法用 int 型来表示，可以考虑使用 float 型或 double 型表示。

◆ 在 C++ 中，虽然 char 型被用来处理字符，也可以用来处理比 short 更小的整数。

◆ 在 C++ 中，还提供了 unsigned char、long、unsigned long 和 long double 等基本数据类型。

◆ 在 C++ 中，基本数据类型之间可以进行转换，请参考 2.7.6 节。

2.5.2　C++ 中的转义字符

在 C++ 中有一些转义字符，即一旦一个字符以反斜杠"\"开头，反斜杠后的字符就不再表示原来的含义。表 2-7 是 C++ 中的转义字符。

表 2-7　C++ 的转义字符

字符名称	C++ 代码	ASCII 符号	十进制 ASCII 编码
换行符	\n	NL(LF)	10
水平制表符	\t	HT	9
垂直制表符	\v	VT	11
退格	\b	BS	8
回车	\r	CR	13
振铃	\a	BEL	7
反斜杠	\\	\	92
问号	\?	?	63
单引号	\'	'	39
双引号	\"	"	34
空字符	\0	空字符	0

2.6　变量和常量

在 C++ 的程序中,以变量或常量的形式进行数据的处理。变量或常量的数据类型可以是基本的数据类型,也可以是用户自定义的数据类型。

2.6.1　常量

常量是在程序运行过程中保持不变的数据。根据书写形式,可将常量分为直接常量和符号常量。直接常量就是通常所说的常数,在表达式中直接以常数的形式给出。下面是不同数据类型直接常量的表示方法。

1. 直接常量

1) 整型直接常量
整型直接常量可以直接以十进制整型常数的形式给出。例如:

1000、-1000、0、123456L、54321U

还可以 0x 或 0X 开头表示十六进制整型常量。例如:

0xFFFF、0xD4AF、0X1000

说明:C++ 中默认的整型常量的数据类型是 int 型。

2) 浮点型直接常量
(1) 十进制数形式
可以直接以十进制形式表示浮点型常数。例如:

3.1415、322345.34、5.8265、10.0、1.2345f

(2) 指数形式
还可以用指数形式表示浮点型常数。例如:
1.25e6 或 1.25E6,它们都代表 1.25×10^6。
说明:

◆ C++ 中默认的浮点型常量的数据类型是 double 型,float 型常量以字母 F 或 f 结尾。

◆ 指数形式的浮点型常量字母 E 或 e 前面必须有数字,并且 E 或 e 后面的指数必须是整数。

3) 字符型直接常量
在 C++ 中,用一对单引号将字符括起来表示字符常量。其中,单引号只是字符与其他部分的分隔符,并不是字符的一部分。例如:

'a'、'A'、'*'、'1'、'0'

其中,'a'和'A'是不同的字符常量;'1'和'0'是字符 1 和字符 0,而不是数值。

4）字符串型直接常量

在 C++ 中,字符串常量的表示方法是用一对双引号将字符串括起来。其中,双引号同样是分隔符,也不是字符串的一部分。C++ 字符集中的字符和其他字符,以及汉字和中文标点符号等,都可以出现在字符串中。例如:

```
"Hello 李明"
"大家晚上好!"
```

说明:在 C++ 中,存储字符串常量采用的是向量法。为了能够识别字符串结束位置,C++ 系统会在字符串的末尾自动添加一个 ASCII 编码为 00H 的字符(又称空字符或'\0')作为字符串的结束符,所以每个字符串的存储长度总是比其实际长度(字符个数)多 1。

5）逻辑型直接常量

C++ 中的逻辑型也只有两个值:true 和 false,分别表示"逻辑真"和"逻辑假"。

2. 符号常量

符号常量又称 const 常量,是用来表示一个常量的标识符。定义 const 常量的语法格式如下:

const<类型><常量名>=<表达式>

例如:

```
const double PI=3.1415926
```

说明:

◆ 在程序中使用符号常量可以提高程序的可读性和可维护性。例如,将数值计算中经常使用的一些参数定义为符号常量,当需要改变参数数值时,只需要更改符号常量的定义语句就行了。

◆ 在编程时,无论是符号常量还是后面将要介绍的变量,都必须"先定义,后使用"。

2.6.2 变量

1. 什么是变量

变量是在程序运行过程中可以发生变化的数据。

通过变量的引入,可以简化程序员直接使用内存地址来操作数据的工作。用变量来存储程序中需要处理的数据,可在程序中根据需要随时改变变量的值,所以,用变量比用常量更灵活。应用程序中变量的使用远远多于常量。

2. 变量的定义

变量必须"先定义,后使用"。C++ 中定义变量的语法格式如下:

<类型名或类型定义> <变量1>[,<变量2>, …,<变量n>];

例如:

```
int length;
double length, width, height;
char c1, c2, c3;
long i, j, k;
```

3. 变量的初始化

在定义变量的同时可以为其赋一个初值,称为变量初始化。在 C++ 中,变量初始化有两种形式:使用赋值运算符或使用圆括号。

例如:

```
int num=100;            //定义整型变量 num,初值为 100
char c1='0';            //定义字符型变量 c1,初值为字符 0
double x(165.543);      //定义双精度浮点型变量 x,初值为 165.543
int i, j, total(0);     //定义整型变量 i、j、total,且变量 total 的初值为 0
```

📊 2.7　基本数据的处理

对于基本数据,可以通过运算符组成相应的表达式,实现对数据的处理。常用的基本运算包括:算数运算、关系运算、逻辑运算以及这些运算的组合。C++ 语言提供了丰富的运算符,绝大部分运算符的含义与数学上各类运算符的含义相同。学习了 C++ 提供的基本运算符和表达式后,就可以直接使用它们来设计求解问题的算法,编写 C++ 程序,实现问题的求解。

2.7.1　运算符和表达式

1. 运算符

运算符是编译器能够识别的具有运算含义的符号。

根据操作数的不同,可将运算符分为 3 种:单目运算符(一个操作数)、双目运算符(两个操作数)和三目运算符(3 个操作数)。

2. 表达式

表达式是由运算符将常量、变量、函数调用等连接在一起的式子。一个合法的 C++ 表达式经过运算会有一个某种类型的值。使用不同的运算符可以构成不同类型的表达式,例如算术表达式、赋值表达式、关系表达式或逻辑表达式等。

2.7.2　算术运算符与算术表达式

C++ 语言中支持的算术运算符及算数表达式如表 2-8 所示。表中假设已定义了变量:

```
int m=10, n=5;
double x=2.5, y=1.3;
```

表 2-8　算术运算符及算数表达式

运算符	含　义	功　能	举　例	运　算　结　果
＋	加法	两个数相加	m＋5	15
－	减法	两个数相减	x－y	1.2
*	乘法	两个数相乘	2*n	10
/	除法	两个数相除	m/n	2
％	模运算	求余数	m％3	1
＋＋	先增1	变量自身加1，表达式的值与变量的值相同	＋＋n	n的值为6，表达式"＋＋n"的值为6
－－	先减1	变量自身减1，表达式的值与变量的值相同	－－m	m的值为9，表达式"－－m"的值为9

C++中的算术运算符与数学运算符的概念和运算方法基本相同。其中，单目运算符的优先级最高，其次是乘、除和求余，最后是加、减。C++除了常用的数学运算符外，还提供了自增＋＋和自减－－运算符，它们作用于变量，使变量的值自动加1或减1。

说明：

◆ 两个整数相除，商为整数，小数部分全部舍去，不进行四舍五入。例如，1/3的结果为0，5/3结果为1。

◆ 求余运算要求两个操作数都必须是整型。例如，10％3的余数是1，－10％3的余数是－1。

◆ ＋＋和－－运算符都有前缀和后缀两种形式，都是对变量自身加1或减1，但前缀和后缀运算符都是有副作用的运算符，当出现在表达式中，表达式的值会有所不同。请参考2.9.1节。

2.7.3　赋值运算符与赋值表达式

在C++中使用赋值运算符＝来实现赋值运算。由赋值运算符构成的赋值表达式的一般形式如下：

<变量名>=<表达式>

上述表达式的含义是：首先计算赋值运算符右面<表达式>的值，然后将值赋给左面的变量。可见，赋值表达式具有计算和赋值双重功能。

除了赋值运算符＝外，C++还提供了10种复合赋值运算符，可参考2.10.1节的表2-11。

说明： 赋值运算符＝不是数学上的等号。例如，"i＝i＋1;"在数学上不成立，但在C++语言中表示将变量i的值加1后再赋值给变量i。

【例 2-19】　已知一个圆的半径是 5cm,计算这个圆的周长和面积。

　　问题求解思路:计算圆的周长和面积的公式是:$2\pi r$ 和 πr^2。本例 r＝5,直接带入公式即可完成问题求解,使用 C++ 的 cout 将结果输出到屏幕上。

```cpp
#include<iostream>
using namespace std;
int main()
{
    const double PI=3.14;                    //用 const 定义符号常量 PI
    cout<<"圆的周长是: "<<2 * 3.14 * 5<<endl; //使用直接常量 2、3.14 和 5
    cout<<"圆的面积是: "<<PI * 5 * 5<<endl;   //使用直接常量 5 和符号常量 PI
    return 0;
}
```

　　语句"cout<<"圆的周长是: "<<2 * 3.14 * 5<<endl;"使用了直接常量 2、3.14 和 5;而语句"cout<<"圆的面积是: "<<PI * 5 * 5<<endl;"则使用了符号常量 PI 和直接常量 5。

【例 2-20】　计算任意一个圆的周长和面积。

　　问题求解思路:计算圆的周长和面积的公式是:$2\pi r$ 和 πr^2。由于是任意圆,所以在程序中可定义一个变量 r,用来接收和存储用户从键盘输入的圆的半径。然后利用公式计算并输出圆的周长和面积。

```cpp
#include<iostream>
using namespace std;
int main()
{
    const double PI=3.14;                    //用 const 定义符号常量 PI
    double r;                                //声明表示圆的半径的变量
    cout<<"请输入圆的半径:";
    cin>>r;                                  //输入圆的半径
    cout<<"圆的周长是: "<<2 * PI * r<<endl;  //由两个乘号构成的算数表达式
    cout<<"圆的面积是: "<<PI * r * r<<endl;  //由两个乘号构成的算数表达式
    return 0;
}
```

说明:
◆ 需注意 C++ 语言中算术表达式和数学上的算术表达式写法的区别。例如,2xy 要写成 $2 * x * y$,不能省略表示乘法的运算符"*"。
◆ 比较例 2-19 和例 2-20,可以看出,使用变量能够求解所有计算圆的周长和半径的问题。这使程序变得灵活,具有通用性。

2.7.4　关系运算符与关系表达式

　　关系运算符用来比较两个操作数的大小关系。关系运算符的运算结果是逻辑值,如果关系成立,则结果为逻辑真(true),否则为逻辑假(false)。C++语言中支持的关系运算符及其表达式如表2-9所示。表中假设已经定义了变量:

```
int m=7, n=5;
```

表 2-9　关系运算符及其表达式

运算符	含　义	功　　　能	举　例	运算结果
<	小于	若左操作数小于右操作数,则结果为真,否则结果为假	m<n	false
<=	小于或等于	若左操作数小于或等于右操作数,则结果为真,否则结果为假	m<=n	false
>	大于	若左操作数大于右操作数,则结果为真,否则结果为假	m>n	true
>=	大于或等于	若左操作数大于或等于右操作数,则结果为真,否则结果为假	m>=n	true
==	等于	若左操作数等于右操作数,则结果为真,否则结果为假	m==n	false
!=	不等于	若左操作数不等于右操作数,则结果为真,否则结果为假	m!=n	true

【例 2-21】 假设 a 不等于 0,写出判断一元二次方程 $ax^2+bx+c=0$ 是否有实根的关系表达式。

解:判断一元二次方程 $ax^2+bx+c=0$ 是否有实根的关系表达式为"b*b-4*a*c>=0"。

如果关系表达式"b*b-4*a*c>=0"的结果为真,则一元二次方程 $ax^2+bx+c=0$ 有实根;否则,一元二次方程 $ax^2+bx+c=0$ 无实根。

由于算术运算符的优先级高于关系运算符,对于表达式"b*b-4*a*c>=0",首先计算算术表达式"b*b-4*a*c"的值;然后再进行判断该值是否大于或等于的关系运算。

说明:

◆ 关系运算符<=、==和>=两个符号中间不要有空格,即不能是< =、= =和> =。

◆ 当多种运算符在一起时,表达式的类型和表达式值的类型由最后计算的那个运算符决定。例如:

```
int x=5,y=3;
```

则表达式"x+1>y-2"为关系表达式,其值为 bool 类型的 true。

2.7.5　逻辑运算符与逻辑表达式

C++提供了3种逻辑运算符,逻辑运算的结果是逻辑型。逻辑运算符及其表达式如表2-10所示。表中假设已经定义了变量:

```
int m=10, n=0;
bool x=true, y=false;
```

表 2-10　逻辑运算符及其表达式

运算符	含　义	功　　　能	举　例	运算结果
!	逻辑非	若操作数为真(true 或非 0),则结果为假(false); 若操作数为假(false 或 0),则结果为真(true)	! m	false
			! y	true
&&	逻辑与	只有当两个操作数都为真(true 或非 0)时结果才为真, 其他情况结果都是假	m&&x	true
			n&&x	false
			x&&y	false
			m&&y	false
||	逻辑或	只有当两个操作数都为假(false 或 0)时结果才为假,其 他情况结果都是真	m||x	true
			n||y	false
			x||y	true
			m||y	true

【例 2-22】　写出判断一个字符变量 ch 是否为英文字母字符的逻辑表达式。

解:可以用字符直接常量的形式判断该字符是否为英文字符:

ch>='a' && ch<='z' || ch>='A' && ch<='Z'

也可以用字符变量 ch 的 ASCII 码判断该字符是否为英文字符:

ch>=97 && ch<=122 || ch>=65 && ch<=90

说明:当非逻辑型数据进行逻辑运算时,该数据的值如果是 0,表示它是逻辑假;否则,是逻辑真。

2.7.6　基本数据类型之间的转换

C++ 允许用户根据需要在丰富的基本数据类型中选择不同的类型。不同的基本数据类型的数据进行混合运算时,必须先转换成同一类型,然后再进行运算。C++ 采取两种方法对基本数据类型进行转换:隐式转换(又称自动转换)和显式转换(又称强制转换)。

1. 隐式转换

隐式转换不需要进行转换声明,系统可以自动地进行转换。C++ 中自动进行的转换包括:

- 赋值时的类型转换。将一种算数类型的值赋值给另一种算数类型的变量,C++ 将对值进行转换。
- 表达式中的类型转换。表达式中包含不同的类型时,C++ 将对值进行转换。
- 参数传递时的类型转换。将实参参数传递给函数的形参时,C++ 将对值进行转换。

1) 赋值时的类型转换

例如:

```
char ch=' A';
int i=ch;
```

上面的例子中,C++编译器自动将字符型变量 ch 的值(65,占 1 个字节)转换成整型值(65,占 4 个字节)。

将一个值赋给取值范围更大的类型不会出现问题,只是占用更多的字节。下面几种赋值情况会存在潜在的数值转换问题:

- 将较大的浮点数赋值给较小的浮点数,如将 double 型转换为 float 型,精度降低,转换后的值可能超出目标类型的取值范围导致结果错误。
- 将浮点类型赋值给整型,如将 float 型转换为 int 型,转换后的值可能丢失小数部分,原来的值也可能超出目标类型的取值范围导致结果错误。
- 将较大的整型赋值给较小的整型,如 long 型转换为 short 型,原来的值可能超出目标类型的取值范围,通常只复制右边的字节导致结果错误。

例如:

```
int n;
n=23.76;
```

这个例子中,由于变量 n 是 int 型变量,编译器先把 23.76 转换成 int 型数 23(注意不是4 舍 5 入),再赋值给变量 n,此时数据出现部分丢失。

2) 表达式中的类型转换

当一个表达式中出现两种不同的数据类型时,C++隐式转换是将级别低的数据类型自动转换成级别高的数据类型(即"**向高看齐**"),或将占用字节数少的类型转换成占用字节数多的数据类型。

数据类型的转换规则如下:

- 如果有一个操作数的类型是 long double,则将另一个操作数转换为 long double。
- 否则,如果有一个操作数的类型是 double,则将另一个操作数转换为 double。
- 否则,如果有一个操作数的类型是 float,则将另一个操作数转换为 float。
- 否则,此时操作数都是整型,C++ 将 bool、char、unsigned char、signed char 和 short 的值转换为 int。其中,true 被转换成 1,false 被转换成 0。
- 如果有一个操作数的类型是 unsigned long,则将另一个操作数转换为 unsigned long。
- 否则,如果有一个操作数的类型是 long int,另一个操作数是 unsigned int,此时转换取决于两种类型的相对长度,如果 long 能够表示 unsigned int 的所有可能值,将 unsigned int 转换为 long;否则,将两个操作数转换为 unsigned long。
- 否则,如果有一个操作数的类型是 long,则将另一个操作数转换为 long。
- 否则,如果有一个操作数的类型是 unsigned int,则将另一个操作数转换为 unsigned int。
- 此时,两个操作数都是 int。

说明:

◆ 传统的 C 语言会将 float 型转换为 double 型再进行运算,即使两个操作数都是

float 型。

◆ 在对表达式求值的过程中,采用边转换边计算的方式,并不是全部转换成同一个类型之后,再进行计算。

【例 2-23】 求表达式"'A'−10+5 * 2.0+20.8/4"的值。

解:① 根据运算符的优先级,先计算 5 * 2.0,由于 2.0 是 double 型,5 是 int 型,所以先将 5 转换成 double 型 5.0,然后计算 5.0 * 2.0,结果为 double 型的 10.0。

② 计算 20.8/4,由于 20.8 是 double 型,4 是 int 型,所以先将 4 转换成 double 型 4.0 后再相除,结果为 double 型的 5.2。

③ 计算'A'−10,由于'A'是 char 型,10 是 int 型,所以先将'A'转换成 int 型的 65 再相减的,结果为 int 型的 55。

④ 将 int 型的 55 与 double 型的 10.0 相加,先将 55 转换成 double 型 55.0 后再相加的结果为 double 型的 65.0。

⑤ 最后计算 double 型 65.0 与 5.2 的和,由于两个操作数都是 double 型的,不需要转换数据类型,直接计算的结果为 double 型的 70.2。

3) 传递参数时的类型转换

C++ 进行函数调用时,要进行参数传递。参数传递时的类型转换一般由 C++ 函数原型中声明的参数类型来控制,即将实参的值转换成与形参相同的数据类型。

说明:一些库函数对参数类型进行了严格的限制,不会自动进行数据类型的转换。例如,sqrt(10)将报错,是由于该函数要求参数的类型是 double。

2. 强制转换

C++ 规定,将低精度数据类型转换为高精度数据类型,可以由编译器隐式完成。如果将高精度数据类型转换为低精度数据类型,则必须用强制类型转换运算符来完成。

强制类型转换是在运算过程中,由用户将一个表达式从其原始的数据类型强制转换成另一种数据类型。强制类型转换有以下两种声明格式:

(<类型>)<表达式>

或

<类型>(<表达式>)

例如:

```
int x=100, y;
float z=float(123.5);          //强制将 double 型的 123.5 转换成 float 型
double w=26.5;
y=x/(int)w;                     //强制将 double 型的 w 的值转换成 int 型
```

在上面的例子中,浮点型常量 123.5 默认的数据类型是 double 型,float(123.5)将其显式转换成 float 型。(int)w 则是在运算过程中,将 w 的值 26.5 强制转换成整型 26。需要注意的是,在"y＝x/(int)w;"计算完成后,变量 w 没有发生任何变化,仍然是 26.5。

🖥 2.8　C++中的基本语句

语句是 C++ 程序中的基本功能单元。程序中的每一条语句都表示为完成某个任务而进行的某种处理动作。

C++ 的程序就是由若干条语句构成的,C++ 的语句分为:定义/声明语句、表达式语句、复合语句、空语句、输入输出语句和程序流程控制语句等。控制 C++ 程序流程的语句将在第 3 章介绍。

2.8.1　定义/声明语句

C++ 中需要使用定义语句定义用户自定义的标识符及其特性。例如,用户需要定义的标识符可能是变量、符号常量、函数、数组、结构体、联合体、枚举、类、对象、模板或命名空间等。它们都需要先定义,然后才能使用。在一些情况下(如多文件结构),用户已经定义好的变量、符号常量、函数、数组、结构体、联合体、枚举、类、对象、模板或命名空间等,在程序中不能直接使用,还需要使用声明语句告诉编译器它的存在及其特征后,才能使用。

下面列举几种定义/声明语句,后面还将陆续学习其他类型的标识符的定义/声明方法。

1. 变量的定义和声明

前面学习过变量的定义方法,例如:

double x,y=10;

定义变量的作用包括:指定变量的类型和名字;编译器要为变量分配存储空间,还可为变量指定初始值。

对于已经定义过的变量,可以使用变量的声明语句告诉编译器变量的类型和名字,变量的声明语句是使用 extern 关键字来声明。

【例 2-24】 变量的定义和声明语句示例。

```
#include<iostream>
using namespace std;
int main()
{
    extern int x,y;          //变量声明语句
    cin>>x;
    cout<<x+y;
    return0;
}
int x,y=10;                  //变量定义语句
```

在例 2-24 中,x 和 y 在 main 函数后面被定义,主函数需要使用这两个变量,则需要使用变量声明语句"extern int x,y;"对这两个变量的存在进行声明后才能使用。编译器看到

此声明语句,不会再为变量 x 和 y 重复分配内存空间。

说明:

◆ 常量的声明语句与变量类似。

◆ 变量的声明更多地用于多文件程序结构中多个文件共享变量的情况。多文件程序结构的内容将在后面介绍。

2. 命名空间的定义和声明

命名空间是 ANSI C++ 引入的可以由用户命名的作用域,用来解决大型程序中标识符重名的问题。定义一个命名空间的语法格式如下:

namespace<命名空间名>

{

　　常量、变量、函数、类、对象等的声明或定义

}

命名空间的声明语法格式如下:

using namespace<命名空间名>;

【例 2-25】 命名空间程序示例。

```
#include<iostream>
using namespace std;
namespace X              //定义命名空间 X
{
    int x,y;
}
namespace Y              //定义命名空间 Y
{
    int x,y;
}
    intx;
int main()
{
    using namespace X;      //声明命名空间 X
    ::x=1;                  //全局变量 x
    X::x=5;                 //X 中的变量 x
    y=5;                    //X 中的变量 y
    Y::x=10;                //Y 中的变量 x
    Y::y=10;                //Y 中的变量 y
    cout<<"全局变量: "<<::x<<endl;
    cout<<"命名空间 X 中的变量: "<<X::x<<","<<y<<endl;
    cout<<"命名空间 Y 中的变量: "<<Y::x<<","<<Y::y<<endl;
    return 0;
}
```

程序的运行结果:

全局变量：1
命名空间 X 中的变量：5,5
命名空间 Y 中的变量：10,10

在主函数中可以访问 3 个同名变量 x，即全局变量 x、X 命名空间中的 x 和 Y 命名空间的 x，此时需要在前面添加限制符::，::x 表示全局变量 x，X::x 表示 X 命名空间的变量 x，Y::x 表示 Y 命名空间的变量 x。在主函数中可以访问两个同名变量 y，即 X 命名空间中的 y 和 Y 命名空间的 y，由于主函数中已经使用了"using namespace X;"，也不存在全局变量 y，此时，直接使用 y 就可以访问 X 命名空间中的 y，用 Y::y 才可以表示 Y 命名空间的变量 y。

说明：C++ 语言中标准的函数库的变量和函数都属于命名空间 std，如已经熟知的 cin 和 cout，应写成 std::cin 和 std::cout。由于前面已经使用了命令"using namespace std;"，所以前缀 std:: 就可以省略了。

3. typedef 类型定义

在 C++ 中，可以使用 typedef 关键字为已有的数据类型定义一个新的名字，增强程序的可读性。例如：

```
typedef int TIME;
```

这条语句为类型名 int 定义了一个别名 TIME，即给 int 起了一个新的名字 TIME。以后在程序中 TIME 就表示 int，如："TIME t1;"相当于"int t1;"，不过前者可读性较强，直观地可以看出 t1 是表示时间的一个变量。

再如：

```
typedef int COUNT;
COUNT i,j;
```

这两条语句定义类型 int 的别名 COUNT，并且定义了两个 int 型的变量 i 和 j，不过直观地可以看出 i 和 j 是表示计数的变量。

说明：

◆ typedef 不是定义新的类型，只是为已有类型定义一个别名。

◆ 使用 typedef 有助于程序的通用和移植。不同的 C++ 编译器分配内存的方式不同，如 Turbo C++ 中 int 类型的存储长度为 2 个字节，而在 Visual C++ 中则为 4 个字节，如果在 Visual C++ 中定义 int 类型的变量"int a;"，将程序移植到 Turbo C++ 中，为了保证取值范围一致，则需要将"int a;"改为"long a;"如果程序中有多处 int 定义语句，程序就要做大量修改工作，为了方便，可以在程序中定义 int 的别名 INTEGER，例如：

```
typedef  int  INTEGER;
```

然后用 INTEGER 来定义所有的整型变量。

若程序从 Visual C++ 移植到 Turbo C++，则只需将上面语句改为

```
typedef  long  INTEGER;
```

其他定义语句不用修改。

2.8.2　表达式语句

在表达式后面加上分号";"就构成了 C++ 的表达式语句。由于运算符的不同,可以构成不同类型的表达式和表达式语句。

2.8.3　复合语句和空语句

1. 复合语句

复合语句也称为块语句或程序块,用一对花括号"{ }"将两条或两条以上的语句括起来就构成了复合语句。复合语句在语法上是一条语句,可以出现在程序的任何地方,主要用于函数体、循环语句和选择语句。

复合语句的形式如下:

```
{
    <语句 1>
    <语句 2>
        ⋮
    <语句 i>
        ⋮
    <语句 n>
}
```

说明:

◆ 复合语句里面的<语句 i>仍然可以是复合语句。

◆ 在选择语句和循环语句中经常使用复合语句,第 3 章将详细介绍。

◆ 在复合语句中声明的变量仅在该复合语句内可用。例如:

```
int main()
{
    {                                    //复合语句
    int m=10, n=20;                      //在复合语句中声明的变量
    }
    cout<<m<<'\t'<<n<<endl;              //在复合语句外使用变量 m 和 n 会报错
    return 0;
}
```

2. 空语句

仅由一个分号构成的语句称为空语句。空语句不执行任何操作,一般用于语法上要求有一条语句,但实际不需要执行任何操作的地方。例如:

```
int i=1, sum=0;
```

```
while (sum+=i,++i<=100)
    ;                                          //空语句
cout<<sum<<' '<<i;
```

上面的 while 是循环语句的关键字,该循环体需要一条语句,但实际上不需要任何操作,所以使用空语句。while 语句将要在第 3 章介绍。

2.8.4　输入输出语句

我们一直使用 cin 进行输入,cout 进行输出。cin 实际上是系统在命名空间 std 中预先定义好的标准输入流对象,代表标准设备——键盘。当程序需要从键盘输入时,可以使用提取运算符"＞＞"从输入流对象 cin 中提取从键盘输入的字符或数字,并将其存储到指定变量所在的内存空间。cout 也是系统预先定义好的标准输出流对象,代表标准设备——屏幕。当程序需要向屏幕显示输出时,可以使用插入运算符"＜＜"将字符或数字插入到输出流对象 cout 上,就可以将其显示在屏幕上。

假设已经定义了两个变量:

```
int a, b;
```

简单的输入语句如下:

```
cin>>a>>b;
```

简单的输出语句如下:

```
cout<<"输入的两个整数分别是"<<a<<"和"<<b;
```

为了更好地控制输入输出格式,C++ 提供了格式控制函数和格式控制符。控制符是在头文件 iomanip 中定义的对象,可以将控制符直接插入流中。感兴趣的读者可以扫描本章后面的二维码进行拓展学习。

2.9　C++ 中的几个特殊运算符

2.9.1　++和--

算术运算符++和--都有前缀(先增)和后缀(后增)两种形式。下面比较算术运算符++和--放在变量前面(称为前缀)和放在变量后面(称为后缀)有什么不同。

(1) 增1运算符++和减1运算符--如果仅用于使某个变量的值增1或减1,使用前缀和后缀没有区别。

例如:

```
int i=1, j=1;
i++;
j--;
```

等价于：

```
int i=1, j=1;
++i;
--j;
```

即 i＋＋与＋＋i 都是使 i 的值增 1;j－－与－－j 都是使 j 的值减 1。

（2）当它们与其他运算符同时出现在表达式中时,前缀与后缀两种用法就不同了。前缀和后缀都是有副作用的运算符,它们所作用的对象必须是变量。

对于前缀运算符,作为操作结果的表达式的值就是所作用的变量的值。

例如：

```
int a=10, b;
b=++a-5;                //a 先增 1 变成 11,再减去 5
cout<<a<<' '<<b<<endl;  //a 的值为 11,b 的值为 6
```

上面执行语句“b＝＋＋a－5;”后,表达式的值就存放在所作用的变量中,所以 b 的值为 6。

对于后缀操作符,表达式的值不能通过变量来表示,即运算后变量的值和表达式的值不同。例如：

```
int a=10, b;
b=a++-5;                //a 先增 1 变成 11,但表达式 a++的值还是 10,a++-5 的值是 5
cout<<a<<' '<<b<<endl;  //a 的值为 11,b 的值为 5
```

上面执行语句“b＝a＋＋－5;”后,变量 a 和 b 值分别为 11 和 5,这是由于表达式中 a＋＋的值是 10,而变量 a 的值是 11,所以变量 b 的值为 5。

说明：

◆ 由于带副作用的运算符能够改变变量的值,因此带副作用的表达式与其他表达式之间计算的顺序非常重要,顺序不同结果也会不同。例如,X＝3,Y＝2,则依次计算＋＋X＋Y 与 X＋Y＋＋后,这两个表达式的值分别为 6 与 6,而改变两个表达式计算的次序,先计算 X＋Y＋＋,后计算＋＋X＋Y,则这两个表达式的值分别为 5 和 7。因此,在对多个有副作用的表达式进行计算时,一定要注意表达式的计算次序。

◆ 对于表达式 a＋＋＋b,C++编译器会解释为(a＋＋)＋b。尽量不要使用容易出现二义性的表达式。

2.9.2　条件运算符

C++中只有一个三目运算符,即条件运算符“?:”。由条件运算符构成的表达式的形式如下：

<表达式 1>?<表达式 2>:<表达式 3>

C++规定的条件运算符的求值顺序如下：

(1) 先计算表达式 1 的值。

(2) 如果表达式 1 的值为真或为非 0,则计算表达式 2 的值,表达式 2 的值即是整个条件表达式的值。

(3) 如果表达式 1 的值为假或为 0,则计算表达式 3 的值,表达式 3 的值即是整个条件表达式的值。

条件表达式能保证表达式 2 和表达式 3 两者之中只有一个被求值。

【例 2-26】 条件运算符应用示例。求用户输入的两个整数中的较大的数。

问题求解思路:由于要比较两个数中较大的,需要用到关系运算符">"。根据比较情况选择两个数之间的一个,适合使用条件运算符。

```
#include<iostream>
using namespace std;
int main()
{
    int x,y,max;
    cout<<"请输入两个整数: "<<endl;
    cin>>x>>y;
    max=x>y?x:y;
    cout<<"较大的整数是: ";
    cout<<max<<endl;
    return 0;
}
```

说明:

◆ "cin>>x>>y;"语句要从屏幕上输入两个变量的值,假设输入的是 5 和 10,直接在键盘上输入 510 是错误的,系统会认为仅输入了一个数。正确的输入方法有 3 种:

① 先输入 5,再输入空格,再输入 10,然后按回车键。

② 先输入 5,再按 Tab 键,再输入 10,然后按回车键。

③ 先输入 5,然后按回车键;再输入 10,然后按回车键。

◆ 当需要从键盘输入更多整型或浮点型变量的值时,方法相同,即用空格、Tab 键或回车键来分隔多个变量的值。

◆ 如果有下面的语句:

```
int x;
double y;
char c;
cin>>x>>c>>y;
```

如果输入的数据是 10、a 和 20,即两个整型或浮点型变量之间是字符变量时,则可采用下面两种方法来输入:

① 输入 10a20,然后按回车键。

② 输入 10,按回车键;再输入 a,按回车键;再输入 20,按回车键。

2.9.3　逗号运算符

C++ 可以通过使用逗号运算符将多个表达式连接在一起。逗号表达式的形式如下：

<表达式 1>,<表达式 2>,…,<表达式 n>

C++ 规定逗号表达式的求值顺序如下：

① 依次求解表达式 1,表达式 2,…,表达式 n 的值；

② 表达式 n 的值就是整个逗号表达式的值。

例如：

```
int x=1, y=1, z;
z=(++x,x+y);
```

对于逗号表达式"++x,x+y"，先计算++x 的值,x 为 2；再计算 x+y 的值,为 3。所以,整个逗号表达式的值为 3。最后,赋值语句"z=(++x,x+y);"将逗号表达式的值 3 赋值给 z。

说明：表达式"z=(++x,x+y)"是赋值表达式,z 的值是 3。如果将其改为"z=++x,x+y",则由于赋值语句的优先级较高而变成了"逗号表达式",此时 z 的值为 2。

2.9.4　sizeof 运算符

C++ 中的 sizeof 运算符是一个单目运算符,用于计算数据类型、变量或常量占用内存的字节数。由 sizeof 运算符构成的表达式的形式如下：

sizeof(数据类型名或表达式)

例如,sizeof(int)是求 int 型的占用内存数,结果为 4。

若定义 a 是 int 型变量,则 sizeof(a)是求变量 a 占用的内存数,由于 a 是 int 型变量,所以结果为 4。

sizeof('a')是求字符常量'a'的长度,一个字符占用一个字节,所以结果为 1。

sizeof(34.65+10)是求表达式 34.65+10 的长度,由于该表达式是 double 型,所以结果为 8。

sizeof("xyz100")是求字符串常量"xyz100"的长度,由于字符串的结束标记'\0'还要占用一个字节,所以结果为 7。

sizeof("中华民族")是求字符串常量"中华民族"的长度,由于一个汉字的内码占两个字节,再加上字符串结束标记'\0',所以结果为 9。

说明：C++ 还有一些运算符,例如取地址运算符"&"和间接引用运算符"＊"、函数调用运算符"()"、动态内存分配运算符"new"和动态内存撤销运算符"delete"、数组下标运算符"[]"、作用域运算符"::"、成员访问运算符"."和箭头成员访问运算符"->"等,这些运算符将在后面章节中介绍。

2.10 更多关于 C++ 的运算符和表达式

2.10.1 运算符的优先级和结合性

1. 优先级

运算符的优先级决定表达式中运算符的运算顺序。在对一个由多种运算符构成的表达式求值时,运算顺序由运算符的优先级决定,按优先级由高到低的顺序进行运算。C++ 运算符的优先级分为 18 个等级,优先级的数值越小则优先级越高。

2. 结合性

运算符的结合性是指运算符和操作数的结合方式。当运算符相邻时,其运算顺序由运算符的结合性来决定。运算符的结合性有两种,即左结合性和右结合性。

(1) 左结合性是指按从左到右的顺序进行运算。例如,表达式 "x+y−z",由于减和加运算符的优先级相同,且都是左结合性,所以按从左至右的顺序是先加后减。

(2) 右结合性是指按从右向左的顺序进行运算。例如:

```
int x=2, y=4, z=1, w;
w=z-=x+y;
```

由于+的优先级最高,所以先计算 x+y,得到值 6;=和−=运算符的优先级相同,且都是右结合型,按照从右向左的顺序进行赋值,先运行 z−=6,此时 z=−5,再运行 w=z,所以表达式运行后,最后 w 的值为 int 型的−5。

只有单目运算符、条件运算符和赋值运算符是右结合性,其余运算符都是左结合性。

表 2-11 是 C++ 的运算符及其优先级和结合性,以及运算符应用示例。

表 2-11 运算符及其优先级和结合性

先级	运算符	含 义	举 例	结合性
1	∷	作用域解析	Class∷age=2;	无

2	( )
	( )
	[ ]
	−>
	.
	++
	−−
		分组运算符
		函数调用
		访问数组元素
		使用指针访问成员
		使用对象访问成员
		后增 1 运算符,后缀
		后减 1 运算符,后缀
			(a+b) / 4;
			sqrt(45.67)
			array[4]=2;
			ptr−>age=34;
			obj.age=34;
			for(i=0; i<10; i++)
			for(i=10; i>0; i−−)
				左到右

先级	运算符	含　义	举　例	结合性

3	!
	~
	++
	——
	—
	+
	*
	&
	()
	sizeof
	new
	new[]
	delete
	delete
	[]
		逻辑非
		按位取反
		先增 1 运算符,前缀
		先减 1 运算符,前缀
		负号运算符
		正号运算符
		间接引用
		取地址
		强制类型转换
		求字节数
		动态分配内存
		动态分配数组
		动态释放内存
		动态释放数组
			if(!done)
			flags＝~flags;
			for(i=0; i<10;++i)
			for(i=10; i > 0; ——i)
			int i＝−1;
			int i＝+1;
			data＝* ptr;
			address＝&obj;
			int i＝(int) floatNum;
			int size＝sizeof(floatNum);
			int * p＝new int;
			int * q＝new int[10];
			delete p;
			delete[] q;
				右到左

4	. * -> *	成员解除引用 间接成员解除引用	obj. * var＝24; ptr-> * var＝24;	左到右
5	* / %	乘法 除法 模运算	int i＝2 * 4; float f＝10/3; int rem＝4%3;	左到右
6	+ —	加法 减法	int i＝2＋3; int i＝5−1;	左到右
7	<< >>	左位移 右位移	int flags＝33<<1; int flags＝33>>1;	左到右

8	<
	<=
	>
	>=
		小于
		小于等于
		大于
		大于等于
			if(i<42)
			if(i<=42)
			if(i>42)
			if(i>=42)
				左到右

9	== !=	等于 不等于	if(i==42) if(i!=42)	左到右
10	&	按位与	flags＝flags & 42;	左到右
11	^	按位异或	flags＝flags^42;	左到右
12	|	按位或	flags＝flags|42;	左到右
13	&&	逻辑与	if(conditionA && conditionB)	左到右
14	||	逻辑或	if(conditionA || conditionB)	左到右
15	?:	条件运算符	int i＝(a>b)?a:b;	右到左

续表

先级	运算符	含　义	举　例	结合性
16	= += -= *= /= %= &= ^= |= <<= >>=	赋值 加并赋值 减并赋值 乘并赋值 除并赋值 取模并赋值 按位与并赋值 按位异或并赋值 按位或并赋值 按位左移并赋值 按位右移并赋值	int a＝b; a+＝3; b-＝4; a*＝5; a/＝2; a%＝3; flags &＝new_flags; flags^＝new_flags; flags|＝new_flags; flags<<＝2; flags >>＝2;	右到左
17	throw	引发异常		左到右
18	,	逗号运算符	x++,y+x,y--	左到右

说明:

◆ 优先级 1 最高,18 最低。

◆ 运算符优先级不是运算优先级,而是结合性优先级,含义是高优先级的运算符所结合的变量或表达式,不能被低优先级的运算符分离。

◆ 可以使用组运算符"()"改变结合性。例如:

```
int x=2,y=4,z=1,w;
w=(z-=x)+y;
```

表达式"w＝(z-＝x)＋y"的运算顺序变为-＝、+、＝,所以此时 w 的值为 3。

2.10.2　有副作用的表达式和无副作用的表达式

计算一个表达式的值一般需要引用一些变量。在表达式求值过程中,只提取这些变量的值,但不改变这些变量的值,这样的表达式称为无副作用的表达式。一个表达式在求值过程中,对使用的变量不但提取变量的值,而且还对它们的值加以改变,这样的表达式称为**有副作用的表达式**。

如果一个表达式中引用了具有副作用的操作符,该表达式就是有副作用的表达式。有副作用的运算符包括:自增、自减和赋值运算符。

例如:

```
int x=2, y;
y=x+5;
x=5;
```

表达式"x＋5"引用了变量 x 的值,表达式的结果为 7,但变量 x 的值没有被改变,所以运算符＋是无副作用的运算符,表达式"x＋5"也是无副作用的表达式。但表达式"x＝5"不仅使用变量,而且在运算过程中,x 的值也发生了改变,由 2 变成了 5,所以运算符＝是有副作用的运算符,表达式"x＝5"也是有副作用的表达式。

传统意义上的表达式是不应该有副作用的,因此,绝大多数的高级语言中的表达式都是无副作用的表达式。C++ 语言兼有高级语言和低级语言的特点,是一种典型的全面支持面向对象特性的语言,为了运行效率的提高,引用了具有副作用的表达式。

2.10.3　表达式的求值顺序

运算符的优先级与结合性规定了表达式中相邻两个运算符的运算次序,但对于双目运算的操作数,C++ 没有规定它们的计算次序。

例如,下面的代码:

```
float x, result;
x=1;
result=(x+1)/ (++x);
```

对于"(x+1) / (++x)"中的运算符/,先计算(x+1) 还是先计算(++x),C++ 是没有规定的。因此,变量的 result 值在不同的编译器下是不同的,可以是 1.0(先计算(x+1),再计算(++x)),也可以是 1.5(先计算(++x),再计算(x+1))。因为对于计算机是否在使用被除数 x 前改变它的值是不确定的,这依赖于使用的编译器。最好的方法是使用多条语句,避免这个不确定性。上面的代码可以修改成

```
float x, result;
x=1;
result=x+1;
result=x / reslut;
```

在 C++ 语言标准中只对几个运算符规定了表达式求值的顺序,这些运算符是逻辑与运算符"&&"、逻辑或运算符"||"、条件运算符"?:"和逗号运算符",",求值顺序是从左到右求值。

【例 2-27】 已知 a、b、c 的值均为 0,逻辑表达式"(a+=1) && (b+=1) || (c+=2)"的值是什么?逻辑表达式求值后,a、b、c 的值分别是多少?

解: 由于赋值运算 a+=1 和 b+=1 的结果都是真,所以两者的逻辑与运算后也是真,此时已经能够确定整个逻辑表达式的值为真,就不需要再进行下面的 c+=2 和||运算了。所以,整个逻辑表达式的值为真,a、b、c 的值依次为是 1、1、0。

说明: 对于 && 和||运算符,它们的求值顺序是从左到右,如果逻辑表达式的值已经能够确定了,就不再继续进行下面的计算了,这也就是常说的短路运算。

为了更好地控制输入输出格式,C++ 提供了格式控制函数和格式控制符。请扫描下面的二维码学习 I/O 流的常用控制符,还可以查询 ASCII 编码。

拓展学习

I/O 流的常用控制符和 ASCII 编码表

第 3 章　选择与迭代算法

导 学

【主要内容】

本章介绍处理问题时的选择思想和迭代思想,以及如何使用 C++ 实现选择和迭代算法。通过本章的学习,读者能够根据自己的问题,判断出是否应该采用选择或迭代处理方法,设计出相应的算法,并使用 C++ 提供的相应语句编写程序实现算法。本章还介绍 C++ 中实现程序流程转移的转向语句,给出部分应用程序实例,这些实例涉及程序设计时迭代和二分法的基本思想,启发和激励读者利用计算思维解决更多、更复杂的问题。

【重点】

● 选择思想和选择算法。
● 迭代思想和迭代算法。
● C++ 实现选择算法的 if 和 if else 语句。
● C++ 实现迭代算法的 for 语句、while 语句。

【难点】

正确描述选择条件或循环条件。

3.1　单路选择算法及其 C++ 实现

在解决一些问题时,人们都是按照一定的顺序进行的。有时,处理过程中的一些步骤需要根据不同的情况进行不同的处理,这种情况就是选择。

3.1.1　单路选择问题

单路选择问题是,如果某种情况发生,就进行相应的处理;否则,不需要做任何处理。例如,天黑了,如果房间里的灯是关着的,就将灯打开。

【问题 3-1】　求一个实数的绝对值问题。

问题求解思路：变量 x 是用户输入的实数值，如果 x<0，x 的绝对值为 −x。当 x≥0 时，x 的值就是其绝对值，不需要做任何处理。解决该问题共需要 3 步，其中第 2 步需要根据 x 的值选择进行处理或不进行处理。

解决该问题的算法如表 3-1 所示。

表 3-1　求解问题 3-1 的算法

步骤	处　　　理
1	输入 x 的值
2	如果 x<0，则 x 的绝对值为 −x
3	输出 x 的绝对值

3.1.2　用 C++ 的 if 语句编程解决单路选择问题

对于需要进行单路选择处理的问题，C++ 提供了相应的 if 语句，用户可以使用该语句编写程序，让计算机完成问题的求解。

if 语句的语法格式如下：

if(<测试条件>)
　　<分支语句>

if 语句的执行过程是：首先计算<测试条件>的值，如果其值为 true(非 0)，表示满足某种条件，执行<分支语句>；否则，表示不满足某种条件，不执行<分支语句>，而直接执行分支语句后面的语句。图 3-1 是 if 语句流程图。

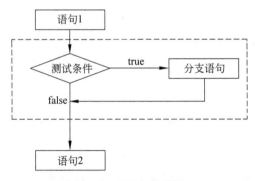

图 3-1　if 语句流程图

【例 3-1】　根据表 3-1 给出的算法编写程序，用 C++ 提供的 if 语句实现求一个实数的绝对值问题。

```cpp
#include<iostream>
using namespace std;
int main()
{
    double x;
    cout<<"请输入 1 个实数:"<<endl;
    cin>>x;
    cout<<x<<"的绝对值是:";
    if(x<0)            //当 x 是负数时,需要进行处理
        x=-x;
```

```
    cout<<x<<endl;
    return 0;
}
```

说明：if 语句中的(＜测试条件＞)不能缺少,＜测试条件＞可以是任意类型的表达式。

3.2　双路选择算法及其 C++ 实现

双路选择问题是,如果某种情况发生,就进行一种处理,否则,进行另一种处理。例如,如果还有作业,就完成作业;否则,去电影院看电影。

3.2.1　双路选择问题

【问题 3-2】　判断某一年是否为闰年。

问题求解思路：能被 400 整除的年以及能被 4 整除但不能被 100 整除的年是闰年。假设 year 表示年,如果满足上述条件,则该年是闰年,否则该年不是闰年。

解决该问题的算法如表 3-2 所示。

表 3-2　求解问题 3-2 的算法

步骤	处　　理
1	输入年 year 的值
2	如果 year 能被 400 整除或者能被 4 整除但不能被 100 整除,输出"是闰年"; 否则,输出"不是闰年"

根据第 2 章学习的 C++ 知识,假设 year 表示年份,year 是闰年则下面的条件为真：

```
(year % 4==0 && year % 100 !=0) || (year % 400==0)
```

【问题 3-3】　求解一元二次方程 $ax^2+bx+c=0$ 的两个不相等的实根。要求：在有两个不相等的实根的情况下,求解并输出两个实根;在没有两个实根的情况下,则输出"此方程无两个不相等的实根"的信息。

问题求解思路：这是一个典型的双路选择问题。需要判断该一元二次方程是否有两个实根,根据判断结果,做出相应的处理。

解决该问题的算法如表 3-3 所示。

表 3-3　求解问题 3-3 的算法

步骤	处　　理
1	输入一元二次方程,即输入系数 a、b、c
2	如果该方程有两个不相等的实根,计算这两个实根并输出;否则,输出"此方程无两个不相等的实根"

根据第 2 章学习的 C++ 知识,如果一元二次方程 $ax^2+bx+c=0$ 有两个不相等的实根,则下列条件为真:

```
b * b-4 * a * c>0&&a!=0
```

3.2.2 用 C++ 提供的 if…else 语句编程解决双路选择问题

对于需要进行双路选择处理的问题,C++ 提供了相应的 if…else 语句,用户可以使用该语句编写程序,让计算机完成问题的求解。

if…else 语句的语法格式如下:

```
if(<测试条件>)
    <分支语句 1>
else
    <分支语句 2>
```

if…else 语句的执行过程是:首先计算<测试条件>的值,如果其值为"真"(非 0),则表示满足测试条件,执行<分支语句 1>;否则,执行<分支语句 2>。图 3-2 是 if…else 语句流程图。

同 if 语句一样,if…else 语句中的(<测试条件>)不能缺少,<测试条件>可以是任意类型的表达式。

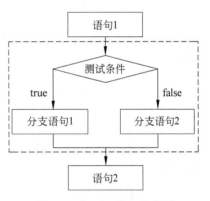

图 3-2 if…else 语句流程图

【例 3-2】 根据表 3-2 给出的算法编写程序,用 C++ 提供的 if…else 语句实现判断用户输入的年份是否为闰年的问题。

```cpp
#include<iostream>
using namespace std;
int main()
{
    intyear;
    bool isLeapYear;
    cout<<"请输入一个年数: "<<endl;
    cin>>year;
    isLeapYear=(year % 4==0 && year % 100 !=0) || (year % 400==0);
    if(isLeapYear)
        cout<<year<<"年是闰年!"<<endl;
    else
        cout<<year<<"年不是闰年!"<<endl;
    return 0;
}
```

【例 3-3】 根据表 3-3 给出的算法编写程序,用 C++ 提供的 if…else 语句实现"求解一

元二次方程 $ax^2+bx+c=0$ 的两个不相等的实根"问题。

```
#include<iostream>
#include<cmath>
using namespace std;
int main()
{
    int a,b,c;
    double x1,x2;
    cout<<"请输入一元二次方程的系数："<<endl;
    cin>>a>>b>>c;
    if(b*b-4*a*c>0&&a!=0)
    {
        x1=(-b+sqrt(b*b-4.0*a*c))/(2*a);
        x2=(-b-sqrt(b*b-4.0*a*c))/(2*a);
        cout<<"方程的两个实数根分别是："<<x1<<"和"<<x2<<endl;
    }
    else
        cout<<"此方程无两个不相等的实根"<<endl;
    return 0;
}
```

说明：if 语句和 if…else 语句在逻辑上都是一条语句，它们的分支语句在逻辑上也都是一条语句，当一个分支功能需要多条语句才能完成时，如例 3-3，就需要使用复合语句。

3.3 嵌套选择及其 C++ 实现

在根据某种情况选择了一种处理后，在进行该处理时，还需要根据情况进行选择，这就构成了选择的嵌套，这样的问题就是嵌套选择问题。

【问题 3-4】 找出 3 个人中年龄最小那个人。要求给出寻找过程。

问题求解思路：假设 3 个人的年龄分别是 age1、age2、age3，首先进行比较 age1 和 age2，找出第 1 和第 2 个人中年龄较小的那个人；然后再用这个人的年龄与第 3 个人的年龄 age3 进行比较，根据比较结果，找出年龄最小的那个人。由于第一次的比较结果决定第二次哪两个年龄进行比较，第二次的比较结果决定最后是谁最小，所以这样的问题就是嵌套选择问题。

解决该问题的算法如表 3-4 所示。

表 3-4 求解问题 3-4 的算法

步骤	处　　　理
1	输入 3 个人的年龄，分别放到 age1、age2 和 age3 中
2	输出"现在开始比较第 1 个人和第 2 个人的年龄"的信息

步骤	处　　理
3	如果 age1＜age2： 输出"前两个人中第 1 个人较年轻,下面比较第 1 个人和第 3 个人的年龄"的信息。 如果 age1＜age3, 　　则找到了年龄最小的人是第 1 个人,输出"第 1 个人年龄最小"的信息; 否则, 　　则找到了年龄最小的人是第 3 个人,输出"第 3 个人年龄最小"的信息。 否则： 输出"前两个人中第 2 个人较年轻,下面比较第 2 个人和第 3 个人的年龄"的信息。 如果 age2＜age3, 　　则找到了年龄最小的人是第 2 个人,输出"第 2 个人年龄最小"的信息; 否则, 　　则找到了年龄最小的人是第 3 个人,输出"第 3 个人年龄最小"的信息。

【例 3-4】　根据表 3-4 的算法编写程序,找出用户输入的 3 个人中年龄最小那个人。

用 C++ 提供的 if 或 if…else 语句,就能够解决嵌套的问题。根据表 3-4 对算法的描述发现,第一次(即外层)选择是一个双路选择,使用 if…else 语句即可解决。对于外层选择后的进一步处理也是一个双路选择,所以继续使用 if…else 语句来解决内层选择问题。

```cpp
#include<iostream>
using namespace std;
int main()
{
    int age1, age2, age3;
    cout<<"请分别输入 3 个人的年龄: "<<endl;
    cin>>age1>>age2>>age3;
    if(age1<age2)                           //外层 if
    {
        cout<<"前两个人中第 1 个人较年轻"<<endl
            <<"下面比较第 1 个人和第 3 个人的年龄"<<endl;
        if(age1<age3)                       //内层 if
            cout<<"第 1 个人年龄最小"<<endl;
        else                                //内层 else
            cout<<"第 3 个人年龄最小"<<endl;

    }
    else                                    //外层 else
    {
        cout<<"前两个人中第 2 个人较年轻: "<<endl
            <<"下面比较第 2 个人和第 3 个人的年龄"<<endl;
        if(age2<age3)                       //内层 if
            cout<<"第 2 个人年龄最小"<<endl;
        else                                //内层 else
```

```
        cout<<"第 3 个人年龄最小"<<endl;
    }
    return 0;
}
```

说明：C++ 编译器总是将 else 与其前面最近的那个尚未配对的 if 匹配成一个 if···else 结构。

3.4 多路选择算法及其 C++ 实现

多路选择问题也是根据不同的情况进行不同的处理。双路选择问题是多路选择问题中可能出现两种情况的一类问题。

3.4.1 多路选择问题

【问题 3-5】 用户输入一个数字字符 0~9,输出相应的 ASCII 码。

问题求解思路：如果用户输入的是字符 0,则输出 48;如果用户输入的是字符 1,则输出 49;以此类推,如果用户输入的是字符 9,则输出 57。这个是一个多路选择问题。

解决该问题的算法如表 3-5 所示。

表 3-5 求解问题 3-5 的算法

步骤	处理
1	用户输入数字字符 ch
2	如果用户输入的是字符 0,则输出 48; 如果用户输入的是字符 1,则输出 49; 如果用户输入的是字符 2,则输出 50; 如果用户输入的是字符 3,则输出 51; 如果用户输入的是字符 4,则输出 52; 如果用户输入的是字符 5,则输出 53; 如果用户输入的是字符 6,则输出 54; 如果用户输入的是字符 7,则输出 55; 如果用户输入的是字符 8,则输出 56; 如果用户输入的是字符 9,则输出 57

3.4.2 用 C++ 提供的 switch 语句编程解决多路选择问题

使用 if···else 语句可以处理多路选择问题,但会因为嵌套层次太多而导致程序的可读性下降,且容易出错。C++ 提供了适合处理多选择情况的 switch 语句。

switch 语句的语法格式如下：

```
switch(<测试条件>)
{
    case<常量表达式 1>:[<分支语句序列 1>]
                       [break;]
    case<常量表达式 2>:[<分支语句序列 2>]
                       [break;]
            ⋮
    case<常量表达式 n>:[<分支语句序列 n>]
                       [break;]
    [ default:         <分支语句序列 n+1>]
}
```

switch 语句的执行过程是：首先计算＜测试条件＞的值，然后将该值逐个与各常量表达式的值进行比较。当＜测试条件＞的值与某个常量表达式的值相等时，就执行其后面的分支语句序列，如果遇到 break 语句就跳出 switch 语句，否则继续执行其后的分支语句序列。如果＜测试条件＞的值与所有常量表达式的值都不相等，则执行 default 后面的分支语句序列，如果缺省 default，则跳出 switch 语句。

switch 语句中的＜测试条件＞表达式只能是整型、字符型或枚举型的表达式。各＜常量表达式＞的值要互不相同，与条件表达式应为同一数据类型。各＜常量表达式＞后面的语句序列不需要用一对花括号"{ }"括起来。执行某个＜常量表达式＞后面的分支语句序列时，只有遇到 break 语句时才跳出 switch 语句，否则将顺序执行后面的分支语句序列。图 3-3 是每一个分支语句序列都没有 break 语句的 switch 语句流程图。图 3-4 是每一个分支语句序列都有 break 语句的 switch 语句流程图。

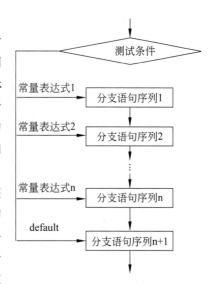

图 3-3　没有 break 语句的 switch 语句流程图

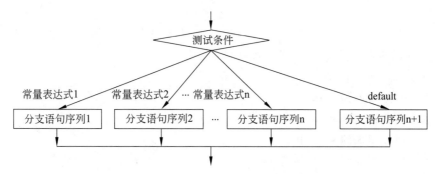

图 3-4　有 break 语句的 switch 语句流程图

default 分支可以缺省。如果＜测试条件＞的值与所有常量表达式的值都不相等，则直接跳出 switch 语句。

【例 3-5】 根据表 3-5 给出的算法编写程序，根据用户输入的一个 0～9 的数字字符，输出相应的 ASCII 码。

```cpp
#include<iostream>
using namespace std;
int main()
{
    char ch;
    cout<<"请输入 1 个数字字符(0～9)："<<endl;
    cin>>ch;
    switch(ch)
    {
        case '0': cout<<"该数字字符的 ASCII 码是："<<48<<endl; break;
        case '1': cout<<"该数字字符的 ASCII 码是："<<49<<endl; break;
        case '2': cout<<"该数字字符的 ASCII 码是："<<50<<endl; break;
        case '3': cout<<"该数字字符的 ASCII 码是："<<51<<endl; break;
        case '4': cout<<"该数字字符的 ASCII 码是："<<52<<endl; break;
        case '5': cout<<"该数字字符的 ASCII 码是："<<53<<endl; break;
        case '6': cout<<"该数字字符的 ASCII 码是："<<54<<endl; break;
        case '7': cout<<"该数字字符的 ASCII 码是："<<55<<endl; break;
        case '8': cout<<"该数字字符的 ASCII 码是："<<56<<endl; break;
        case '9': cout<<"该数字字符的 ASCII 码是："<<57<<endl; break;
        default: cout<<"输入的不是数字字符"<<endl;
    }
    return 0;
}
```

3.5 迭代算法及其 for 语句的实现

很多计算问题需要重复一组特殊的计算步骤，直到达到某一状态才停止。例如，设计"计算 1～5 的累加和"的算法。简单的算法可以是：

第 1 步：将总和 sum 清 0。

第 2 步：将 1 累加到 sum 中。

第 3 步：将 2 累加到 sum 中。

第 4 步：将 3 累加到 sum 中。

第 5 步：将 4 累加到 sum 中。

第 6 步：将 5 累加到 sum 中。

第 7 步：输出 1～5 的累加和 sum。

这个算法很简单。如果问题变成设计"计算 1～100 的累加和的"算法，则需要 100 行类似"将 1 累加到 sum 中"的操作；如果问题变成设计"计算 1～100 000 的累加和"的算法，则需要 100 000 行类似"将 1 累加到 sum 中"的操作；以此类推。显然，这种算法在处理大规模问题时是不可行的。

3.5.1　迭代算法

使用计算思维中经常用到的迭代思想，设计出迭代算法，可以将算法中重复步骤简要、清楚地描述出来，使算法变短从而增加其可读性。

设计迭代算法时，首先要确定需要重复的操作或操作集合，然后确定需要进行多少次这样的操作。对于上面的问题，可设计一个非常短的迭代算法：

第 1 步：将总和 sum 清 0

第 2 步：i 的取值范围是 1～5，进行如下操作：

　　　　　将 i 累加到 sum 中。

第 3 步：输出 1～5 的累加和 sum。

如果问题变为"设计计算 1～n 的累加和的算法"时，仅需将上面迭代算法的第 2 步"i 的取值范围是 1～5"修改为"i 的取值范围是 1～n"即可。

【问题 3-6】　设计"计算 1＋2＋3＋…＋n"的迭代算法。

问题求解思路：可以发现该问题需要重复的操作是将一个整数累加，这个操作需要重复 n 次。

解决该问题的迭代算法如表 3-6 所示。

表 3-6　求解问题 3-6 的迭代算法

步骤	处　　　理
1	输入用户要累加的最大整数 n
2	将存放累加和的 sum 清 0
3	i 的取值范围是 1～n，进行如下操作：将 i 累加到 sum 中
4	输出结果 sum

3.5.2　用 C++ 提供的 for 语句实现迭代算法

所有的高级程序设计语言都有实现迭代算法的循环语句。所以，可以使用这些循环语句来实现一个语句（或一组语句）的重复处理，直到某个条件满足才停止。

C++ 提供了专门用于循环的 for 语句。for 语句的语法格式如下：

for(［<表达式 1>］；［<表达式 2>］；［<表达式 3>］)
　　<循环体>

for 语句的执行过程是：首先执行<表达式 1>，然后执行<表达式 2>。当<表达式 2>的值为"真"（非 0），执行<循环体>。每执行完<循环体>后，执行<表达式 3>，再执行<表达式 2>，当<表达式 2>的值为"真"（非 0）则重复执行循环体，再执行<表达式 3>，

重复上述过程，直到＜表达式 2＞等于"假"(0)为止。图 3-5 是 for 语句执行流程图。

for 语句中的＜表达式 1＞的主要作用是初始化循环变量，＜表达式 2＞的主要作用是控制循环，＜表达式 3＞的主要作用是修改循环变量。

【例 3-6】 根据表 3-6 给出的迭代算法编写程序，用 C++ 提供的 for 语句实现"计算 $1+2+3+\cdots+n$"的问题。

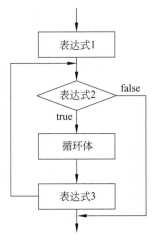

图 3-5 for 语句的处理流程图

```cpp
#include<iostream>
using namespace std;
int main()
{
    int n,sum;
    cout<<"请输入要累加的最大整数："<<endl;
    cin>>n;
    sum=0;
    for(int i=1; i<=n; i++)
        sum=sum+i;
    cout<<"1+2+3+…+n 的结果为："<<sum<<endl;
    return 0;
}
```

3.6 迭代算法及其 while 语句的实现

3.6.1 用 C++ 提供的 while 语句实现迭代算法

【问题 3-7】 设计"计算 2^n"的迭代算法。

问题求解思路：可以发现该问题需要重复的操作是乘以 2，这个操作需要重复 n 次。解决该问题的迭代算法如表 3-7 所示。

表 3-7 求解问题 3-7 的迭代算法

步骤	处　　　理
1	输入 2 的幂次 n
2	将存放结果的 power 置为 1
3	重复 n 次下面的操作： 　　power＝power×2
4	输出结果

C++ 提供了专门用于循环的 while 语句。while 语句的语法格式如下：

while(＜测试条件＞)
＜循环体＞

while 语句的执行过程是：首先计算＜测试条件＞的值，如果其值为"真"(非 0)，表示满足循环条件，则执行＜循环体＞；如果其值为"假"(0)，则结束循环。每执行完一次循环体后再次计算＜测试条件＞的值，如果其值为"真"(非 0)，则继续执行＜循环体＞；如果其值为"假"(0)，则结束循环。图 3-6 是 while 语句的处理流程图。

【例 3-7】　根据表 3-7 给出的迭代算法编写程序,用 C++ 提供的 while 语句实现"计算 2^n"的问题。

```cpp
#include<iostream>
using namespace std;
int main()
{
    int i,n,power;
    cout<<"请输入幂次: "<<endl;
    cin>>n;
    power=1;
    i=1;
    while (i<=n)
    {
        power=power*2;
        i++;
    }
    cout<<"2 的 n 次幂为: "<<power<<endl;
    return 0;
}
```

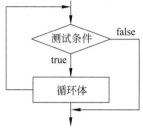

图 3-6　while 语句的处理流程图

说明:

◆ while 语句中的(<测试条件>)不能缺省,可以是任何类型的表达式。

◆ while 语句中,<循环体>在语法逻辑上是一条语句,如果多条语句的情况下要使用复合语句。

◆ 在循环语句的<循环体>或<测试条件>部分必须有使<测试条件>表达式最终成为假的语句,否则<测试条件>永远为真,造成永远无法退出循环,即所谓的"死循环"。

3.6.2　用 C++ 提供的 do…while 语句实现迭代算法

C++ 还提供了专门用于循环的 do…while 语句。do…while 语句的语法格式如下:

do
　　<循环体>
while (<测试条件>);

do…while 语句的执行过程是: 首先执行<循环体>,然后计算<测试条件>的值,如果其值为"真"(非 0),表示满足循环条件,重复上述过程;如果其值为"假"(0),则结束循环。图 3-7 是 do…while 语句的处理流程图。

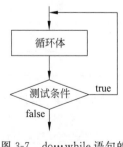

图 3-7　do…while 语句的处理流程图

【例 3-8】　根据表 3-6 给出的迭代算法编写程序,用 C++ 提供的 do…while 语句实现"计算 $1+2+3+\cdots+n$"的问题。

```cpp
#include<iostream>
```

```
using namespace std;
int main()
{
    int i=1,sum=0;
    do
    {
        sum=sum+i;
        i++;
    }
    while (i<=100);    //分号不能缺省
    cout<<"1+2+3+…+100 的结果为: "<<sum<<endl;
    return 0;
}
```

3.7 迭代嵌套及其 C++ 实现

如果迭代算法中处理的还是迭代过程,就构成迭代嵌套。实际的应用程序常常采用迭代的嵌套结构,即 C++ 程序中的循环体中还可以包含各种循环语句,这就构成了循环的嵌套,通常称为多重循环。

【问题 3-8】 设计"计算 $2^1+2^2+2^3+\cdots+2^n$"的算法,并用 C++ 程序实现该算法。

问题求解思路:该问题是一个 n 项累加的问题,需要重复 n 次完成。其中,要累加的每一项也需要进行重复处理,即计算第 i 项的值时也需要重复 i 次乘以 2 的操作。因此,是一个迭代嵌套的算法。

解决该问题的迭代嵌套算法如表 3-8 所示。

表 3-8 求解问题 3-8 的算法

步骤	处 理
1	输入 2 的幂次 n
2	将各项的累加和 sum 清 0
3	将 i 的范围设置为 1～n,进行如下操作: 　　将存放第 i 项结果的 power 置为 1; 　　重复 i 次下面的操作: 　　　　power＝power×2; 　　将 power 累加到 sum 中
4	输出结果 sum

【例 3-9】 根据表 3-8 给出的迭代嵌套算法编写程序,用 C++ 提供的循环语句实现"计算 $2^1+2^2+2^3+\cdots+2^n$"的算法。

```
#include<iostream>
using namespace std;
```

```
int main()
{
    int n, sum, power, i, j;
    cout<<"请输入最高幂次 n: ";
    cin>>n;
    sum=0;
    for(i=1; i<=n; i++)
    {
        power=1;
        j=1;
        while (j<=i)
        {
            power=power * 2;
            j++;
        }
        sum=sum+power;
    }
    cout<<"2 的 1 到"<<n<<"次幂的和为："<<sum<<endl;
    return 0;
}
```

说明：

◆ 不同结构的循环语句也可以构成循环嵌套,例如 for 循环里面可以嵌套 while 循环。

◆ 循环嵌套的执行顺序是外层循环执行时,遇到内层循环,将完成所有内层循环,再开始外层的下一次循环。

◆ 循环体里可以嵌套多个内循环。

【**例 3-10**】　"水仙花数"是指一个 3 位整数,其各位数字立方的和等于该数本身。例如,由于 $153=1^3+5^3+3^3$,所以 153 是水仙花数。编写程序,求所有的"水仙花数"。

问题求解思路：因为"水仙花数"是 3 位整数,所以一定都在 $100\sim999$ 内。利用 3 重循环,外循环变量 i 控制百位数字从 1 变化到 9,中层循环变量 j 控制十位数字从 0 变化到 9,内循环变量 k 控制个位数字从 0 变化到 9,穷举判断所有的 3 位整数是否是水仙花数。

```
#include<iostream>
using namespace std;

int main()
{
    int i, j, k, m, n;
    for(i=1; i<=9; i++)              //外层循环,控制百位
    for(j=0; j<=9; j++)              //中层循环,控制十位
    for(k=0; k<=9; k++)             //内层循环,控制个位
    {
        n=100 * i+10 * j+k;         //求 3 位数
        m=i * i * i+j * j * j+k * k * k;   //求其各位数字立方的和
        if(m==n)   cout<<m<<endl;
    }
```

```
    }
    return 0;
}
```

📊 3.8 迭代与选择嵌套及其 C++ 实现

3.8.1 迭代与选择嵌套及其 C++ 实现

在一个迭代算法中,如果包括一个选择处理,就构成了迭代和选择的嵌套。使用 C++ 的循环语句,在循环体采用选择语句来实现迭代和选择的嵌套算法。

【例 3-11】 根据用户输入的年份判断该年是否是闰年,直到用户输入 0 停止处理。

问题求解思路:在学习双路选择问题时已经实现了判断某一年是否是闰年的问题。现在的问题是需要重复若干次这样的判断,直到用户输入的年份为 0,这又是一个迭代算法。

解决该问题的迭代与选择嵌套算法如表 3-9 所示。

表 3-9 求解例 3-11 的算法

步骤	处　理
1	输入一个年份 year
2	当 year 不等于 0 时重复下面的操作: 　如果 year 满足闰年条件, 　　　输出"是闰年"; 　否则, 　　　输出"不是闰年"。 　输入一个新的年份 year

```cpp
#include<iostream>
using namespace std;
int main()
{
    int year;
    bool isLeapYear;
    cout<<"请输入一个年数(0退出程序): "<<endl;
    cin>>year;
    while (year!=0)
    {
        isLeapYear=(year%4==0 && year%100 !=0)||(year%400==0);
        if(isLeapYear)
            cout<<year<<"年是闰年!"<<endl;
        else
            cout<<year<<"年不是闰年!"<<endl;
        cout<<"请输入一个年数(0退出程序): "<<endl;
        cin>>year;
    }
    return 0;
}
```

3.8.2 选择与迭代嵌套及其 C++ 实现

在一个选择算法中,如果某个分支又包含了迭代处理,这就构成了选择和迭代的嵌套。使用 C++ 的选择语句,在选择语句中采用循环语句来实现选择和迭代的嵌套算法。

【例 3-12】 编程实现根据用户的选择进行求"1～10 的和"(用户输入 1)或者"求 10!"的操作(用户输入 2)。

问题求解思路:当用户输入 1 时,进入求解"1～10 的和"的分支;当用户输入 2 时,进入求解"求 10!"的分支。其中,每一个分支又是一个迭代算法。

解决该问题的选择与迭代嵌套算法如表 3-10 所示。

表 3-10 求解例 3-12 的算法

步骤	处 理
1	输入一个选择 ch
2	如果 ch=1, 　　迭代求解"1～10 的和",并输出结果; 如果 ch=2, 　　迭代求解"n!",并输出结果

```cpp
#include<iostream>
using namespace std;
int main()
{
    int m, sum=0, fac=1;
    cout<<"请输入你的选择(1: 1~10 的和,2: 求 10!): ";
    cin>>m;
    if(m==1)
    {
        for(int i=1; i<=10; i++)
            sum=sum+i;
        cout<<"1 到 10 的和: "<<sum<<endl;
    }
    else
    {
        for(int i=2; i<=10; i++)
            fac=fac*i;
        cout<<"10!的结果为: "<<fac<<endl;
    }
    return 0;
}
```

📊 3.9 C++ 中的转向语句

C++ 提供的转向语句包括 break 语句、continue 语句、goto 语句和 return 语句。使用这些语句可以使程序简练,或减少循环次数,或跳过那些没有必要再执行的语句,以提高程序执行效率。但是,对转向语句使用不当也容易造成程序的混乱甚至出现错误。所以,要理解各转向语句的功能,恰当地使用它们。

3.9.1 break 语句

C++ 提供的 break 语句也称为跳出语句。它的语法格式是关键字 break 加分号,即:

```
break;
```

break 语句可用在 switch 语句或 3 种循环语句中。break 语句的功能是:结束当前正在执行的循环(for、while、do…while)或多路分支(switch)程序结构,转去执行这些结构后面的语句。在 switch 语句中,break 用来使流程跳出 switch 语句,继续执行 switch 后的语句。在循环语句中,如果 break 语句位于多重循环的内循环中,则只能跳出它所在的内层循环。

【例 3-13】 编写程序,找出从 5 到 100 之间能同时被 3 和 5 整除的最小的那个整数。

问题求解思路: 由于需要搜索 5～100 的整数,所以可以采用 for 循环语句,依次判断 5,6,7,…,100,是否能同时被 3 和 5 整除。由于问题只需找到能同时被 3 和 5 整除的最小的那个整数,所以在循环中,找到第一个满足条件的数即需退出循环。退出循环适合使用 break 语句。整型变量 n 能同时被 3 和 5 整除的逻辑表达式为:n%5==0&&n%3==0。

```cpp
#include<iostream>
using namespace std;
int main()
{
    int n;
    for(n=5; n<=100; n++)
    {
        if(n%5==0&&n%3==0)        //如果 n 能被 3 和 5 同时整除,则退出循环
        break;
    }
    cout<<"能同时被 3 和 5 整除的最小整数是: "<<n<<endl;
    return 0;
}
```

3.9.2 continue 语句

C++ 提供的 continue 语句的语法格式为关键字 continue 加上分号,即:

```
continue;
```

continue 语句的功能是:根据某个判断条件结束本次循环,即跳过循环体中尚未执行的语句,接着进行是否执行下一次循环的判定。

【例 3-14】 编写程序,找出从 5 到 100 之间能同时被 3 和 5 整除的所有整数。

问题求解思路: 由于需要搜索 5～100 的整数,所以可以采用 for 循环语句,依次判断

5,6,7,…,100,是否能同时被 3 和 5 整除。由于问题需要找到能同时被 3 和 5 整除的所有整数,所以,在循环中,如果当前的这个整数不满足条件,则结束本次循环开始下一次查找;否则,输出此数。结束本次循环适合使用 continue 语句。

```
#include<iostream>
#include<iomanip>
using namespace std;
int main()
{
    int n;
    for(n=5; n<=100; n++)
    {
        if(n%5!=0 || n%3!=0)        //如果 n 不能被 3 和 5 整除,则开始下一次循环
            continue;
        cout<<' '<<n;               //如果 n 能同时被 3 和 5 整除,则输出
    }
    cout<<endl;
    return 0;
}
```

3.9.3　return 语句

C++ 中的 return 语句也称函数返回语句。它的语法格式如下:

return [<表达式>];

return 语句的功能是:停止当前函数,程序转去执行当前函数后面的语句。

对于非 void 类型的函数(主函数例外),必须有 return 语句,其中<表达式>的类型要与函数返回值的类型一致;当函数的返回类型为 void 型时,不需要写<表达式>,也可以不写 return 语句。

3.9.4　goto 语句

goto 语句的也称为无条件转向语句,它的语法格式如下:

goto <标号>;

goto 语句的功能是:将程序无条件跳转到<标号>指定的语句处继续执行。其中,<标号>是一个 C++ 的标识符,放在要跳转到的语句前面,标号说明格式如下:

<标号>:<语句>

【例 3-15】　编写程序,使用 goto 语句,实现找出从 5 到 100 之间能同时被 3 和 5 整除的最小的那个整数。

问题求解思路:与例 3-14 思考方法相同。在本例中使用 goto 语句代替 break 语句。

```
#include<iostream>
using namespace std;
int main()
{
    int n;
    for(n=5; n<=100; n++)
    {
        if(n%5==0&&n%3==0)          //如果 n 能被 3 和 5 同时整除,则退出循环
            goto tt;
    }
    tt: cout<<"能同时被 3 和 5 整除的最小整数是: "<<n<<endl;
    return 0;
}
```

说明:

◆ continue 语句和 break 语句的区别是:continue 语句只结束本次循环,而不是终止整个循环的执行;break 语句则是结束循环。

◆ 在多重循环语句中,break 语句只能跳转到循环的上一层,即结束它所在的那一层循环。goto 语句可以直接从内层循环跳转到多重循环外,即结束所有多重循环。

◆ 如果不加限制地使用 goto 语句,则会导致程序流程的混乱,降低程序的可读性。一般情况下,应尽量减少或不使用 goto 语句。

学习了选择和迭代算法以及 C++ 中的选择和循环语句,就可以编写程序解决一些相对复杂的问题了。请扫描下面的二维码学习几个相关的应用实例。

拓展学习

应用实例

第 4 章　结构化数据的处理

🎯 导 学

【主要内容】

计算机的主要作用是对数据进行分析和处理。当数据中含有多条记录或多个属性时，如何将数据有效地存储在计算机中以方便后继的分析和处理，是利用计算机解决实际问题时要考虑的一个重要内容。本章重点介绍多记录数据和多属性数据的存储结构，以及如何使用 C++ 实现这些数据的存储和处理。通过本章的学习，读者一方面能够根据自己的问题判断出应该采用哪种数据结构去存储数据，另一方面能够使用 C++ 提供的相应语句编写程序解决问题。本章还将介绍枚举，给出一个数组应用实例，该实例涉及基本的排序算法的思想，启发和激励读者利用计算思维解决更多、更复杂的问题。

【重点】

● 一维数据和一维数组。
● 二维数据和二维数据。
● 多属性数据和结构体。
● 字符串的处理。

【难点】

通过下标正确标识数组元素，结构体数组成员的正确标识。

📊 4.1　一维数据及其 C++ 实现

在实际生活中，经常遇到对多条同一性质的记录进行处理和分析的情况，此时会涉及多记录数据的存储。根据数据自身的特性，可以将数据分为一维数据、二维数据、三维数据……本书介绍易于从直观上理解的一维数据和二维数据。

4.1.1　一维数据问题

一维数据是指数据元素的值由一个因素唯一确定。例如，查找某门课程考试的最高成绩,需要提供每名学生的考试成绩。在该问题中考试课程已知,因此考试成绩由学生编号唯一确定,如图 4-1 所示,学生 1 的考试成绩为成绩 1,学生 2 的考试成绩为成绩 2……学生 N 的考试成绩为成绩 N。

学生 1	学生 2	…	学生 N
成绩 1	成绩 2	…	成绩 N

图 4-1　一维数据示例

【问题 4-1】　求 N 个整数中的最大值。

问题求解思路:这是一个一维数据问题,N 个整数中每个整数的值由该整数的顺序唯一确定,因此待处理的原始数据是一维数据。解决该问题需要 3 步,其中第 2 步是第 3 章中所讲的迭代与选择的嵌套过程,m 中始终保存着当前所看到的前 i 个整数中的最大整数的位置。

解决该问题的算法如表 4-1 所示。

【问题 4-2】　表 4-2 是各成绩级别所对应的成绩范围。设共有 N 名学生,统计某门课程考试中各成绩级别的学生人数。

表 4-1　求解问题 4-1 的算法

步骤	处　　理
1	定义 m 并初始化为 1
2	令第 i 个整数的值为 n_i,i 的取值范围是 2～N,进行如下操作: 　　如果 $n_i > n_m$, 　　　　m＝i
3	输出结果,即 n_m

表 4-2　各成绩级别所对应的成绩范围

成绩级别	成绩范围
A	90～100 分
B	80～89 分
C	70～79 分
D	60～69 分
E	0～59 分

问题求解思路:N 名学生中每名学生的考试成绩由学生编号唯一确定,如图 4-1 所示,因此待处理的原始数据是一维数据。解决该问题需要 3 步,其中第 2 步是第 3 章中所讲的迭代与选择的嵌套过程,根据学生成绩将相应成绩等级的学生人数增 1。

解决该问题的算法如表 4-3 所示。

表 4-3　求问题 4-2 的算法

步骤	处　　理
1	将用于保存各成绩等级学生人数的 A、B、C、D、E 初始化为 0
2	令第 i 名学生的成绩为 $score_i$,i 的取值范围是 1～N,进行如下操作: 　　如果 $score_i \geq 90$ 并且 $score_i \leq 100$, 　　　　A＝A+1; 　　否则,如果 $score_i \geq 80$, 　　　　B＝B+1; 　　否则,如果 $score_i \geq 70$, 　　　　C＝C+1; 　　否则,如果 $score_i \geq 60$, 　　　　D＝D+1; 　　否则, 　　　　E＝E+1
3	输出结果

4.1.2　用 C++ 提供的一维数组存储一维数据

对于一维数据的存储问题,C++ 提供了相应的一维数组,用户可以使用该数据结构存储待处理数据或处理结果,编写程序完成问题的求解。

1. 一维数组的定义

数组本质上是一组变量,即数组的每一个元素都是一个变量。与前面学习过的简单变量一样,在使用数组之前,必须先给出数组的定义。一维数组的定义形式如下:

<数据类型><数组名>[<常量表达式>];

其中,<数据类型>指定了数组中每一个元素的类型,既可以是前面学习的 int、float 等基本数据类型,也可以是后面将要学习的指针、结构体、类等数据类型。<数组名>的命名规则与简单变量的命名规则相同。方括号中的<常量表达式>用来指明该数组中元素的数量,即数组的长度,它必须是整型常量、整型符号常量或枚举常量(关于枚举参考 4.7 节)。

例如,如果要存储 10 名学生的成绩,就可以定义一个一维数组:

```
int score[10];
```

或

```
const int size=10;
int score[size];
```

上面的语句定义了一个名为 score 的一维数组,该数组的长度为 10,共包含 10 个 int 类型的元素,可以用来存储 10 名学生的成绩。

2. 一维数组的初始化

同简单变量一样,在定义数组的同时可以为数组中的各个元素赋初值。一维数组的初始化形式如下:

<数据类型><数组名>[<常量表达式>]={初值 1, 初值 2, …, 初值 N};

或

<数据类型><数组名>[]={初值 1, 初值 2, …, 初值 N};

在第二种数组初始化形式的中括号中并没有显式指定数组长度,此时该数组会自动将初始化列表中的初值个数作为数组长度。如果初始化列表中有 N 个初值,且用于指定数组长度的<常量表达式>省略,则该数组的长度就为 N。例如,在上述定义存储 10 名学生成绩的数组的同时,可以为其进行初始化:

```
int score[10]={97, 85, 68, 95, 99, 73, 86, 75, 62, 53};
```

或

```
int score[]={97, 85, 68, 95, 99, 73, 86, 75, 62, 53};
```

上面的语句定义了一个名为 score 的一维数组,并将该数组中的 10 个元素分别初始化为 97、85、68、95、99、73、86、75、62、53。

说明:在 C++ 中,初始化列表只能在数组定义时使用,后面要对数组中的元素赋值则只能逐个进行。例如,下面的语句是错误的:

```
int score[10];
score={97, 88, 68, 95, 99, 73, 86, 75, 62, 53};
```

3. 一维数组中元素的访问方法

一个数组包含多个元素,访问一维数组中某个元素的形式如下:

<数组名>[<下标>]

其中,方括号中的<下标>用来表明要访问元素的位置,可以是常量表达式,也可以是变量表达式,但必须是整数。对于长度为 N 的一维数组,其<下标>取值范围为 0～N−1。

例如,对于上述定义并初始化的一维数组 score,可以按如下方式访问其中的某个元素:

```
cout<<score[0];        //将下标为 0 的元素的值输出到屏幕上,即输出 97
score[1]=88;           //将下标为 1 的元素赋值为 88,即 score 中各元素的值变为 97、88、68、
                       //  95、99、73、86、75、62、53
```

说明:在 C++ 中,对非字符型数组元素的访问只能逐个进行,不能整体进行。例如,下面的语句是错误的:

```
cout<<score;           //错误:对数组元素的访问只能逐个进行,如 cout<<score[1];
cin>>score;            //错误:对数组元素的访问只能逐个进行,如 cin>>score[1];
```

【例 4-1】 根据表 4-1 给出的算法编写程序,定义一维数组存储待处理数据,并用 C++ 提供的 for 语句和 if 语句实现求 N 个整数中最大值的问题。

```
#include<iostream>
using namespace std;
int main()
{
    int val[]={30, 28, 56, 43, 27};        //定义一维数组 val 存储待处理的数据
    int m=0;                               //用于存储最大整数在数组中的下标
    int i;
    //依次查看后面的整数,不断更新 m 使其始终保存当前所查看整数中最大的
    //整数在数组中的下标
    for(i=1; i<5; i++)
        if(val[i]>val[m])
            m=i;
    cout<<"5 个整数中的最大值是:"<<val[m]<<endl;
    return 0;
}
```

说明:数组元素的<下标>从 0 开始,因此,例 4-1 中的 val[0]表示数组的第 1 个元素,

val[i]表示数组的第(i+1)个元素。

【例 4-2】 根据表 4-3 给出的算法编写程序,定义一维数组存储待处理的数据,用 C++ 提供的 for 语句和 if 语句实现求各成绩级别学生人数的问题。

```cpp
#include<iostream>
using namespace std;
int main()
{
    int score[]={97, 85, 68, 95, 99, 73, 86, 75, 62, 53};
                        //定义一维数组 score 存储待处理的数据
    int A, B, C, D, E;        //定义变量保存各成绩等级的学生人数
    int i;
    A=B=C=D=E=0;            //在查看学生成绩前将各成绩级别的学生人数置为 0
    //依次查看每名学生成绩,并根据成绩更新相应成绩级别的学生人数
    for(i=0; i<10; i++)
    {
        if(score[i]>=90 && score[i]<=100)
            A++;
        else if(score[i]>=80)
            B++;
        else if(score[i]>=70)
            C++;
        else if(score[i]>=60)
            D++;
        else
            E++;
    }
    cout<<"成绩级别 A 的学生人数: "<<A<<endl
        <<"成绩级别 B 的学生人数: "<<B<<endl
        <<"成绩级别 C 的学生人数: "<<C<<endl
        <<"成绩级别 D 的学生人数: "<<D<<endl
        <<"成绩级别 E 的学生人数: "<<E<<endl;
    return 0;
}
```

说明:数组元素下标从 0 开始,因此,虽然表 4-3 中给出的 i 的取值范围是 1~N,但使用 C++ 实现时,i 的实际取值范围是 0~N-1。

📊 4.2　二维数据及其 C++ 实现

4.2.1　二维数据问题

二维数据是指数据元素的值由两个因素共同确定。例如,设共有 M 名学生,期末考试

共考核 N 门课程,要求分别统计每名学生 N 门课程的总成绩。待处理的原始数据中包含了 M 名学生 N 门课程的考试成绩(即共 M×N 个成绩),处理结果中包含了 M 名学生的总成绩。图 4-2 所示的学生成绩是二维数据问题。

	语文	数学	英语
学生 1	成绩 11	成绩 12	成绩 13
学生 2	成绩 21	成绩 22	成绩 23
⋮	⋮	⋮	⋮
学生 M	成绩 M1	成绩 M2	成绩 M3

图 4-2 二维数据示例

二维数据可以看成是由多个一维数据组成的。

【问题 4-3】 设乙班共有 M 名学生,期末考试共考核语文、数学、英语 3 门课程,分别统计乙班每名学生这 3 门课程的总成绩。

问题求解思路:M 名学生中每名学生的考试成绩由学生编号和课程名共同确定,如图 4-2 所示。因此,待处理的原始数据是二维数据。解决该问题需要两步,其中第 1 步是第 3 章中所讲的迭代过程,对每名学生将其 3 门课程的成绩相加得到总成绩。

解决该问题的算法如表 4-4 所示。

表 4-4 求解问题 4-3 的算法

步骤	处　　　理
1	令第 i 名学生语文、数学、英语 3 门课程的成绩分别为 $score_{i1}$、$score_{i2}$、$score_{i3}$,i 的取值范围是 1~M,进行如下操作: $$total_i = score_{i1} + score_{i2} + score_{i3}$$
2	将每名学生的总成绩 $total_i$ 输出,i 的取值范围是 1~M

4.2.2 C++ 提供的一维数组或二维数组存储二维数据

对于二维数据的存储问题,C++ 提供了相应的二维数组,用户可以使用该数据结构存储待处理数据或处理结果,编写程序完成问题的求解。

1. 二维数组的定义

二维数组的定义形式如下:

<数据类型><数组名>[<常量表达式 1>][<常量表达式 2>];

其中,<数据类型>指定了数组中每一个元素的类型,既可以是前面学习的 int、float 等基本数据类型,也可以是后面将要学习的指针、结构体、类等数据类型。<数组名>的命名规则与简单变量的命名规则相同。二维数据是一个由行和列构成的二维表(图 4-2),定义二维数组时方括号中的<常量表达式 1>和<常量表达式 2>分别表示所存储的二维数据的行数和列数,必须是整型常量、整型符号常量或枚举常量。因此,二维数组的元素个数＝常量表达式 1×常量表达式 2。

例如,如果要存储 2 名学生 3 门课程的成绩,就可以定义一个二维数组:

```
int score[2][3];
```

或

```
const int ROW=2, COL=3;
int score[ROW][COL];
```

上面的语句定义了一个名为 score 的二维数组,该数组用于保存 2 行 3 列的二维数据,可以用来存储 2 名学生 3 门课程的成绩。

2. 二维数组的初始化

同一维数组一样,在定义二维数组的同时可以为数组中的各个元素赋初值。二维数组初始化的形式如下:

<数据类型>数组名[<常量表达式 1>][<常量表达式 2>]={
　　{初值 11, 初值 12, …, 初值 1N},
　　{初值 21, 初值 22, …, 初值 2N},
　　　　　　　　⋮,
　　{初值 M1, 初值 M2, …, 初值 MN}
};

或

<数据类型><数组名>[][<常量表达式 2>]={
　　{初值 11, 初值 12, …, 初值 1N},
　　{初值 21, 初值 22, …, 初值 2N},
　　　　　　　　⋮,
　　{初值 M1, 初值 M2, …, 初值 MN}
};

在第二种数组初始化形式中,并没有显式指定<常量表达式 1>,此时,该数组会自动将初始化列表中{…}的个数作为<常量表达式 1>的值。如果初始化列表中有 M 个{…},且用于指定行数的<常量表达式 1>省略,则<常量表达式 1>的值就为 M。例如,在上述定义存储 2 名学生 3 门课程成绩的二维数组的同时,可以为其进行初始化:

```
int score[2][3]={{90, 95, 85}, {97, 89, 83}};
```

或

```
int score[][3]={{90, 95, 85}, {97, 89, 83}};
```

上面的语句定义了一个名为 score 的二维数组,行数为 2、列数为 3,并将第 1 名学生 3 门课程的成绩分别初始化为 90、95、85,将第 2 名学生 3 门课程的成绩分别初始化位 97、89、83。

3．二维数组的访问

访问二维数组中某个元素的形式如下：

<数组名>[<行下标>][<列下标>]

其中，方括号中的<行下标>用来表明要访问元素所在行的编号，<列下标>用来表明要访问元素所在列的编号。<行下标>和<列下标>可以是常量表达式，也可以是变量表达式，但必须是整数。对于行数为 M、列数为 N 的二维数组，其<行下标>取值范围为 0～M－1、<列下标>取值范围为 0～N－1。

例如，对于上述定义并初始化的二维数组 score，可以按如下方式访问其中的某个元素：

```
cout<<score[0][2];          //将行下标为 0、列下标为 2 的元素输出到屏幕上
score[1][1]=88;             //将行下标为 1、列下标为 1 的元素赋值为 88
```

【例 4-3】 根据表 4-4 给出的算法编写程序，定义二维数组存储待处理的二维数据、定义一维数组存储处理后得到的一维数据，用 C++ 提供的 for 语句实现求每名学生总成绩的问题。

```cpp
#include<iostream>
using namespace std;
int main()
{
    /*定义二维数组 score 存储两名学生 3 门课程的成绩：
        第 1 名学生 3 门课程的成绩分别为 90、95、85，
        第 2 名学生 3 门课程的成绩分别为 97、89、83 */
    int score[][3]={{90, 95, 85}, {97, 89, 83}};
    int total[2];              //定义一维数组 total 存储每名学生 3 门课程的总成绩
    int i;
    //对每名学生将其 3 门课程的成绩相加得到总成绩
    for(i=0; i<2; i++)
        total[i]=score[i][0]+score[i][1]+score[i][2];
    //将每名学生的总成绩输出到屏幕上
    for(i=0; i<2; i++)
        cout<<"第"<<i+1<<"名学生的总成绩为："<<total[i]<<endl;
    return 0;
}
```

说明：数组元素的<行下标>和<列下标>都是从 0 开始，因此，例 4-3 中的 score[i][j] 表示二维数据第(i+1)行、第(j+1)列的元素。

对于二维数据的存储问题，用户既可以使用 C++ 提供的一维数组，也可以使用 C++ 提供的二维数组，下面使用一维数组来存储二维数据。

【例 4-4】 根据表 4-4 给出的算法编写程序，定义两个一维数组分别存储待处理的二维数据和处理后得到的一维数据，用 C++ 提供的 for 语句实现求每名学生总成绩的问题。

```cpp
#include<iostream>
```

```cpp
using namespace std;
int main()
{
    /* 定义一维数组 score 按顺序存储两名学生 3 门课程的成绩:
       第 1 名学生 3 门课程的成绩分别为 90、95、85;
       第 2 名学生 3 门课程的成绩分别为 97、89、83 */
    int score[]={90, 95, 85, 97, 89, 83};
    int total[2];           //定义一维数组 total 存储每名学生 3 门课程的总成绩
    int i;
    //对每名学生将其 3 门课程的成绩相加得到总成绩
    for(i=0; i<2; i++)
        total[i]=score[3*i]+score[3*i+1]+score[3*i+2];
    //将每名学生的总成绩输出到屏幕上
    for(i=0; i<2; i++)
        cout<<"第"<<i+1<<"名学生的总成绩为: "<<total[i]<<endl;
    return 0;
}
```

说明:

◆ 高维数据都可以使用一维数组进行存储。

◆ 用一维数组存储高维数据,关键是要弄清楚高维数据的某个元素在一维数组中存储时对应的下标。

4.3　字符串及其 C++ 实现

4.3.1　字符串问题

日常生活中要经常使用字符串。字符串(简称串)是由 0 个或多个字符构成的一维数据,长度为 0 的字符串称为空串。例如,字符串"Hello world!"是由如图 4-3 所示的 12 个字符组成的一维数据。

| H | e | l | l | o | 空格 | w | o | r | l | d | ! |

图 4-3　字符串示例

【问题 4-4】　求字符串中数字字符的个数。

问题求解思路: 假设字符串中共包含 N 个字符。解决该问题需要 3 步,其中第 2 步是第 3 章中所讲的迭代与选择的嵌套过程,对每个字符判断其是否是数字字符(即 0~9 的字符)。

解决该问题的算法如表 4-5 所示。

表 4-5　求解问题 4-4 的算法

步骤	处　　理
1	将存储数字字符个数的 digitNum 置为 0
2	令字符串中的第 i 个字符为 c_i，i 的取值范围是 1~N，进行如下操作： 　　如果 c_i 是 0~9 之间的字符， 　　　　digitNum＝digitNum＋1
3	输出结果

4.3.2　用 C++ 提供的一维数组存储字符串

由于字符串是一个由多个字符构成的一维数据，因此可以使用 C++ 提供的一维字符型数组存储字符串。例如，可以如下定义一个**一维字符型数**组来存储字符串"Hello world!"。

```
char str[]={'H','e','l','l','o',' ','w','o','r','l','d','!','\0'};
```

或

```
char str[]="Hello world!";
```

上面两种形式的语句完全等价，都表示定义了一个名为 str 的一维字符型数组，并将该数组中的 13 个 char 类型的元素分别初始化为'H'、'e'、'l'、'l'、'o'、空格、'w'、'o'、'r'、'l'、'd'、'!'、'\0'。

说明：

◆ 在 C++ 中，字符串以'\0'作为结束标识。在存储包含 N 个字符的字符串时，需要留出一个元素保存'\0'，使用长度至少为(N＋1)的一维字符型数组。

◆ 在使用一维字符型数组存储长度为 N 的字符串时，数组长度可以大于 N＋1。例如，下面的语句是正确的：

```
char str[20]="Hello world!";        //正确。数组中的最后 7 个元素没有使用
```

◆ 在计算字符串的长度时，以实际包含的字符数量为准，结束标识'\0'不计算在内。

在 C++ 中，要对非字符型数组进行访问，必须逐个元素进行。字符串虽然也是以数组形式来存储，但其输入输出操作却可以整体进行。例如，下面的语句是正确的：

```
cin>>str;           //从键盘输入一个字符串
cout<<str;          //屏幕上显示字符串
```

【例 4-5】　根据表 4-5 给出的算法编写程序，定义一维字符型数组存储待处理的字符串，并用 C++ 提供的 for 语句和 if 语句实现求字符串中数字字符个数的问题。

```
#include<iostream>
using namespace std;
int main()
{
    char str[20];              //定义一维字符型数组 str 存储待处理的数据
    int digitNum=0;            //定义存储数字字符个数的变量 digitNum 并初始化为 0
    int N;                     //定义用于存储字符串长度的变量 N
```

```
    int i;
    cout<<"请输入一个字符串: "<<endl;
    cin>>str;                           //从键盘输入任一字符串保存在 str 中,如"a2c3b69e0"
    for(N=0; N<20; N++)
        if(str[N]=='\0')break;          //如果遇到结束标识'\0',则表明字符串结束
                                        //循环结束后,N 的值即为字符串的长度
    //依次检查每一个字符,如果是数字字符,则将 digitNum 加 1
    for(i=0; i<N; i++)
        if(str[i]>='0' && str[i]<='9')
            digitNum++;
    cout<<"字符串"<<str<<"中的数字字符个数为:"<<digitNum<<endl;
    return 0;
}
```

说明:

◆ 数组元素下标从 0 开始,因此,虽然表 4-5 中给出的 i 的取值范围是 1～N,但使用 C++ 实现时,i 的实际取值范围是 0～N−1。

◆ 也可以将例 4-5 中的两个 for 循环合为一个:

```
//依次检查每个字符,如果是结束标识'\0',则退出循环;如果是数字字符,则将 digitNum 加 1
for(N=0; N<20; N++)
{
    if(str[N]=='\0')break;              //如果是结束标识'\0',则表明字符串结束
    if(str[N]>='0' && str[N]<='9')      //如果是数字字符,则 digitNum 加 1
        digitNum++;
}
```

或

```
N=0;
while (str[N]!='\0')                    //如果是结束标识'\0',则表明字符串结束
{
    if(str[N]>='0' && str[N]<='9')      //如果是数字字符,则 digitNum 加 1
        digitNum++;
    N++;
}
```

4.4　多个字符串的处理

4.4.1　多个字符串问题

【问题 4-5】　从键盘输入 M 个字符串,比较并输出最长的那个字符串及其长度。

问题求解思路:假设共包含 M 每个字符串,每个字符串最长包含 N 个字符。解决这个问题分为 3 步,第 1 步迭代输入所有的 M 个字符串,并假设最长的字符串是第 1 个字符串;第 2 步迭代计算最长的字符串;第 3 步输出最长的字符串及其长度。

解决该问题的算法如表 4-6 所示。

表 4-6 求解问题 4-5 的算法

步骤	处 理
1	迭代输入所有的 M 个字符串，并假设第 t 个字符串是最长的字符串，初始时 t＝1
2	令 i 的取值范围是 2～M，对后面 M−1 个字符串进行如下操作： 　　如果第 i 个字符串的长度大于第 t 个字符串的长度，则 t＝i
3	输出第 t 个字符串及其长度

4.4.2　用 C++ 提供的二维数组存储来多个字符串

对于多个字符串，可以用 C++ 的二维字符型数组来存储。一个二维数据可以看作是由多个一维数据构成的，使用二维数组可以存储一个二维数据或多个一维数据（字符串）。例如：

```
char name[3][20]={"Zhangsan", "Lisi", "Wangwu"};
```

二维字符型数组 name 包含的 3 个一维数组 name[0]、name[1] 和 name[2]，用来分别存储 3 个字符串"Zhangsan"、"Lisi"和"Wangwu"。

【例 4-6】　根据表 4-6 给出的算法编写程序，定义二维字符型数组存储待处理的多个字符串，并用 C++ 提供的 for 语句和 if 语句实现求最长字符串的问题。

```cpp
#include<iostream>
using namespace std;
const int M=5;
const int N=20;
int main()
{
    char str[M][N];
    int t=0;
    cout<<"请输入"<<M<<"个字符串:"<<endl;
    for(int i=0 ; i<M ; i++)
        cin>>str[i] ;
    for(int  i=1; i<M; i++)
        if(strlen(str[i])>strlen(str[t]))
            t=i;
    cout<<"最长的字符串是"<<str[t]
        <<",长度为"<<strlen(str[t])<<endl;
    return 0;
}
```

说明：strlen 是系统函数，其功能是求字符串的长度。关于函数的内容详见第 5 章。

4.5　多属性数据及其 C++ 实现

在实际生活中,待处理的数据往往具有多个属性。例如,每名学生的基本信息包括学号、姓名、入学成绩等多个属性,此时涉及多属性数据的存储问题。

4.5.1　多属性数据问题

【问题 4-6】　记录某学生的学号、姓名和三科成绩,计算并输出其平均成绩。

问题求解思路:解决这个问题分为 3 步,第 1 步存储这个多属性数据;第 2 步计算平均成绩;第 3 步输出平均成绩。

4.5.2　用 C++ 提供的结构体存储多属性数据

对于多属性数据的存储问题,C++ 提供了相应的结构体数据类型,用户可以根据待解决问题定义结构体类型,并使用结构体类型定义变量实现多属性数据的存储。

1. 结构体类型的定义

结构体类型定义的一般形式如下:

struct <结构体类型名>

{

　　<成员列表>

};

其中,struct 是关键字,表示结构体类型定义的开始。<结构体类型名>就是定义的结构体类型的名称。<成员列表>包含了若干个成员的声明,每个成员的声明形式如下:

<类型><成员名>;

注意:一个结构体类型定义的最后必须以分号结束。

例如,如果一名学生的基本信息包括学号、姓名和三科成绩,就可以定义一个学生结构体类型:

```
struct Student
{
    char num[8];
    char name[10];
    int score[3];
};
```

上面的语句定义了一个名为 Student 的结构体类型,<成员列表>中声明了 3 个成员:一维字符型数组成员 num 用于保存学生的学号;一维字符型数组 name 用于保存学生的姓名；int 型数组成员 score 用于保存学生的三科成绩。

2. 结构体变量的定义

与 int 等基本数据类型定义变量一样，使用结构体类型可以定义相应的结构体变量来存储多属性数据。结构体变量的定义方法有两种。

（1）先定义结构体类型，再定义结构体变量

例如，前面定义结构体类型 Student 后，就可以利用 Student 类型定义结构体变量：

```
struct Student
{
    char num[8];
    char name[10];
    int score[3];
};
Student s1,s2;
```

上面的语句定义了两个 Student 类型的结构体变量 s1 和 s2，使用它们可以存储两名学生的基本信息。

（2）定义结构体类型的同时定义结构体变量

例如：

```
struct Student
{
    char num[8];
    char name[10];
    int score[3];
}s1, s2;
```

上面的语句在定义结构体类型 Student 的同时，定义了两个结构体变量 s1 和 s2，然后再以分号结束。

3. 结构体变量的初始化

同其他类型的变量一样，在定义结构体变量的同时，可以为结构体变量中的各个成员赋初值。结构体变量的初始化形式如下：

<结构体类型> <结构体变量名>={成员 1 初值，成员 2 初值，…，成员 N 初值}；

例如，在定义存储结构体变量 s 的同时，可以为其进行初始化：

```
Student s={"1210101", "Zhangsan", 78, 90, 82};
```

上面的语句定义了一个 Student 类型的结构体变量 s，并将 s 中的成员 num、name 和 score（score 为整形数组，3 个元素分别为 score[0]、score[1]和 score[2]，用于存储三门课程成绩）分别被初始化为"1210101"、"Zhangsan"和 78，90，82。

说明：在 C++ 中，初始化列表只能在定义结构体变量时使用，后面要对结构体变量中的成员赋值则只能逐个进行。例如，下面的第 2 个语句是错误的：

```
Student s;
s={"1210101", "Zhangsan", 78, 90, 82}
```

4. 结构体变量的使用

一个结构体变量包含多个成员,访问结构体变量中某个成员的形式如下:

<结构体变量名>.<成员名>

其中的句点".”是成员运算符。

例如,对于上面定义并初始化的结构体变量 s,可以按如下方式访问其中的某个成员:

```
cout<<s.num<<','<<s.name<<','<<s.score[0]<<endl;
cin>>s.num>>s.name>>s.score[0]>>s.score[1]>>s.score[2];
```

说明:

◆ 在 C++ 中,对结构体变量中成员的访问只能逐个进行、不能整体进行。例如,下面的语句是错误的:

```
cout<<s;          //错误:对数组元素的访问只能逐个进行
cin>>s;           //错误:对数组元素的访问只能逐个进行
```

◆ 相同类型的结构体变量之间可以整体赋值。例如,下面的语句是正确的:

```
s1=s2;            //正确:将 s2 各成员的值赋给 s1 的各成员
```

◆ 如果结构体变量中的某个成员仍然是结构体类型的,则要对数据成员进行多层引用。例如:

```
struct Date{int year,month,day;};
struct Student
{
    char num[8], name[10];
    int score;
    Date birthday;
}stu;
```

要访问学生 stu 的出生年份,应使用"stu.birthday.year"。

【例 4-7】 编写程序,定义结构体类型 Student,定义 Student 类型的变量存储待处理数据,求出学生的平均成绩并输出。

```
#include<iostream>
using namespace std;
struct Student
{
    char num[8];
    char name[10];
    int score[3];
};
```

```
int main()
{
    double avg=0;
    Student s={"1210101", "Zhangsan", 78,90,82};
    for(int i=0; i<3;i++)
        avg=avg+s.score[i];
    avg=avg/3;
    cout<<s.name<<"的平均成绩为："<<avg<<endl;
    return 0;
}
```

📊 4.6 一组多属性数据的处理

4.6.1 一组多属性数据的问题

【问题 4-7】 计算 N 名学生的平均成绩。每一名学生的基本信息包括学号、姓名、三门课程成绩。

问题求解思路：待处理的原始数据中包含了 N 名学生的基本信息，每名学生的基本信息又包括学号、姓名和三门课程成绩等多个属性，此时除了涉及多记录数据的存储问题，还涉及多属性数据的存储问题，即是一组多属性数据问题。

4.6.2 使用结构体数组对一组多属性数据进行存储和处理

同其他类型定义数组的形式一样，可以定义结构体类型的数组。使用结构体类型的数组来存储和处理一组多属性数据的问题。例如，如果要处理多名学生的信息，则可以定义 Student 结构体类型的数组：

```
Student stu[3];
```

上面的语句定义了 Student 类型的结构体数组 stu，它有 stu[0]、stu[1]、stu[2]3 个元素，每个元素都是一个结构体变量，可以用于保存一名学生的信息。使用 stu[i]. num、stu[i]. name、stu[i]. score[j]（其中 i 的取值为 0～2，表示 3 名学生；j 的取值为 0～2，表示三门课程成绩）等形式访问某名学生的学号、姓名和三门课程成绩。

对结构体数组也可以在定义的同时进行初始化。例如：

```
Student stu[3]={ {"1210101", "Zhangsan", 80,67,89},
                 {"1210102", "Lisi", 90,74,89},
                 {"1210103", "Wangwu", 88,78,95}};}
```

【例 4-8】 编写程序，定义学生结构体类型 Student，定义 Student 类型的结构体数组存储待处理的 4 条学生信息数据，用 C++ 提供的 for 语句实现结构体数组数据的输入，以及求出每名学生的平均成绩。

```
#include<iostream>
using namespace std;
struct Student
{
    char num[8];
    char name[10];
    int score[3];
};
int main()
{
    Student stu[4];
    int avg[4];
    for(int i=0; i<4;i++)
    {
        cout<<"请输入第"<<i+1<<"名学生的学号:";
        cin>>stu[i].num;
        cout<<"请输入第"<<i+1<<"名学生的姓名:";
        cin>>stu[i].name;
        cout<<"请输入第"<<i+1<<"名学生的三门课程成绩:";
        cin>>stu[i].score[0]>>stu[i].score[1]>>stu[i].score[2];
        avg[i]=0;
    }
    for(int i=0; i<4;i++)
    {
        for(int j=0;j<3;j++)
            avg[i]=avg[i]+stu[i].score[j];
        avg[i]=avg[i]/3;
        cout<<stu[i].name<<"的平均成绩为: "<<avg[i]<<endl;
    }
    return 0;
}
```

　　说明：在例 4-8 中，结构体变量中各成员数据是通过键盘输入得到的，这增加了程序的灵活性。

4.7　C++ 中的枚举数据类型

　　实际应用中，有些变量只能取若干个有限的整数值。例如，一周有 7 天，一年有 12 个月，等等。这时，可以定义枚举（enumeration）类型，将几个可能的值列举出来。

4.7.1　枚举类型的定义

　　枚举类型的定义形式如下：

```
enum<枚举类型名>{<枚举常量列表>};
```

其中,enum 是枚举类型关键字,表示定义一个枚举类型;<枚举类型名>是新定义的枚举数据类型的名称;花括号中的<枚举常量列表>以符号常量的形式列举了该枚举类型的变量可能取的整数值,这些符号常量也称为枚举常量。在定义枚举类型时,既可以指定也可以不指定枚举常量对应的整数值。如果没有为第一个枚举常量赋值,则其默认值为 0;如果没有为后面的枚举常量赋值,则其默认值为前面枚举常量的值加 1。

例如:

```
enum Weekday{sun, mon, tue, wed, thu, fri, sat};
```

定义了枚举类型 Weekday,Weekday 类型的变量可以取的值包括 sun、mon、tue、wed、thu、fri、sat。枚举常量 sun 取默认值 0,后面的枚举常量的值为前面枚举常量的值加 1,因此枚举常量 mon、tue、wed、thu、fri、sat 的值依次为 1、2、3、4、5、6。

```
enum Weekday{sun=7, mon=1, tue, wed, thu, fri, sat};
```

其中,枚举常量 sun 和 mon 的值分别被赋为 7 和 1,枚举常量 tue、wed、thu、fri、sat 依次取默认值 2、3、4、5、6。

```
enum Color{red, green, blue, white=0, black};
```

其中,枚举常量 red、green、blue 依次取默认值 0、1、2,white 被赋值为 0,black 取默认值 1（即 white 的值加 1）。

4.7.2　枚举变量的定义

定义枚举类型之后,就可以定义相应的枚举变量。同结构体变量一样,枚举变量也有两种定义方法:①可以先定义枚举类型,再定义枚举变量;②也可以在定义枚举类型的同时定义枚举变量。例如:

```
enum Color{red, green, blue, white, black};
Color co1, co2;
```

或

```
enum Color{red, green, blue, white, black}co1,co2;
```

上面的语句定义了 Color 枚举类型,并定义了两个 Color 类型的枚举变量 co1 和 co2。

4.7.3　枚举变量的使用

定义了枚举变量之后,就可以对枚举变量进行初始化、赋值或其他操作,但需要注意的是只能用枚举常量为枚举变量赋值。例如:

```
enum Color{red, green, blue, white, black};
Color co1=red, co2;    //正确:用枚举常量给枚举变量赋值
```

co2=2;　　　　　　　　　//错误：只能用枚举常量给枚举变量赋值，应改为 co2=blue;

在使用枚举变量进行其他运算时，直接使用枚举常量对应的整数值参与运算。例如：

cout<<co1;　　　　　　//输出 0
cout<<co1+5;　　　　　//输出 5

在实际使用枚举变量时，很少会用枚举变量去参与除比较运算以外的其他运算，通常的用法是判断枚举变量的值是否与某一个枚举常量相等，再根据枚举变量对应的枚举常量的值选择执行相应的操作，如例 4-9 所示。

【例 4-9】　枚举变量使用示例。

```
#include<iostream>
using namespace std;
enum Color{red, green, blue, white, black};
int main()
{
    Color co=blue;
    switch(co)
    {
        case red:cout<<"red"<<endl; break;
        case green:cout<<"green"<<endl; break;
        case blue:cout<<"blue"<<endl;break;
        case white:cout<<"white"<<endl;break;
        case black:cout<<"black"<<endl;break;
    }
    return 0;
}
```

4.8　数组的应用——选择排序

排序是指将一个待排序元素集合按照关键字递增（或递减）顺序整理为一个有序序列的过程。排序是计算机进行数据处理时经常使用的一种重要操作。关于排序的算法有很多，下面是最容易理解的选择排序。

4.8.1　选择排序算法

选择排序算法：对于一个包含 n 个待排序元素的数据集合，每一遍从中取出最小的元素并将其插入有序序列的最后，直至所有数据都被放到有序序列中。

例如，对(35,20,−5,25)进行选择排序，其过程如表 4-7 所示。

表 4-7　选择排序方法过程示例

初始数据		待排序数据集合	有序序列
		$\{35,20,-5,25\}$	$\{\ \}$
每一遍从待排序数据集合取出最小的元素并将其插入有序序列的最后	第 1 遍排序后	$\{20,35,25\}$	$\{-5\}$
	第 2 遍排序后	$\{35,25\}$	$\{-5,20\}$
	第 3 遍排序后	$\{35\}$	$\{-5,20,25\}$
待排序数据集合中仅剩一个元素,直接将其放到有序序列的最后		$\{\ \}$	$\{-5,20,25,35\}$

4.8.2　用 C++ 实现选择排序算法

【例 4-10】　利用选择排序算法实现将序列$(35,20,-5,25)$中的元素从小到大排列,并将排序后的结果输出到屏幕上。

问题求解思路:根据表 4-7 描述的选择排序算法可知,待排序数据集合与有序序列中的元素个数之和不变,因此可以定义一个一维数组,使用数组的前一部分存储有序序列的元素,后一部分存储待排序数据集合中的元素。

使用 C++ 实现例 4-10 选择排序的过程如表 4-8 所示。

表 4-8　使用 C++ 实现选择排序方法的过程示例

步骤	处　　　理
1	定义 i,下标大于或等于 i 的元素为待排序数据集合中的元素,而下标小于 i 的元素为有序序列中的元素。初始将 i 置 0,表示所有元素都是待排序数据集合中的元素,而有序序列为空
2	i 的取值范围为 0～2。对于 i 的每一个取值,在下标大于或等于 i 的元素中求最小元素的下标 j(参考例 4-1)。如果 j≠i,则将下标为 i 的元素与下标为 j 的元素交换(即将最小元素放在待排序数据集合的最前面),再 i++(即将待排序数据集合最前面一个元素放到有序序列的最后)。 初始数据:　　　i　　　　　j 第 1 遍排序后:　　　　　　i　j 第 2 遍排序后:　　　　　　　　i　j 第 3 遍排序后:　　　　　　　　　　i
3	输出排序结果

初始数据:

元素下标	0	1	2	3
元素值	35	20	-5	25

第 1 遍排序后:

元素下标	0	1	2	3
元素值	-5	20	35	25

第 2 遍排序后:

元素下标	0	1	2	3
元素值	-5	20	35	25

第 3 遍排序后:

元素下标	0	1	2	3
元素值	-5	20	25	35

C++ 实现选择排序的代码如下:

```cpp
#include<iostream>
using namespace std;
int main()
{
```

```
int a[4]={35, 20, -5, 25};       //用于存储待排序数据和有序序列的一维数组
int min;                         //用于记录当前待排序数据集合中最小元素位置
int swap;                        //交换两个元素的值时所使用的中间变量
int i;
for(i=0; i<3; i++)               //通过 for 循环求最小值
{
    min=i;                       //先假设待排序数据集合中第一个元素最小
    //通过 for 循环找出最小元素的位置
    for(int j=i+1; j<4; j++)
        if(a[min]>a[j])min=j;
    if(min !=i)                  //如果待排序数据集合的第一个元素不是最小
    {
        /*将待排序数据集合的第一个元素与最小元素交换,使得
            最小元素处于待排序数据集合的第一个位置上,后面通过
            i++操作会将该元素从待排序数据集合划到有序序列中 */
        swap=a[i];
        a[i]=a[min];
        a[min]=swap;
    }
}
//将排序后的结果输出到屏幕上
for(i=0; i<4; i++)
    cout<<a[i]<<" ";
cout<<endl;
return 0;
}
```

　　学习了结构化数据的处理后,就可以编写程序解决更多相对复杂的问题了。请扫描下面的二维码学习几个应用实例。

拓展学习

应用实例

第 5 章　模　块　化

导　学

【主要内容】

在日常生活中要完成一项较复杂的任务时,人们通常会将任务分解成若干个子任务,通过完成这些子任务逐步实现任务的整体目标,这里采用的就是模块化的思想。在利用计算机解决实际问题时,也通常是将原始问题分解成若干个子问题,对每个子问题分别求解后再根据各子问题的解求得原始问题的解。本章重点介绍模块化的思想,以及如何使用 C++ 编写模块化程序。通过本章的学习,读者一方面能够使用模块化的思想对问题进行分解,简化问题求解过程;另一方面能够使用 C++ 编写模块化程序解决实际问题。本章还介绍 C++ 中带默认形参值的函数、函数重载、变量和函数的生存期及作用域、多文件结构以及编译预处理等方面的内容。本章最后给出一个应用程序实例,该实例涉及二分查找方法,启发和激励读者利用计算思维解决更多、更复杂的问题。

【重点】

- 模块化及函数。
- 递归算法及递归函数。
- 变量和函数的生存期和作用域。
- 编译预处理。
- 多文件结构程序。

【难点】

- 正确编写递归函数。
- 合理组织多文件结构程序中各文件的内容。

5.1　模块化及其 C++ 实现

模块化是指解决一个复杂问题时将其自顶向下逐层划分为若干子问题(模块)的过程。

5.1.1 采用模块化思想处理问题

【问题 5-1】 计算组合数 C(n,m)。

问题求解思路：要计算组合数 C(n,m)，即从 n 个不同元素中取出 m(m≤n)个元素的所有组合的个数，其计算公式为 $C(n,m) = \dfrac{n!}{m!\ (n-m)!}$ 或写为 $n!\ (m!)^{-1}[(n-m)!]^{-1}$。该问题可分解为多个子问题。其中，在 3 次求阶乘的子问题中，只是子问题规模不同，而计算方法完全相同。因此，可以设计如表 5-1 算法来解决该问题。

表 5-1　求解问题 5-1 的算法

步骤	处　　理
1	计算 n 的阶乘 J1
2	计算 m 的阶乘 J2
3	计算 n−m 的阶乘 J3
4	计算组合数 C=J1/J2/J3

5.1.2 用 C++ 实现结构化程序设计

结构化程序设计方法的核心是将程序模块化，结构化程序设计的程序结构如图 1-8 所示。

在 C++ 中，通过编写和调用函数来实现问题的模块化求解过程。函数就是一个能够完成某个独立功能的程序模块（子程序）。

函数是 C++ 程序的重要组成部分，设计 C++ 程序的过程就是编写函数的过程。前面设计的程序就是编写一个我们已经非常熟悉的主函数——main()。对于一些简单的问题，用一个 main()就可以了。对于复杂的问题，需要按照模块化的思想将一个复杂程序问题分解为多个相对简单的子问题，对每一个子问题使用一个函数实现求解。所以，一个 C++ 程序由一个 main()和若干个函数构成。

一个 C++ 程序至少且仅能包含一个 main()。main()函数是整个程序的入口，通过在 main()中调用其他函数，这些函数还可以相互调用，甚至自己调用自己来实现整个程序的功能。函数和外界的接口体现为参数传递和函数的返回值。

1. 函数的定义

函数定义的一般格式如下：

```
<函数类型> <函数名> ([<形参表>])
{
    函数体
}
```

其中,函数的定义分为两部分,函数头和函数体。第一行为函数头,包括<函数类型>、<函数名>和<形参表>。花括号"{}"括起来的部分为函数体。

下面对函数定义中的各部分进行说明。

■ <函数名>是一个符合 C++ 语法要求的标识符,其命名规则与变量的命名规则相同。

■ <形参表>是函数名后面用一对圆括号"()"括起来的关于函数参数的个数、名称和类型的说明列表。这些参数在定义函数时进行说明,所以被称为形式参数,简称形参。<形参表>中参数个数多于 1 个时,参数之间用逗号","分开。函数可以没有形参,没有形参的函数称为无参函数,表示调用此函数时不需要给出参数,但无参函数名后面的一对圆括号"()"不能缺省。例如,前面程序中的主函数 main() 就是一个无参函数。

■ 函数体是用一对花括号括起来的语句。函数就是通过执行函数体中的语句实现特定的功能。

■ <函数类型>。函数的类型分为两种:有值函数和无值函数。对于有值函数,在函数体中用转向语句"return <表达式>;"返回函数的值,<表达式>的类型要与声明的函数类型相一致。对于无值函数,在定义函数时,函数类型要声明为 void 类型,在函数体内不需要有 return 语句,如果有 return 语句,其后的表达式为空(即"return;"),则表示仅从函数返回。

【例 5-1】 定义 Fac 函数,实现求 n! 功能。

```
int Fac(int n)
{
    int J=1, i;
    for(i=2; i<=n; i++)
        J=J*i;
    return J;
}
```

在上面的函数定义中,函数名为 Fac,有一个 int 型的形参 n。函数体是花括号括起来的部分,实现求 n! 的值并将其作为函数值返回的功能。函数类型为 int 型,与函数体中的"return J;"语句中 J 的数据类型一致。

【例 5-2】 定义 RectangleArea 函数,求边长为 x 和 y 的长方形面积。

```
double RectangleArea(double x, double y)
{
    return x*y;
}
```

在上面的函数定义中,函数名为 RectangleArea,有两个 double 型的形参 x 和 y。函数体为花括号括起来的部分,实现将 x×y 的结果作为函数值返回。函数类型为 double 型,与函数体"return x*y;"语句中表达式 x*y 的数据类型一致。

2. 函数的调用

C++ 程序是从主函数 main() 开始执行,当执行到函数调用语句时,就会跳转去执行被调用函数的代码,该函数被执行后又会返回到调用它的函数。被调用的函数也可以调用其他函数。在一个函数里对一个已经定义的函数的调用格式如下:

函数名 ([<实参表>])

上述函数调用格式就是函数调用表达式。其中,函数名就是定义函数时的函数名,实参表是调用函数时实际传递给函数的参数(简称实参)列表,实参的个数、类型、顺序要和形参一一对应。在函数调用时,将实参的值传递给相应的形参。例如,调用 Fac 函数求 5! 和 7!如下:

```
Fac(5)
Fac(7)
```

【例 5-3】 根据表 5-1 给出的算法编写模块化程序,实现求组合数 C(n,m) 的问题。程序如下:

```cpp
#include<iostream>
using namespace std;
//定义 Fac()函数
int Fac(int x)
{
    int J=1, i;
    for(i=2; i<=x; i++)
        J *=i;
    return J;
}
//定义主函数
int main()
{
    int n=5, m=2;                //待处理的数据
    int J1, J2, J3, C;
    J1=Fac(n);                   //调用 Fac 函数求 n 的阶乘,将计算结果保存在 J1 中
    J2=Fac(m);                   //调用 Fac 函数求 m 的阶乘,将计算结果保存在 J2 中
    J3=Fac(n-m);                 //调用 Fac 函数求 n-m 的阶乘,将计算结果保存在 J3 中
    C=J1/J2/J3;                  //计算组合数
    cout<<"组合数为: "<<C<<endl; //输出结果
    return 0;
}
```

3. 函数原型

C++ 中,在调用一个函数之前,必须首先定义这个函数。如果在函数调用之后再进行函数定义的话,就需要在调用之前给出函数原型。函数原型也称为函数声明。编译系统根据函数原型确定函数调用时的函数名、参数个数、类型以及函数返回值类型。

函数原型的一般格式如下:

<函数类型> <函数名> ([<形参说明表>]);

函数原型就是函数头加上分号。在函数原型中形参名可以缺省,例如:

```
int Fac(int x);
```

可以写成

```
int Fac(int);
```

例 5-3 中如果 Fac()函数在后边定义,则必须在函数调用前给出 Fac()的函数原型,否则编译器会报错。此时,例 5-3 的程序代码顺序变为:

```
using namespace std;
int Fac(int);                    //Fac()的函数原型
int main()                       //定义主函数
{…}
int Fac(int n)                   //定义 Fac()函数
{…}
```

5.1.3 函数的调用机制及内联函数

当一个函数调用另一个函数时,系统会将当前函数的运行状态保存起来,然后再去执行被调用的函数;当被调用的函数执行完毕后,系统又会将刚才保存的运行状态恢复,继续执行函数调用后面的语句。

运行环境的保存和恢复、函数跳转都要消耗一定的时间。如果被调用函数实现的功能比较复杂,其计算时间会远远大于函数调用所额外消耗的时间,此时函数调用所带来的额外时间开销就可以忽略不计。但是,如果被调用函数实现的功能非常简单并且会被频繁地调用,在编写程序时就必须考虑因函数调用所造成的额外时间开销。

为了解决上述问题,一种比较好的方案就是使用内联函数。在编译程序时,系统会直接将调用内联函数的地方用内联函数中的函数体做等价替换。这样,在程序运行时就不需要进行函数调用,从而避免运行环境保存和恢复及函数跳转所引起的额外时间开销,提高程序的执行效率。内联函数定义的一般格式如下:

inline<函数类型><函数名>([<形参表>])
{
    函数体
}

在函数定义的<函数类型>前加上 inline 关键字,即为内联函数的定义。例如,对例 5-2,用于求长方形面积的函数的功能非常简单,为了避免函数调用所引起的额外时间开销,就可以将它们定义成内联函数:

```
//定义"求边长为 x 和 y 的长方形的面积"的内联函数
inline double RectangleArea(double x, double y)
{
    return x * y;
}
```

说明：内联函数只适用于功能简单的小函数。对于函数体中包含循环、switch 等复杂结构控制语句的函数以及语句比较多的函数，即便该函数被定义为内联函数，编译器也往往会放弃内联方式，将其作为普通函数处理。如例 5-1 中 Fac() 的函数体中包含循环，所以不能定义为内联函数。

必须在内联函数定义处给出 inline 关键字。如果仅在函数声明时给出 inline 关键字、而在函数定义时未给出 inline 关键字，则该函数会被编译器视为普通函数。

5.1.4 调用库函数

C++ 中的函数分为两类：一类是用户根据待求解问题的需要自己定义的函数，如前面定义的 Fac 和 RectangleArea 函数；另一类是系统提供的标准函数，即库函数。系统将一些经常用到的功能定义为一个个的函数，当程序中要使用这些功能时，只需直接调用相应的库函数即可。

【问题 5-2】 求一个数的平方根。

问题求解思路：系统提供了库函数 sqrt()，可以在程序中包含声明了库函数 sqrt() 的头文件 cmath，然后直接调用该 sqrt() 库函数完成计算（关于文件包含的内容见 5.5 节）。

【例 5-4】 编写程序，调用库函数 sqrt() 实现如下计算：

$$S(n) = 1 + 2^{1/2} + 3^{1/2} + \cdots + i^{1/2} + \cdots + n^{1/2}$$

其中，n 为大于 0 的整数。

```
#include<iostream>
#include<cmath>                           //将头文件 cmath 包含在程序中
using namespace std;
int main()
{
    int n=10;                             //待求和的数据项的数量
    double S=1;                           //用于保存处理结果
    int i;
    for(i=2; i<=n; i++)
    {
        S+=sqrt((double)i);
    }
    cout<<"计算结果为："<<S<<endl;        //输出结果
    return 0;
}
```

说明：由于 sqrt() 函数的参数要求是 double 类型的，因此例 5-4 中需要将 int 型的 i 强制转换成 double 类型。

5.2 递归算法及其 C++ 实现

5.2.1 递归算法

在某些情况下，分解之后待解决的子问题与原问题有着相同的特性和解法，只是在问题规模上与原问题相比有所减小,此时就可以设计递归算法进行求解。在递归算法中,一个函数会直接或间接地调用自己来完成某个计算过程。函数直接或间接调用自己的这种方式被称为函数的递归调用,这样的函数称为递归函数。

5.2.2 递归算法实例

【问题 5-3】 求 n!。

问题求解思路:对于计算 n!的问题,可以将其分解为:n!=n×(n−1)!。可见,分解后的子问题(n−1)!与原问题 n!的计算方法完全一样,只是规模有所减小。同样,(n−1)!这个子问题又可以进一步分解为(n−1)×(n−2)!,(n−2)!可以进一步分解为(n−2)×(n−3)!……直到要计算 1!或 0!时,直接返回 1。因此,可以设计解决该问题的递归算法。

求 n!的递归算法如下:

如果 n=1,或=0
    则 n!的值为 1;
否则,
    n!的值为 n×(n−1)!

【例 5-5】 根据求 n!的递归算法编写递归函数,并实现求 5!。

```cpp
#include<iostream>
using namespace std;
int Fac(int n);                          //函数声明
int main()
{
    int n=5;
    cout<<n<<"的阶乘为"<<Fac(n)<<endl;    //函数调用
    return 0;
}
int Fac(int n)                           //求 n!的递归函数
{
    if(n==1 || n==0)
        return 1;
    else
        return n * Fac(n-1);             //函数的递归调用
}
```

【问题 5-4】 求斐波那契数列(1,1,2,3,5,8,13,…,)第 n 项的的值。

问题求解思路:将问题分解为第 n 项等于第 n−1 项和第 n−2 项之和。分解后的子问题求 n−1 项的值和求 n−2 项的值与原问题计算方法完全一样,只是规模有所减小。问题可以一直分解下去,直到求第 1 项或第 2 项的值,直接返回 1。因此,可以设计解决该问题的递归算法。

求斐波那契数列(1,1,2,3,5,8,13,…,)第 n 项的值的递归算法如下:

如果 n=1 或 n=2,

斐波那契数列的值为 1；

否则，

　　斐波那契数列的值为第 **n−1** 项与第 **n−2** 项之和

【例 5-6】　根据求斐波那契数列(1,1,2,3,5,8,13,…)第 n 项的值的递归算法编写程序，求第 5 项斐波那契数列的值。

```cpp
#include<iostream>
using namespace std;
int F(int n);                                   //函数声明
int main()
{
    int n=5;
    cout<<"第"<<n<<"值为："<<F(n)<<endl;        //函数调用
    return 0;
}
int F(int n)                                    //函数定义
{
    if(n==1 || n==2)
        return 1;
    else
        return F(n-1)+F(n-2);                   //函数的递归调用
}
```

图 5-1 描述了上面 F 函数的递和归的过程。

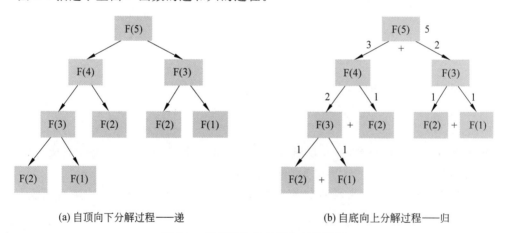

(a) 自顶向下分解过程——递　　　　　　　　(b) 自底向上分解过程——归

图 5-1　递归函数 F 的递和归的过程

在编写递归函数时，首先要有递的过程：先假设该函数的功能已经实现并可以直接调用，例如编写 F()函数时，可以通过语句"F(n−1)+F(n−2);"来计算 F(n)；然后要有归的过程，即递归调用的函数必须有能够结束递归调用的条件语句，否则会一直递归调用下去，使程序处于无响应状态。例如，在使用递归方式计算斐波那契数列第 n 项时，当 n 的值为 1或 2 时，就不需再执行递归调用了，直接返回 1 就可以。

5.3 默认形参值

在调用函数时,需要针对函数中的每一个形参给出相应的实参。C++ 中也允许在函数定义或函数声明时给出默认的形参值。在调用函数时,对于有默认值的形参,如果没有给出相应的实参,则函数会自动使用默认形参值;如果给出相应的实参,则函数会优先使用传入的实参值。

5.3.1 指定默认形参值的位置

默认形参值可以在两个位置指定:如果有函数声明,则应在函数声明处指定;否则,直接在函数定义中指定。

【例 5-7】 默认形参值函数示例——默认形参值的位置。

```
#include<iostream>
using namespace std;
void f(char * str="abc");        //形参 str 的默认值为"abc",在函数声明处指定
int main()
{
    f();                         //函数调用时没有给出实参,则形参 str 用默认值"abc"
    f("def");                    //函数调用时给出了实参,则形参 str 的值为"def"
    return 0;
}
void f(char * str)
{
    cout<<str<<endl;
}
```

说明:

◆ 对于有默认值的形参,如果在调用函数时给出了相应的实参,则会优先使用传入的实参值。例如,执行"f("def");"会输出 def。

◆ 如果有函数声明,则应在函数声明中给出默认形参值,函数定义中不要重复指定。例如:

```
void f(char * str="abc");    //函数声明部分
void f(char * str="abc")     //函数定义部分。错误:默认形参值被重复指定
{
    cout<<str<<endl;
}
```

◆ 默认形参值可以是全局常量、全局变量,甚至是可以通过函数调用给出,但不能是局部变量。因为默认形参值或其获取方式需在编译时确定,而局部变量在内存中的位置在编译时无法确定。

5.3.2　默认形参值的指定顺序

默认形参值必须严格按照从右至左的顺序进行指定。

【例 5-8】 默认形参值函数示例——指定参数值的顺序。

```
#include<iostream>
using namespace std;
void f(int a, int b=2, int c=3, int d=4)     //在函数定义时指定默认形参值
{
    cout<<a<<" "<<b<<""<<c<<" "<<d<<endl;
}
int main()
{
    f(1);                   //形参 a=1,形参 b、c 和 d 用默认值
    f(5, 10);               //形参 a=5,形参 b=10,形参 c 和 d 用默认值
    f(11, 12, 13);          //形参 a=11,形参 b=12,形参 c=13,形参 d 用默认值
    f(20, 30, 40, 50);      //形参 a、b、c 和 d 均用实参的值。
    return 0;
}
```

说明：当调用函数时,系统按照从左至右的顺序将实参传递给形参,当指定的实参数量不够时,没有相应实参的形参采用其默认值。

如果没有相应实参的形参没有指定默认值,则会出错。如在例 5-8 中

```
f();             //错误：第一个参数 a 没有默认值
```

如果在例 5-8 中有

```
void f(int a=2, int b, int c=3, int d=4);
```

这种指定默认形参值的写法是错误的,这是由于在第二个参数 b 未指定默认形参值的情况下给出了第一个参数 a 的默认形参值,不符合从右至左的指定顺序。

🖥 5.4　函 数 重 载

C++ 允许不同的函数具有相同的函数名,这就是函数重载。

对于函数名相同的多个函数,要在调用时能够区分开到底要调用哪个函数,只能根据传递的实参在数量或类型上的不同进行判断。因此,函数名相同的函数形参列表不能完全一样,即参数的个数或参数的类型必须有所区别,否则会因无法区分而报错。

【例 5-9】 函数重载示例——实参类型不同。

```
#include<iostream>
using namespace std;
int f(int x);
```

```
float f(float x);
double f(double x);
int main()
{
    int a=-5;
    float b=-3.2f;
    double c=-4.75;
    cout<<f(a)<<endl;
    cout<<f(b)<<endl;
    cout<<f(c)<<endl;
    return 0;
}
int f(int x)
{
    cout<<"int f(int x)被调用!"<<endl;
    return (x<0)?-x:x;
}
float f(float x)
{
    cout<<"float f(float x)被调用!"<<endl;
    return (x<0)?-x:x;
}
double f(double x)
{
    cout<<"double f(double x)被调用!"<<endl;
    return (x<0)?-x:x;
}
```

例 5-9 中的 3 个 f()函数形参的数据类型不同,因此在调用 f()函数时,系统会根据传入的实参类型决定调用哪个 f()函数。

【例 5-10】 函数重载示例——实参个数不同。

```
#include<iostream>
using namespace std;
int max(int x, int y);
int max(int x, int y, int z);
int main()
{
    int a=5, b=10, c=15;
    cout<<max(a, b)<<endl;
    cout<<max(a, b, c)<<endl;
    return 0;
}
int max(int x, int y)
{
    cout<<"int max(int x, int y)被调用!"<<endl;
```

```
        return (x>y)?x:y;
    }
    int max(int x, int y,int z)
    {
        int c;
        cout<<"int max(int x, int y, int z)被调用!"<<endl;
        c=(x>y)?x:y;
        return (c>z)?c:z;
    }
```

例 5-10 中两个 max() 函数形参的数据类型虽然相同,但数量不同,因此在调用 max() 函数时,系统会根据传入的实参数量决定调用哪个 max() 函数。

说明:

◆ 功能相近的函数才有必要重载,互不相关的函数进行重载会降低程序的可读性。

◆ 重载的函数必须在形参列表上有所区别。如果仅是返回类型不同,那么就不能作为重载函数。例如:

```
int abs(int a);
float abs(int b);          //与"int abs(int a);"相比只有返回类型不同,不构成重载
```

◆ 避免默认形参所引起的函数二义性。例如:

```
int max(int a, int b);
int max(int a, int b, int c=0);
```

从形式上来看,两个 max() 函数的形参数量不同,符合函数重载的条件。但实际上,两个 max() 函数都可以通过"max(a,b)"的形式进行调用,此时就产生了二义性,因此是错误的。

📊 5.5　编译预处理

编译预处理是 C++ 编译系统的一个组成部分,是指在编译程序之前所做的处理。编译预处理命令都是以井号"♯"开头,并且在命令末尾没有分号。

编译预处理命令包括:
■ 文件包含。
■ 宏定义。
■ 条件编译。

5.5.1　文件包含

文件包含是指在一个源文件中可以将另一个文件的内容包含进来。例如,前面程序中经常使用的 iostream 是系统提供的头文件,要使用 cin、cout、endl 等就必须包含该头文件。再如,要使用 sqrt、sin 等系统提供的数学函数则必须包含头文件 cmath。除了可以包含系

统头文件以使用系统提供的功能外,还可以包含用户自定义的头文件。

在编译预处理时,预处理程序会去搜索被包含的头文件,找到后将头文件的内容替换♯include 这条命令嵌入到当前文件中,相当于将头文件和当前文件合并成一个大的文件。编译预处理完毕后再进行程序编译,生成可执行文件。

文件包含的语法格式有以下两种。

(1) 形式一:

#include <文件名>

(2) 形式二:

#include "文件名"

形式一和形式二都表示包含指定头文件,形式一和形式二的唯一区别在于头文件的搜索方式不同:如果用尖括号包含头文件,预处理程序会直接去系统目录中搜索头文件,这种方式称为标准搜索方式,一般包含系统头文件时使用该方式;如果用双引号包含头文件,编译预处理程序则会先去当前工作目录下搜索头文件,若找不到再去系统目录中搜索,一般包含自定义头文件时使用该方式。

5.5.2 宏定义

宏定义是 C 语言提供的功能,C++ 中新增的符号常量和内联函数可以替代无参宏定义和带参宏定义。目前,C++ 中主要是将无参宏定义与条件编译结合使用,以实现选择性编译及头文件重复包含问题。

宏定义是预处理命令的一种,它以 ♯define 开头,为一个宏名指定一个字符串,在编译预处理时进行宏替换,即将程序中出现的宏名替换成它所对应的字符串。宏定义分为无参宏定义和带参宏定义两种。

1. 无参宏定义

无参宏定义的形式如下:

#define 宏名 字符串

例如:

♯define PI 3.1415926

上面的命令定义了宏名 PI,它代表 3.1415926。在编译预处理时进行宏替换,即将程序中所有的 PI 都替换成 3.1415926。

2. 带参宏定义

带参宏定义的形式如下:

#define 宏名(形参表) 字符串

其中,形参表是用逗号隔开的若干个参数名,字符串中包含对这些参数的操作。

在程序中使用带参宏的格式如下：

宏名(实参表)

编译预处理同样进行宏替换，过程如下：
① 将实参和形参建立一一对应关系。
② 用实参替换宏定义字符串中相应的形参。
③ 将替换后的字符串替换程序中的"宏名(实参表)"。

【例 5-11】　利用带参宏定义实现求长方形面积的功能。

```
#include<iostream>
using namespace std;
#define RECTANGLE_AREA(x,y) x * y          //带参宏定义
int main()
{
    double a=5,b=10,s;
    s=RECTANGLE_AREA(a,b);                 //编译预处理后替换为：s=a * b;
    cout<<"长方形的面积是："<<s<<endl;
    return 0;
}
```

上面的程序中，编译预处理的宏替换过程如下：
① 将实参 a、b 和形参 x、y 建立一一对应关系。
② 将 x * y 替换为 a * b。
③ 将 RECTANGLE_AREA(a,b)替换为 a * b。

说明：带参宏定义在宏替换时不计算实参的值，而是直接用实参替换相应形参。例如，RECTANGLE_AREA(a+5,b+10)在宏替换后的结果为 a+5 * b+10 的值，而不是(a+5) * (b+10)的值。因此，这个宏需要这样定义：

```
#define RECTANGLE_AREA(x,y) (x) * (y)
```

5.5.3　条件编译

条件编译也是一种编译预处理命令，即对某段程序代码中满足条件的语句进行编译，不满足条件的语句不进行编译，也就是在编译之前确定好需要参加编译的代码，然后再进行编译。

条件编译有如下 3 种形式。
（1）形式一：

```
#ifdef 标识符
    程序段 1
[#else
    程序段 2]
#endif
```

如果标识符是使用♯define定义的宏,则选择程序段1进行编译,程序段2不参加编译;否则,选择程序段2进行编译,程序段1不参加编译。该条件编译命令以♯endif结束,♯else部分也可以没有。

（2）形式二:

```
#ifndef 标识符
    程序段 1
[#else
    程序段 2]
#endif
```

形式二与形式一的区别仅在于将♯ifdef改为♯ifndef,它们的作用正好相反。如果标识符不是使用♯define定义的宏,则选择程序段1进行编译,程序段2不参加编译;否则,选择程序段2进行编译,程序段1不参加编译。该条件编译命令以♯endif结束,♯else部分也可以没有。

（3）形式三:

```
#if 表达式
    程序段 1
[#else
    程序段 2]
#endif
```

如果表达式的值为真（非零）,则选择程序段1进行编译,程序段2不参加编译;反之若表达式的值为假（零）,则选择程序段2进行编译,程序段1不参加编译。该条件编译命令以♯endif结束,♯else部分也可以没有。

在编写大型软件的过程中,程序运行结果不正确时错误点的定位非常重要。利用无参宏定义和条件编译,可以在需要时显示一些调试信息,以便快速定位错误点;在正式将软件发布给用户使用时,可以禁止调试信息的输出。

【例 5-12】 利用无参宏定义和条件编译进行调试信息的显示和禁止的快速切换。

```
#include<iostream>
using namespace std;
#define DEBUG          //定义 DEBUG
int main()
{
    int x=2,y=3;
    #ifdef DEBUG
    //如果 DEBUG 是已定义的宏,则显示下一行的调试信息(即输出 x、y 的值)
    cout<<"x="<<x<<",y="<<y<<endl;
    #endif
    cout<<"x * y="<<x * y<<endl;
    return 0;
}
```

在将例5-12的软件发布给用户使用时,可以将♯define DEBUG删除,此时♯ifdef

DEBUG 与♯endif 之间的程序就不会参加编译,从而使正式发布的软件不会显示调试信息。

　　上面的程序比较简单,只是为了说明如何利用无参宏定义和条件编译进行调试信息的显示和禁止的快速切换。实际上,不同规模的软件可能会包含几十、几百甚至上千段用于输出调试信息的程序,如果逐段修改,则工作量是非常大的,而使用条件编译和无参宏定义,只需添加和删除无参宏定义语句即可实现调试信息的显示和禁止。

5.6　多文件结构

　　在开发一个功能比较复杂的软件时,一般先利用前面介绍的模块化思想将要编写的软件划分为多个模块,不同的人负责不同的模块,以实现多人合作开发,如图 5-2 所示。

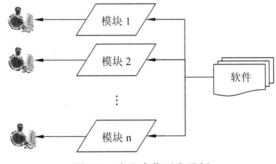

图 5-2　多人合作开发示例

　　在编写程序时,通常采用多文件结构,即将同一类功能的函数、变量定义等内容放在一个文件中,不同功能的函数、变量定义等内容放在多个文件中。一方面,使程序结构清晰,便于管理和查找;另一方面,不同模块的程序实现分布在不同的文件中,多人合作开发时可避免因多人同时修改一个文件而引起的访问冲突(在多人合作开发时,通常使用专门工具管理代码,一个文件在同一时间只允许一人修改,如甲正在修改,则乙不能进行修改)。

5.6.1　头文件

　　在 C++ 的多文件结构中,用户可以自定义头文件,为了与源文件(.cpp)相区分,自定义头文件的扩展名一般为.h。自定义头文件中通常包含以下几个部分的内容:

- 数据类型的定义,如结构体、枚举等类型的定义。
- 自定义函数的函数声明,通常将一个源文件中定义的所有函数的函数声明放在一个对应的头文件中。
- 符号常量定义或宏定义。
- 全局变量的外部声明。
- 内联函数的定义。
- 还可以根据需要包含其他头文件。

若某个文件中想要使用这些自定义数据类型、全局变量、符号常量、内联函数和自定义函数时,只需包含它们所在的头文件即可,不需每次都重复定义或声明。

需要注意的是,除了内联函数外,头文件中一般只含有自定义函数的函数声明,而不是函数定义。

5.6.2 源文件

自定义函数的函数定义要在源文件(.cpp)中给出,这些函数在其他源文件中调用前,只需包含这些函数声明所在的头文件即可。

全局变量的定义也要放在源文件中,全局变量的外部声明放在头文件中。要在其他源文件中使用全局变量,只需包含全局变量外部声明所在的头文件即可。

说明:在一个项目中添加新文件的步骤为:选择"项目"菜单下的"添加新项",在弹出的对话框左侧列表中选择"代码",然后在右侧的列表中选择"C++文件(.cpp)"创建源文件或者选择"头文件(.h)"创建头文件。

5.6.3 多文件结构程序实例

【例 5-13】 已知一条学生记录包含姓名、学号、成绩,输入全班 N 名学生信息,求全班所有学生的总成绩、平均成绩,输出每名学生的信息和所求结果。

多文件结构设计思路:

① 用于保存学生信息的全局结构体数组定义放在 global.cpp 中,在其他源文件中使用之前必须写上外部声明(关于外部声明的内容见 5.7 节)。

② 将对学生信息操作的函数放在源文件 studentFun.cpp 中,包括学生信息输入函数 StudentInfoInput( )、学生信息输出函数 StudentInfoOutput( )、求总成绩的函数 StudentScoreSum( )和求平均成绩的函数 StudentScoreAvg( ),在其他源文件中调用之前必须写上外部声明。

③ 主函数 main( )放在 main.cpp 中。

```
//第1个文件 global.h
const int N=3;              //定义符号常量 N,表示学生人数
struct Student             //定义 Student 结构体类型,表示学生信息
{
    char name[10];
    char num[10];
    int score;
};
extern Student g_stu[N];    //Student 结构体数组 g_stu 的外部声明
//第2个文件 global.cpp
//包含自定义头文件 global.h,以使用 Student 结构体类型和符号常量 N
#include "global.h"
Studentg_stu[N];           //定义 Student 结构体数组 g_stu,保存 N 名学生的信息
```

```
//第 3 个文件 studentInfo.h
#include "global.h"              //包含自定义头文件 global.h,以使用 Student 结构体类型
void StudentInfoInput(Student &);       //StudentInfoInput()函数的外部声明
void StudentInfoOutput(Student &);      //StudentInfoOutput()函数的外部声明
int StudentScoreSum();                  //StudentScoreSum()函数的外部声明
double StudentScoreAvg();               //StudentScoreAvg()函数的外部声明
//第 4 个文件 studentInfo.cpp
#include<iostream>
using namespace std;
/* 通过包含自定义头文件 studentInfo.h 间接包含头文件 global.h,以使用 Student 结构体类
   型、符号常量 N 和全局数组 g_stu,在该例中也可直接包含 global.h * /
#include "studentInfo.h"
void StudentInfoInput(Student &stu)        //输入学生信息的函数定义
{
    cin>>stu.name>>stu.num>>stu.score;
}
void StudentInfoOutput(Student &stu)       //输出学生信息的函数定义
{
    cout<<stu.name<<','<<stu.num<<','<<stu.score<<endl;
}
int StudentScoreSum()                      //求总成绩的函数定义
{
    int i, sum=0;
    for(i=0;i<N;i++)
        sum+=g_stu[i].score;
    return sum;
}
double StudentScoreAvg()                   //求平均成绩的函数定义
{
    double avg;
    avg=StudentScoreSum();
    avg /=N;
    return avg;
}
//第 5 个文件 student.cpp
#include<iostream>
using namespace std;
/* 通过包含自定义头文件 studentInfo.h,以使用 studentInfo.cpp 中定义的函数,另外通过
   studentInfo.h 间接包含头文件 global.h,以使用 Student 结构体类型、符号常量 N 和全局
   数组 g_stu * /
#include "studentInfo.h"
int main()
{
    int scoreSum;
    double scoreAvg;
```

```
        int i;
        for(i=0; i<N; i++)                       //输入 N 名学生的信息
        {
            cout<<"请输入第"<<i+1<<"名学生的姓名、学号和成绩: ";
            StudentInfoInput(g_stu[i]);
        }
        scoreSum=StudentScoreSum();              //求总成绩
        scoreAvg=StudentScoreAvg();              //求平均成绩
        for(i=0; i<N; i++)                       //输出 N 名学生的信息
        {
            cout<<"第"<<i+1<<"名学生的姓名、学号和成绩: ";
            StudentInfoOutput(g_stu[i]);
        }
                                                 //输出总成绩和平均成绩
        cout<<"总成绩和平均成绩分别为: "<<scoreSum<<','<<scoreAvg<<endl;
        return 0;
    }
```

说明: StudentInfoInput()函数和 StudentInfoOutput()函数的参数都采用了引用传递方式,关于参数的引用传递方面的内容见 6.8.3 节。

5.6.4　避免头文件被重复包含

在编写大规模软件时,经常会出现头文件被重复包含的问题,此时在编译程序的过程中会由于数据类型重复定义而报错。

结合使用无参宏定义和条件编译可以解决头文件重复包含的问题。

【例 5-14】　修改例 5-13 的程序代码,避免 global.h 中的代码被重复包含。

修改后的程序代码如下:

```
//第 1 个文件 global.h
#ifndef GLOBAL
#define GLOBAL
const int N=3;                          //定义符号常量 N,表示学生人数
struct Student                          //定义 Student 结构体类型,表示学生信息
{
    char name[10];
    char num[10];
    int score;
};
#endif
```

当程序中包含 global.h 头文件时,如果没有定义过 GLOBAL 宏,就表示这个头文件还没有被包含过,编译预处理就将 global.h 中的代码包含在程序中;否则,就表示这个头文件已经被包含了,则 global.h 中的代码就不会被重复包含在程序中。

5.7　变量和函数的作用域与生存期

在 C++ 中,变量在定义时还有存储类型的区分。根据变量定义的位置和方式的不同,变量的存储类型分为全局变量、局部变量、静态全局变量和静态局部变量。变量的存储类型决定了变量的作用域和生存期。

(1) 作用域是指变量的作用范围,即变量在哪些地方可以使用,描述的是变量的空间属性。

(2) 生存期是指变量的寿命长短,即变量在整个程序运行过程中的哪个时间段是存在的,描述的是变量的时间属性。

5.7.1　全局变量的作用域与生存期

全局变量是在所有函数之外定义的变量。全局变量在定义时若没有初始化,则自动被初始化为 0。

1. 全局变量的作用域

全局变量的作用域是全局的,即在程序中的任何地方都可以访问它。在多文件结构的程序中,某个源文件中定义的全局变量除了可以在该源文件中使用,还可以在其他源文件中使用。但在其他源文件中使用之前必须加一个全局变量的外部声明,告诉编译器这个变量是其他源文件中定义的全局变量。

全局变量外部声明的语法格式如下:

extern <数据类型> <全局变量名表>;

2. 全局变量的生存期

全局变量的生存期是全程的,在程序开始运行时便生成,到程序运行结束时才消失。

【例 5-15】　全局变量示例。

```
#include<iostream>
using namespace std;
int g_fac;                  //定义全局量 g_fac
void Fac(int);
int main()
{
    int n=5;
    Fac(n);
        cout<<n<<"的阶乘为"<<g_fac<<endl;
    return 0;
}
```

```
void Fac(int n)
{
        int i;
        g_fac=1;
        for(i=2; i<=n; i++)
            g_fac *=i;
}
```

在例 5-15 中,g_fac 是全局变量,它的声明周期是全程的,在 Fac()函数和 main()函数中都可以使用。

说明:使用全局变量会降低函数之间的独立性,在编写程序时应尽量减少全局变量的使用。

3. 静态全局变量

在全局变量定义前加一个关键字 static,则称该变量为静态全局变量。静态全局变量在定义时若没有初始化,则自动被初始化为 0。

静态全局变量的定义格式如下:

static <数据类型> <变量名表>;

静态全局变量与全局变量的生存期相同,但其只具有文件作用域,即在多文件结构的程序中,某个源文件中定义的静态全局变量只能在该源文件中使用,而不能在其他源文件中使用。

5.7.2 局部变量的作用域与生存期

局部变量是在函数内部定义的变量,函数的形参也是该函数的局部变量。局部变量在定义时,若没有初始化,则它的初值是随机的。

1. 局部变量的作用域

局部变量的作用域为定义它的函数(或复合语句),函数(或复合语句)之外不能识别和使用它。

2. 局部变量的生存期

局部变量的生存期与它所在函数(或复合语句)的执行期相同。局部变量都是在开始执行其所在的函数(或复合语句)时生成,函数(或复合语句)执行结束后消失。一个函数在程序中可能被多次调用,当再次执行函数(或复合语句)时,局部变量将重新生成。

函数的形参是这个函数的局部变量。

【例 5-16】 局部变量示例。

```
#include<iostream>
using namespace std;
double localVar(double x, double y)
```

```
{
    double z;
    z=x+y;                                  //给函数 localVar()中定义的局部变量 z 赋值
    x++;                                    //修改函数 localVar()形参变量 x 的值
    y++;                                    //修改函数 localVar()形参变量 y 的值
    cout<<"localVar()函数中的局部变量 x、y、z 的值分别为："
        <<x<<','<<y<<','<<z<<endl;          //输出函数 localVar()的局部变量 x、y、z 的值
    return z;
}
int main()
{
    double x=5, y=10, z=0, c=0;
    {                                       //复合语句开始
        double c;
        x=10;                               //将主函数中定义的局部变量 x 赋值为 10
        y=20;                               //将主函数中定义的局部变量 y 赋值为 20
        c=localVar(x,y);                    //给复合语句中定义的局部变量 c 赋值
        cout<<"主函数 main()的复合语句中 c 的值为："
            <<c<<endl;                      //输出复合语句中定义的局部变量 c 的值 30
    }                                       //复合语句结束
    cout<<"主函数 main()中的局部变量 x、y、z、c 的值分别为："
        <<x<<','<<y<<','<<z<<','<<c<<endl;
    //上面输出主函数 main()中定义的局部变量,x、y、z、c 的值分别为：10、20、0、0
    return 0;
}
```

在一个函数中定义的局部变量,可以在其复合语句中直接访问。例如,在例 5-16 中,主函数 main()中定义了局部变量 x 和 y,在其复合语句中可以直接操作这两个变量。

具有不同作用域的变量可以同名。例如,在主函数 main()和函数 localVar()中都定义了局部变量 x、y、z;在主函数 main()及其复合语句中都定义了局部变量 c。

在访问一个变量时,如果存在多个同名变量满足作用域的要求,则优先访问作用域小的变量。例如,在例 5-16 中,主函数 main()定义的局部变量 c 在其复合语句中应该也可以被访问,但由于在复合语句中又定义了一个同名局部变量 c,因此在复合语句中会访问复合语句中定义的具有较小作用域的变量 c。

3. 静态局部变量

在局部变量定义前加一个关键字 static,则称该变量为静态局部变量,静态局部变量在定义时若没有初始化,则自动被初始化为 0。

静态局部变量的定义格式如下：

static <数据类型> <变量名表>;

静态局部变量的作用域与局部变量相同,只能在定义它的函数(或复合语句)中使用。

静态局部变量的生存期是全程的,在第一次执行到静态局部变量定义语句时便生成,到

程序运行结束时才消失。后面再执行到静态局部变量定义语句时,不再重新生成和初始化,而是自动使用上次生成的静态局部变量及其值。

【例 5-17】 静态局部变量示例。

```
#include<iostream>
using namespace std;
void Fun()
{
    static int s_n=0;
    int b=0;
    s_n++;
    b++;
    cout<<"函数 Fun()第"<<s_n<<"次被调用!"<<endl;
    cout<<"局部变量 b 的值为: "<<b<<endl;
}
int main()
{
    int i;
    for(i=1;i<=10;i++)
        Fun();
    return 0;
}
```

静态局部变量与局部变量的区别在于:一个静态局部变量只会生成和初始化一次,因此在例 5-17 中可以在函数 Fun()中定义静态局部变量 s_n 来记录函数 Fun()的调用次数;而一个局部变量是每执行一次变量定义语句就会重新生成和初始化一次,因此在例 5-17 中每次调用函数 Fun()时,局部变量 b 都会重新生成和初始化,使得每次输出 b 的值都是 1。

5.7.3　函数的作用域

根据作用域的不同,函数可以分为外部函数和静态函数。在多文件结构的程序中,某个源文件中定义的外部函数除了可以在该源文件中调用,还可以在其他源文件中调用,但是在其他源文件调用它之前必须加一个函数的外部声明,以告诉编译器这个函数是其他源文件中定义的函数。

函数外部声明的语法格式如下:

extern <函数类型> <函数名> (<形参表>);

也可以省略 extern 关键字,即:

<函数类型> <函数名> (<形参表>);

静态函数具有文件作用域,即只能在定义该函数的源文件中被调用,不能在其他源文件中被调用。静态函数的定义格式如下:

static <函数类型> <函数名> (<形参表>)

```
{
    <函数体>
}
```

如果有函数声明,则在函数声明处指定 static 关键字,在定义处不指定,即:

static <函数类型> <函数名> (<形参表>);   //函数声明

⋮

<函数类型> <函数名> (<形参表>)   //函数定义

```
{
    <函数体>
}
```

【**例 5-18**】 函数作用域示例。

```
//第 1 个文件 Fac.cpp
//定义 Fac()函数
int Fac(int x)
{
    int J=1, i;
    for(i=2; i<=x; i++)
        J *=i;
    return J;
}
//第 2 个文件 combinationNum.cpp
#include<iostream>
using namespace std;
int Fac(int);                          //Fac()函数的外部声明,此处省略了 extern
//定义主函数
int main()
{
    int n=5, m=2;                       //待处理的数据
    int J1, J2, J3, C;
    J1=Fac(n);                          //求 n 的阶乘,并将计算结果保存在变量 J1 中
    J2=Fac(m);                          //求 m 的阶乘,并将计算结果保存在变量 J2 中
    J3=Fac(n-m);                        //求 n-m 的阶乘,并将计算结果保存在变量 J3 中
    C=J1/J2/J3;                         //计算组合数
    cout<<"组合数为: "<<C<<endl;        //输出结果
    return 0;
}
```

在例 5-18 中,如果将 Fac.cpp 中的 Fac()函数定义改为静态函数:

```
static int Fac(int x)
{…}
```

则静态函数仅具有文件作用域,只能在 Fac.cpp 文件中被调用,此时程序编译时会报错。

💻 5.8 模块化应用实例——二分查找法

5.8.1 二分查找法

日常生活中,在一个已经有序的数据集合 K 中查找一个数据 X 是经常要用到的一个操作。最简单的方法是直接将 X 与集合 K 中的各数据元素顺次比较,直到找到匹配的元素。

二分查找算法又称折半查找算法,简称二分查找法,是一种比较高效的算法。二分查找法是以中间位置的元素对待查找的有序数据集合进行划分,在得到的两个子集合中,一个子集合 KL 中元素的值小于中间元素,而另一个子集合 KH 中元素的值大于中间元素。中间元素的值与 X 相同,则查找成功;若中间元素的值大于 X,则在子集合 KH 中继续进行二分查找;否则,若中间元素的值小于 X,则在子集合 KL 中继续进行二分查找。重复上述过程,直至查找成功,或者待查子集合为空,查找失败。

二分查找法要求如下:
- 必须采用顺序存储结构。
- 必须按关键字大小有序排列。

在集合 $\{k_{low}, \cdots, k_{high}\}$ 中查找值为 X 的元素的二分查找算法如表 5-2 所示。

表 5-2 二分查找算法

步骤	处　　理
1	将 mid 赋值为 (low+high)/2
2	如果 k_{mid} 等于 X, 　　查找成功; 否则,如果 k_{mid} 大于 X, 　如果 low 大于 mid-1, 　　　查找失败; 　否则, 　　　在集合 $\{k_{low}, \cdots, k_{mid-1}\}$ 中继续查找值为 X 的元素。 否则, 　如果 mid+1 大于 high, 　　　查找失败; 　否则, 　　　在集合 $\{k_{mid+1}, \cdots, k_{high}\}$ 中继续查找值为 X 的元素。

例如,对于数据元素集合 {3,9,23,37,45,59,87,90},分别令 X1＝87 和 X2＝30,在集合中对 X1 和 X2 进行二分查找,其过程分别如图 5-3(a)和图 5-3(b)所示。low、mid 和 high 分别表示当前待查找数据集合第一个元素、中间元素和最后一个元素的位置,mid＝(low＋high)/2。

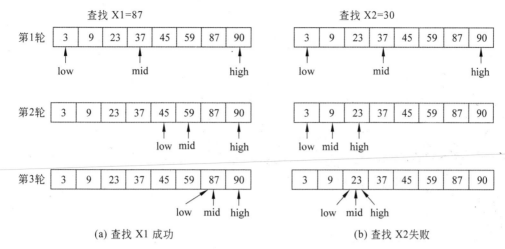

(a) 查找 X1 成功　　　　　　　　　　　(b) 查找 X2 失败

图 5-3　二分查找法过程示例图

5.8.2　二分查找法应用实例

【例 5-19】　编写程序,用二分查找法在整数序列{3,9,23,37,45,59,87,90}中查找 87 和 30。

问题求解思路:该问题可以抽象为:在学号按升序排列的数据集合 K={k1,k2,k3,⋯, kn}(k1<k2<k3<⋯<kn)中,查找值为 X 的元素的位置。由于待查找的数据有序,因此可以采用比较高效的二分查找法。

```cpp
#include<iostream>
using namespace std;
int K[]={3, 9, 23, 37, 45, 59, 87, 90};        //定义全局数组 K,存待查的数据集合
int binarySearch(int X, int low, int high);     //二分查找算法模块函数原型
int main()
{
    int X1=87, X2=30;
    cout<<X1<<"在数组 K 中的下标为"<<binarySearch(X1, 0, 7)<<endl;
    cout<<X2<<"在数组 K 中的下标为"<<binarySearch(X2, 0, 7)<<endl;
    return 0;
}
int binarySearch(int X, int low, int high)      //二分查找的递归算法
{
    int mid;
    mid=(low+high)/2;
    if(K[mid]==X) return mid;                   //查找成功
    else
        if(K[mid]>X)
        {
            if(low>mid-1) return -1;            //查找失败
```

```
        else return binarySearch(X, low, mid-1);   //在{klow, …, kmid-1}上查找
    }
    else
    {
        if(mid+1>high) return -1;                    //查找失败
        elsere turn binarySearch(X, mid+1, high);    //在{kmid+1, …, khigh}上查找
    }
}
```

上面是采用递归算法实现的 int binarySearch(int X, int low, int high) 函数，查找失败返回—1。还可以采用迭代算法实现该函数。

```
int binarySearch(int X, int low, int high)          //二分查找的迭代算法
{
    int mid;
    while(low<=high)
    {
        mid=(low+high)/2;
        if(X==K[mid])
            return mid;                              //查找成功
        else
            if(X<K[mid])
                high=mid-1;
            else
                low=mid+1;
    }
    return -1;                                       //查找失败
}
```

学习了模块化处理问题后，就可以通过将任务分解，并为每一个任务编写函数（模块），通过函数调用来解决更加复杂的问题了。系统提供了大量的库函数供编程者使用。请扫描下面的二维码学习更多关于模块的应用实例和常用的库函数。

拓展学习

应用实例和常用库函数

第6章 数据存储

⊙ 导 学

【主要内容】

在利用计算机解决实际问题时,需要一些空间来保存待处理的数据、运算的中间结果及运算的最终结果,这些空间就是计算机的内存空间。本章重点介绍计算机中数据存储的基本原理,以及如何使用 C++ 编写程序操作内存中的数据。通过本章的学习,读者一方面能够掌握计算机中数据存储的基本原理;另一方面能够使用 C++ 提供的指针类型操作内存中的数据,解决实际问题。本章还介绍 C++ 中的指针与函数、引用、引用与函数、指针相减运算和关系运算等方面的内容。

【重点】

- 内存空间和内存地址的基本概念。
- C++ 中用指针操作内存空间。
- 指针、引用与函数。

【难点】

- C++ 中用指针操作内存空间。
- 二级指针、指针数组和指向行的指针。
- 指针、引用与函数。

📊 6.1 数据存储的基本原理

人们在进行比较复杂的运算时,通常会借助纸张完成运算过程。利用计算机解决实际问题时,同样需要计算机的内存空间来保存待处理的数据、运算的中间结果以及运算的最终结果。

内存空间中含有大量的存储单元,每个存储单元由一个唯一的内存地址标识,可以存放 1 个字节的数据,内存地址的编号从 0 开始,顺次增 1,即对于容量为 N 的内存,其内存地址编号为 0～N−1,如图 6-1 所示。

在 32 位计算机系统中,内存地址由 32 位二进制数组成,内存

0	
1	
2	
⋮	⋮
N−2	
N−1	

图 6-1　内存地址示意图

地址编号从 0 开始,最大为 $2^{32}-1$,因此,32 位计算机系统理论上支持的最大内存容量为 2^{32}(即 4G(吉))字节。而在 64 位计算机系统中,内存地址由 64 位二进制数组成,因此,64 位计算机系统理论上支持的最大内存容量为 2^{64}(约为 16000000T(太))字节。

在运行一个程序时,系统将分配给该程序一些内存空间,根据内存空间中存储的数据类型不同,分为以下 4 个区域。

(1) 代码区:存放程序的代码。在运行程序时,会先将程序加载到内存的代码区中再执行。

(2) 全局数据区:存放程序中的全局数据和静态数据。在定义全局变量或静态变量时,会在全局数据区为其分配内存空间来存储数据。

(3) 堆区:存放程序中的动态数据。使用动态方式分配内存时,会在堆区分配内存空间来存储数据。

(4) 栈区:存放程序中的局部数据。在定义局部变量时,会在栈区为其分配内存空间来存储数据。

定义任何一个变量,系统都会为其分配一定大小的内存空间,访问变量实际上就是访问其所对应内存空间中的数据。

【例 6-1】 在 32 位计算机系统中,有如下 C++ 变量定义语句:

```
int a=0x61626364;
```

系统会为变量 a 分配 sizeof(int)=4 字节的内存空间。假设分配的内存空间的首地址为 0x0025f758,并且该片内存空间中所存储的数据为 0x61626364,则内存地址和所存储的内容情况如图 6-2 所示。

内存地址	内存数据
0x0025f758	0x64
0x0025f759	0x63
0x0025f75a	0x62
0x0025f75b	0x61

图 6-2 数据存储示例

说明:

◆ 32 位系统中内存地址由 32 位二进制数组成。十六进制数是二进制数的压缩表示形式,1 位十六进制数相当于 4 位二进制数。为了简化地址表示,32 位系统中的内存地址通常以 8 位十六进制数表示,如图 6-2 所示。同理,64 位系统中的内存地址通常以 16 位十六进制数表示。

◆ 图 6-2 仅是为了说明数据在内存中的存储方式。实际上,在定义一个变量时,不同环境下系统为该变量分配的内存空间可能会不同。因此,读者在自己机器上定义变量 a 并查看其所对应的内存空间时,一般会与图 6-2 所显示的内存地址不一致。

📺 6.2 地址与 C++ 中的指针

前面的章节都是通过变量名去访问对应内存中的数据。实际上,C++ 还提供了另外一种通过指针直接访问内存中数据的方式。

指针是用于存放内存地址的一种数据类型。指针可以是常量,例如数组名就是一个指针常量,表示该数组所占据内存空间的首地址;指针也可以是变量,例如可以定义一个指针类型的变量保存一个内存地址。在程序设计中,可以使用指针常量或指针变量直接操作它们所指向的内存空间中的数据。

6.2.1　指针变量的定义

指针是一种存储地址的数据类型,因此也可以定义指针类型的变量——指针变量。与其他类型的变量一样,在使用指针变量之前必须先定义,其定义形式如下:

<数据类型> * <变量名>;

其中,<数据类型>表示指针变量所指向内存空间中数据的类型,星号"*"表示所要定义的变量为一个指针变量,而不是普通变量。*作用于变量名,表示紧随其后的变量为一个指针变量。

【例 6-2】 同时定义两个 int 型指针变量 p1 和 p2。

```
int * p1, * p2;
```

如果写成:

```
int * p1, p2;
```

则表示定义了一个指针变量 p1 和一个普通变量 p2。

指针是一种数据类型,所以也可以创建一个指针类型的数组。指针数组同样可以有不同的维数,这里只给出一维指针数组的定义形式:

<数据类型> * <数组名>[<常量表达式>];

指针数组中的每个元素都是指向同一数据类型的指针变量,指针数组元素的访问方法与一般数组元素的访问方法完全一样。

【例 6-3】 定义一个具有 3 个元素的 int 型指针数组。

```
int * pArr[3];
```

上面的语句定义了一个包含 3 个元素的一维数组,每个元素 pArr[0]、pArr[1]、pArr[2]都是一个 int 型指针变量。

6.2.2　指针变量的初始化

同普通变量一样,在定义指针变量的同时可以对其进行初始化,其初始化形式如下:

<数据类型> * <变量名>=<地址表达式>;

其中,<地址表达式>一般来说可以有以下 3 种形式。

(1) 初始化为 NULL 或 0。NULL 为系统定义的一个常量,其值为 0,表示指针变量指向的是一片无效的不可访问的内存。例如:

```
int * p= NULL;
```

(2) 初始化为已定义变量的地址。将一个已定义变量所对应内存空间的首地址作为指针变量的初值,此时通过该指针变量就可以直接操作已定义变量所占据内存中的数据。

【例 6-4】 指针变量初始化示例。

```
int a;
int * p=&a;
```

&a 表示获取 a 所对应内存空间的首地址(即起始地址),其中 & 称为取地址运算符。如果变量 a 所对应的内存空间如图 6-2 所示,则通过 &a 获取到的首地址为 0x0025f758。定义指针变量 p 并初始化后,指针变量 p 中存储了 a 所对应内存空间的首地址,即 0x0025f758,此时也称"指针变量 p 指向了变量 a",通过指针变量 p 就可以操作 a 所对应内存空间中的数据。

(3) 初始化为某一动态分配内存空间的地址。关于动态分配和释放内存空间的内容将在 6.5 节中将学习。

说明:

◆ 指针变量的数据类型与其所指向的变量的数据类型必须一致,否则就要给出显式的强制类型转换。例如:

```
int a;
int * p1=&a;              //正确:指针变量的数据类型与变量的数据类型一致
char * p2=&a;             //错误:指针变量的数据类型与变量的数据类型不一致
char * p3=(char *)&a;     //正确:可强制类型转换,但一般不建议这样使用
```

◆ 在一个 32 位(或 64 位)系统中,内存地址以 32 位(或 64 位)二进制数表示,即 4(或 8)个字节。指针变量中存储的是内存地址,因此,一个指针变量无论是什么类型,都是占用 4(或 8)个字节的内存空间。例如,在 32 位系统中,前面的 int 型指针变量 p1 和 char 型指针变量 p3 都占用 4 个字节的内存空间。

6.2.3 使用指针访问内存中的数据

一个指针指向有效的内存地址后,就可以通过该指针访问其所指向内存空间中的数据。指针访问内容形式如下:

∗ <指针表达式>

这里的星号"∗"称为**间接访问运算符**或**取内容运算符**,其与取地址运算符"&"的功能相反,即对于任一变量 a,有 ∗(&a)等价于 a。<指针表达式>是指计算结果为内存地址的表达式。

说明:使用取内容运算符从指针所指向的内存中取得的数据一方面与内存空间中存储的数据有关,另一方面也与指针的类型有关。例如:

```
int a=0x61626364;
int * p1=&a;
char * p2=(char *)&a;
cout<< * p1<<','<< * p2<<endl;
```

变量 a 所对应的内存空间如图 6-2 所示,指针变量 p1 和 p2 中均保存着变量 a 的首地址 0x0025f758。p1 是 int 类型的指针,因此通过 ∗ p1 会从内存地址 0x0025f758 开始取连续 4 个字节的数据(即一个 int 型数据);p2 是 char 类型的指针,因此通过 ∗ p2 会从内存地址 0x0025f758 开始取 1 个字节的数据(即一个 char 型数据)。最后输出 ∗ p1 和 ∗ p2 时会分别输出 1633837924(十六进制数 0x61626364 所对应的十进制数)和 d(字符'd'的 ASCII 码为 0x64)。

在程序中既可以修改指针变量所指向内存中的数据,也可以修改指针变量所指向的内存地址。例如,已知"int a=5,b=10, ∗ p1=&a, ∗ p2=&b;",通过语句" ∗ p1= ∗ p2;"可以将 p2 所指向的内存空间中的数据赋到 p1 所指向的内存空间中,即将变量 b 的值赋给了变量 a,如图 6-3 所示;而通过语句"p1=p2;",则可以将 p2 中保存的内存地址赋给 p1,即赋值操作后 p1 与 p2 均指向了变量 b 所对应的内存,如图 6-4 所示。

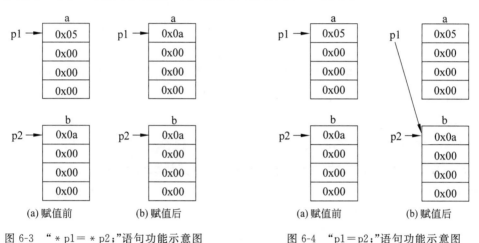

图 6-3　" ∗ p1= ∗ p2;"语句功能示意图　　　　图 6-4　"p1=p2;"语句功能示意图

【例 6-5】 指针变量使用示例。

```cpp
#include<iostream>
using namespace std;
int main()
{
    int a=5, b=10;
    int * p1, * p2;
    //第 1 次赋值
    p1=&a;
    p2=&b;
    cout<<a<<','<<b<<','<< * p1<<','<< * p2<<endl;
    //第 2 次赋值
    * p1=3;
    * p2=6;
```

```
        cout<<a<<','<<b<<','<< * p1<<','<< * p2<<endl;
    //第 3 次赋值
        a=1;
        b=2;
        cout<<a<<','<<b<<','<< * p1<<','<< * p2<<endl;
    //第 4 次赋值
        * p1= * p2;
        cout<<a<<','<<b<<','<< * p1<<','<< * p2<<endl;
    //第 5 次赋值
        p1=p2;
        * p1=8;
        cout<<a<<','<<b<<','<< * p1<<','<< * p2<<endl;
        return 0;
    }
```

上面的程序中,在第 1 次赋值后,指针变量 p1 指向变量 a 所对应的内存空间,指针变量 p2 指向变量 b 所对应的内存空间,如图 6-5(a)所示,因此输出"5,10,5,10";在第 2 次赋值后,指针变量 p1 指向内存空间中的数据值为 3,指针变量 p2 指向内存空间中的数据值为 6,如图 6-5(b)所示,因此输出"3,6,3,6";在第 3 次赋值后,变量 a 所对应内存空间中的数据值为 1,变量 b 所对应内存空间中的数据值为 2,如图 6-5(c)所示,因此输出"1,2,1,2";在第 4 次赋值后,p2 指向内存空间中的数据被赋到 p1 指向的内存空间中,如图 6-5(d)所示,因此输出"2,2,2,2";在第 5 次赋值后,p2 中保存的内存地址被赋到 p1 中,并且 p1 指向内存空间中的数据被赋为 8,如图 6-5(e)所示,因此输出"2,8,8,8"。图中粗体文字表示每次赋值被修改的数据。

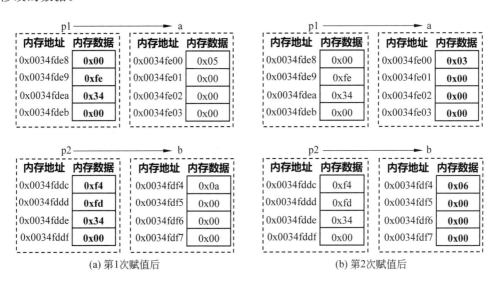

图 6-5 例 6-5 的运行过程

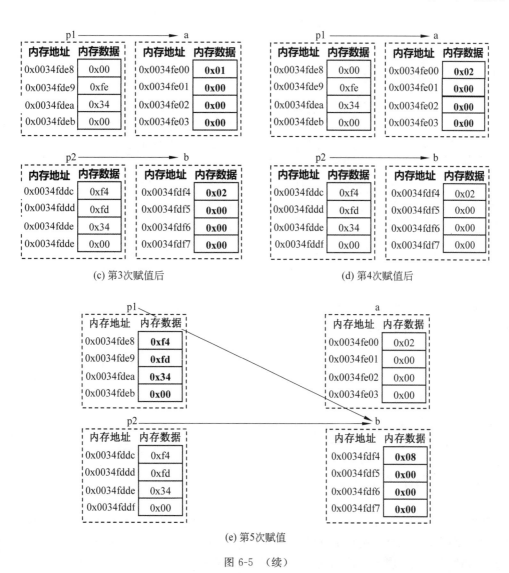

(c) 第3次赋值后   (d) 第4次赋值后

(e) 第5次赋值

图 6-5 （续）

📺 6.3 指针与数组

6.3.1 数组在内存中的存储方式

定义一个数组后，系统会为其分配内存空间。前面都是使用"<数组名>[<下标>]"或"<数组名>[<行下标>][<列下标>]"的方式来访问一维数组或者二维数组中的元素。实际上，也可以使用指针来访问数组中的元素。

【例 6-6】 定义一个一维数组和二维数组：

```
int a[4];
```

```
int b[2][2];
```

系统会为它们分配内存空间,如图 6-6 所示。二维数组中的元素在内存中按照先行后列的方式进行存储。

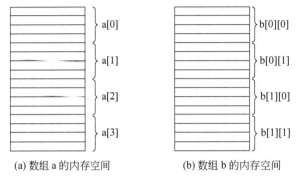

(a) 数组 a 的内存空间   (b) 数组 b 的内存空间

图 6-6   数组内存空间示意图

【例 6-7】   定义两个指针变量 p1 和 p2,并令它们分别存储数组 a 的元素 a[0]和数组 b 的元素 b[0][0]的首地址。

```
int a[4]:
int b[2][2];
int * p1, * p2;
p1=&a[0];
p2=&b[0][0];
```

6.3.2   使用指针操作数组

在例 6-7 中可以使用 * p1 和 * p2 分别访问 a[0]和 b[0][0]。那么,应该如何访问数组后面的元素呢?下面介绍指针加减整数的运算,通过指针加整数的运算即可以计算出后面元素的首地址,并通过" * <首地址>"的方式访问该元素。

假设 p 为指针,n 为正整数,则

■ p+n 是指从 p 指向的地址开始的后面第 n 项数据的地址。

■ p−n 是指从 p 指向的地址开始的前面第 n 项数据的地址。

【例 6-8】   指针加整数运算示例。

```
#include<iostream>
using namespace std;
int main()
{
    int a[]={1,2,3,4}, b[][2]={{5,6}, {7,8}};
    int * p1=&a[0], * p2=&b[0][0];
    int i, j;
    for(i=0; i<4; i++)
        cout<<"a["<<i<<"]的首地址为"<<p1+i
```

```
            <<",其中存储的数据为"<< * (p1+i)<<endl;
        for(i=0; i<2; i++)
        for(j=0; j<2; j++)
            cout<<"b["<<i<<"]["<<j<<"]的首地址为"<<p2+i * 2+j
                <<",其中存储的数据为"<< * (p2+i * 2+j)<<endl;
    return 0;
}
```

上面的程序中,指针变量 p1 和 p2 分别指向了元素 a[0] 和元素 b[0][0] 的首地址,p1+i 和 p2+i * 2+j 则分别指向了元素 a[i] 和元素 b[i][j] 的首地址。因此,通过输出 p1+i 和 p2+i * 2+j,可以在屏幕上分别看到数组 a 和 b 中每一个元素的首地址,即 &a[i] 的值和 &b[i][j] 的值;通过输出 * (p1+i) 和 * (p2+i * 2+j),可以在屏幕上分别看到数组 a 和 b 中每一个元素的值,即 a[i] 的值和 b[i][j] 的值。p1+i 和 p2+i * 2+j 所指内存情况如图 6-7 所示。

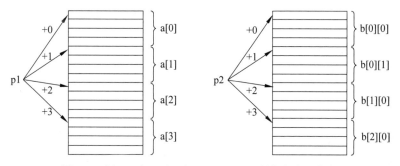

图 6-7   例 6-8 中 p1+i 和 p2+i * 2+j 所指内存示意图

除了指针加减整数的运算,两个同类型的指针还可以进行相减运算和关系运算。

(1) 指针相减运算:假设 p1、p2 为同一类型的指针变量,通过 p1-p2 能够计算 p1 与 p2 之间数据项的数目。当 p1 所指向的地址在 p2 的前面时,结果为负值,否则结果为正值。两个指针相减可以看作是指针加减整数的逆运算,如果 p2 的值等于 p1+n,那么 p2-p1 的值就是 n,而 p1-p2 的值就是-n。

(2) 指针关系运算:在 C++ 中,可以使用第 2 章介绍的关系运算符对任意两个同类型的指针进行关系运算。例如,假设 p1、p2 为同一类型的指针变量,如果 p1 所指向的内存地址在 p2 所指向的内存地址之前,则表达式 p1<p2 的运算结果为真;否则,表达式 p1<p2 的运算结果为假。

6.3.3   数组名与指针变量的区别

一维数组的数组名是一个与数组同类型的指针常量。因此,可以用数组名 a 代替指针变量 p1 改写例 6-8 中的主函数。

```
    ⋮
for(i=0; i<4; i++)
    cout<<"a["<<i<<"]的首地址为"<<a+i
```

```
                     <<",其中存储的数据为"<< * (a+i)<<endl;
    ⋮
```

上面程序段的运行结果与例 6-8 完全一样。

数组名 a 与指针变量 p1 的唯一区别在于:指针变量 p1 中存储的内存地址可以改变,例如 p1=p1+1 或 p1=&a[i]给指针变量 p1 的赋值运算都是正确的;而数组名 a 是一个指针常量,它的值就是该数组的首地址,不可以改变,例如 a=a+1 或 a=&a[i]给指针常量 a 赋值的运算都是错误的。

另外,在 C++ 中,* (p1+i)或 * (a+i)可以写为 p1[i]或 a[i],p1+i 或 a+i 可以写为 &p1[i]或 &a[i]。因此,可以将例 6-8 中的主函数改写如下:

```
    ⋮
for(i=0; i<4; i++)
    cout<<"a["<<i<<"]的首地址为"<<&p1[i]
            <<",其中存储的数据为"<<p1[i]<<endl;
    ⋮
```

上面程序段的运行结果与例 6-8 完全一样,&p1[i]与例 6-8 中的 p1+i 等价,p1[i]与例 6-8 中的 * (p1+i)等价。

说明:

◆ 对于任何一个<指针表达式>,有如下两组等价关系成立:

```
* (<指针表达式>+i) ⇔ <指针表达式>[i]
<指针表达式>+i ⇔ &<指针表达式>[i]
```

在例 6-8 中,&a[0]可以写作 a+0(即 a),&b[0][0]可以写作 b[0]+0(即 b[0]),p1+i 可以写作 &p1[i],* (p1+i)可以写作 p1[i],p2+i * 2+j 可以写作 &p2[i * 2+j],* (p2+i * 2+j)可以写作 p2[i * 2+j]。

◆ 自增运算符++和自减运算符——也可以用于指针运算,其使用方法与普通变量的自增、自减运算相同。例如:

```
p++;              //相当于 p=p+1;
p--;              //相当于 p=p-1;
```

6.3.4 指向行的指针变量

二维数组的数组名也是一个指针常量,对于例 6-8 中的二维数组 b,其数组名 b 就表示二维数组的首地址。根据前面的等价关系,b 与 &b[0]等价,而 b[0]可以看作是由两个元素组成的一维数组,即 b[0]是 int [2]类型的。在 C++ 中,二维数组的首地址需要用指向行的指针变量来保存,其定义形式如下:

<数据类型>(* <指针变量名>)[<行长度>];

其中,<行长度>是指该指针变量所指向的二维数组中每行元素的数量,即列数。因此,对于例 6-8 中的二维数组 b,可以定义如下指向行的指针变量,然后用该变量指向数组 b:

```
int (*p)[2];
p=b;
```

将二维数组 b 的首地址赋给指向行的指针变量 p 后,就可以用 p 替代 b 访问二维数组中的元素。

【例 6-9】 用指向行的指针变量操作二维数组。

```
#include<iostream>
using namespace std;
int main()
{
    int b[2][2]={{5,6}, {7,8}};
    int(*p)[2];
    int i, j;
    p=b;
    for(i=0; i<2; i++)
    for(j=0; j<2; j++)
        cout<<"b["<<i<<"]["<<j<<"]中存储的数据为"<<p[i][j]<<endl;
    return 0;
}
```

根据前面的等价关系,例 6-9 中的 p[i][j]也可以写作 * (p[i]+j)或 * (* (p+i)+j)。

6.4 指针与字符串

字符串中的各字符(连同字符串结束符'\0')按顺序存储在内存空间中,如果一个字符型指针指向这片内存空间,就可以使用该字符型指针操作这个字符串。例如:

```
char s[]="Hello";
char *ps=s;
char *p="Hello";
```

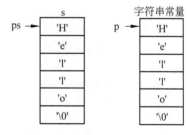

图 6-8 字符串内存空间示意图

上面的语句中,第一条语句定义了一个一维字符型数组 s,其中存储了一个字符串"Hello";第二条语句定义了一个字符型指针变量 ps,其中保存了数组 s 的首地址;第三条语句定义了一个字符型指针变量 p,指向了字符串常量"Hello"的首地址,如图 6-8 所示。

说明:

◆ 使用 cin 进行字符串输入操作时,是将键盘上输入的字符串存储到指针所指向的内存空间中。

◆ 使用 cout 进行字符串输出操作时,是将指针所指向的内存空间中的字符逐个取出并输出到屏幕上,直至遇到'\0'结束。

例如：

```
char s[]="Hello";
char * p="Hello";
char * ps=s;
cin>>ps;                //输入"abc"
cout<<p;
cout<<p+2;
```

上面的语句中，第一条 cin 语句将键盘输入的字符串存储到 ps 所指向的内存空间中，执行后内存空间中的数据如图 6-9 所示；第一条 cout 语句将 p 所指向的内存空间中的字符逐个输出到屏幕上，直到遇到'\0'结束，即输出"Hello"；第二条 cout 语句将 p+2 所指向的内存空间中的字符逐个输出到屏幕上，直到遇到'\0'结束，即输出"llo"。

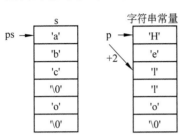

图 6-9　字符串内存空间示意图

说明：如果一个指针指向的内存空间中存储的是常量，则只能使用该指针获取内存空间中的数据，而不能使用该指针修改内存空间中的数据。例如，图 6-9 中 p 指向了一个字符串常量，因此，不能使用"cin＞＞p;"或"cin＞＞p+2;"等语句修改 p 所指向的内存空间中的数据。

【例 6-10】 编写程序实现取子串的操作：从字符串"my book!"中自第 4 个字符开始取子串，共取 4 个字符生成一个新的字符串。

```
#include<iostream>
using namespace std;
int main()
{
    char s[]="my book!";
    char t[5];
    int i, start=3, len=4;
    for(i=0; i<len; i++)
        t[i]=s[i+start];
    t[i]='\0';
    cout<<"取出的子串为：\""<<t<<"\""<<endl;
    return 0;
}
```

上面的程序中，通过 for 循环将字符逐个从 s 中复制到数组 t 中，最后在数组 t 的最后加上字符串结束符'\0'，如图 6-10 所示。这个程序可以扩充为从任意字符开始，取任意长度的字符生成一个新字符串。

如果要同时操作多个字符串，可以定义一个字符型指针数组。

【例 6-11】 使用指针数组操作多个字符串。

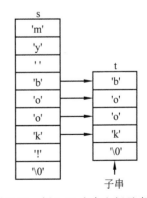

图 6-10　例 6-10 内存空间示意图

```
#include<iostream>
using namespace std;
int main()
{
    char * p[3]={"Beijing", "Tianjin", "Shanghai"};
    int i;
    for(i=0; i<3; i++)
        cout<<p[i]<<endl;
    return 0;
}
```

上面程序中,定义了一个包含 3 个字符型指针元素的指针数组 p,每个指针元素指向一个字符串常量,最后通过 for 循环将指针元素所指向的内存中的字符串常量输出到屏幕上,如图 6-11 所示。指针 p[0]、p[1]、p[2]指向的内存空间中存储的是常量,因此不能通过这些指针修改它们所指向内存中的数据,如"cin>>p[i];"这样的语句是错误的。

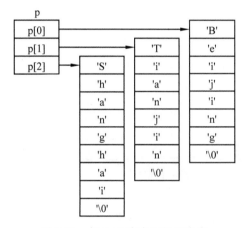

图 6-11　例 6-11 内存空间示意图

6.5　动态使用内存空间

在 C++ 中,除了可以通过定义变量的方式来使用内存空间外,还可以使用 new 和 delete 两个关键字进行内存空间的动态分配和释放。使用动态方式分配内存时会在堆区分配内存空间,因此动态内存分配也通常称为堆内存分配。相应地,动态释放也通常称为堆内存释放。

1. 动态分配内存

堆内存分配 new 的语法格式如下:

new <数据类型>;

<数据类型>指定了分配的内存空间中存储的数据的类型,由于不同类型的数据需要

不同尺寸的内存空间来保存,因此<数据类型>不同,分配的内存空间大小也会不同。堆内存分配成功后,会返回动态分配的内存空间的首地址。通常将该首地址保存在一个指针变量中,以便后面可以通过该指针变量操作内存空间中的数据。

在分配内存的同时还可以进行内存初始化工作:

new <数据类型>(<表达式>);

其中,<表达式>确定了分配的内存空间中初始存储的数据。例如:

```
int * p;
p=new int(3);
```

上面的两条语句执行结束后,指针变量 p 就指向了通过"new int"动态分配的内存空间,如图 6-12 所示。

动态分配也可以用于存储多个数据元素的内存空间,语法格式如下:

new <数据类型>[<表达式>];

其中,<表达式>既可以是常量,也可以是变量,但必须是整数,用于指定元素数目。例如:

```
int * pArray;
pArray=new int[3];
```

上面的两条语句执行结束后,指针变量 pArray 就指向了通过"new int[3]"动态分配的内存空间,如图 6-13 所示。

图 6-12　堆内存分配示例

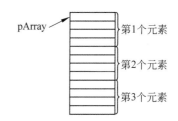

图 6-13　多元素的堆内存示意图

说明:动态分配的多个内存空间就是一个动态数组,因此使用指针访问堆内存的方式与使用指针访问栈内存中的数组的方式完全相同。唯一区别在于:数组定义时,必须用常量表达式指定数组长度;而进行堆内存分配时,既可以使用常量表达式,也可以用变量表达式来指定元素数目。因此,可以根据需要动态申请内存空间。

2. 释放动态分配的内存空间

使用 new 分配的内存必须使用 delete 释放,否则会造成内存泄露(即内存空间一直处于被占用状态,导致其他程序无法使用)。当系统出现大量内存泄露时,系统可用资源也会相应减少,导致计算机处理速度变慢,当系统资源枯竭时会造成系统崩溃。堆内存释放 delete 的语法格式如下:

delete []<指针表达式>;

<指针表达式>指向待释放的堆内存空间的首地址。如果<指针表达式>所指向的堆内存空间只包含一个元素,那么还可以将[]省掉,即:

delete <指针表达式>;

例如:

```
int * p, * pArray;
p=new int(3);
pArray=new int[3];
delete p;
delete []pArray;
```

通过上面两条 delete 语句,可以将"new int(3)"和"new int[3]"获得的动态分配的内存空间释放掉。由于 pArray 所指向的内存空间中包含 3 个元素,因此不能使用"delete pArray;"来释放这些内存空间,而必须使用"delete []pArray"。

说明:在使用 new 分配堆内存时要区分()和[]。()中的表达式指定了内存的初值,而[]中的表达式指定了元素数目。例如:

```
p=new int(3);            //分配了 1 个 int 型元素大小的内存空间,其初值为 3
pArray=new int[3];       //分配了 3 个 int 型元素大小的内存空间
```

【例 6-12】 使用堆内存分配方式实现录入学生成绩的功能,要求程序运行时由用户输入学生人数。

```
#include<iostream>
using namespace std;
int main()
{
    int * pScore;
    int n, i;
    cout<<"请输入学生人数: ";
    cin>>n;
    pScore=new int[n];           //根据学生人数动态分配内存
    if(pScore==NULL)             //判断堆内存分配是否成功
    {
        cout<<"堆内存分配失败!"<<endl;
        return 0;
    }
    for(i=0; i<n; i++)           //通过 for 循环输入学生成绩
    {
        cout<<"请输入第"<<(i+1)<<"名学生的成绩: ";
        cin>>pScore[i];
    }
    for(i=0; i<n; i++)           //通过 for 循环输出学生成绩
        cout<<"第"<<(i+1)<<"名学生的成绩为: "<< * (pScore+i)<<endl;
    delete []pScore;             //不再使用时将堆内存及时释放
    return 0;
}
```

上面的程序中,首先根据用户输入的学生人数动态分配内存,并将分配到的堆内存空间首地址赋给指针变量 pScore;再利用 pScore 对堆内存空间中的数据进行访问;最后当堆内存空间不再使用时,将其释放。根据前面的等价关系,pScore[i]与 *(pScore+i)的作用完全相同。

说明:当申请分配的内存太大、系统资源不够时,堆内存分配会失败,此时将返回 NULL,表示堆内存分配失败。因此,分配内存后,应判断返回值是否为 NULL,如果是 NULL 则报错并退出程序。

【例 6-13】 使用堆内存分配方式实现录入学生信息的功能,要求程序运行时出用户输入学生人数。

```
#include<iostream>
using namespace std;
struct Student
{
    char num[8];
    char name[10];
    int score;
};
int main()
{
    Student *pStu;
    int n, i;
    cout<<"请输入学生人数:";
    cin>>n;
    pStu=new Student[n];            //根据学生人数动态分配内存
    if(pStu==NULL)                  //判断堆内存分配是否成功
    {
        cout<<"堆内存分配失败!"<<endl;
        return 0;
    }
    for(i=0; i<n; i++)              //通过 for 循环输入学生信息
    {
        cout<<"请输入第"<<(i+1)<<"名学生的学号、姓名和入学成绩:";
        cin>>pStu[i].num>>pStu[i].name>>pStu[i].score;
    }
    for(i=0; i<n; i++)             //通过 for 循环输出学生信息
        cout<<"第"<<(i+1)<<"名学生的学号、姓名和入学成绩为:"
        <<(pStu+i)->num<<','<<(pStu+i)->name<<','<<(pStu+i)->score<<endl;
    delete []pStu;                  //不再使用时将堆内存及时释放
    return 0;
}
```

上面的程序中,首先根据用户输入的学生人数按 Student 结构体类型动态分配内存空间,该空间包含 n 个 Student 类型的元素,可以存放 n 名学生的信息,并将分配到的堆内存空间首地址赋给指针变量 pStu;再利用 pStu 对堆内存空间中的数据进行访问;最后堆内存空间不再使用时,将其释放。

说明:pStu+i 得到的是第 i+1 名学生信息所在内存空间的首地址,即 Student 类型的指针。利用结构体指针访问结构体成员时,不能用成员访问运算符".",而必须使用箭头成员访问运算符"->"。

6.6　二　级　指　针

前面学习的指针所指向的内存空间中存储的是非指针类型的数据,这样的指针称为一级指针。由于指针变量也是一种变量,因此定义一个指针变量后,系统也要为其分配内存空间。那么就可以再定义一个指针,用它指向一级指针变量所对应的内存,这种指向指针的指针就称为二级指针。二级指针变量的定义方式如下:

数据类型 ∗∗**变量名;**

【例 6-14】　二级指针应用示例。

```cpp
#include<iostream>
using namespace std;
int main()
{
    int i, j, a[][2]={1,2,3,4,5,6};
    int * p[3];
    int * * pp;
    for(i=0; i<3; i++)
        p[i]=a[i];                          //等价于 p[i]=&a[i][0];
    pp=p;                                   //等价于 pp=&p[0];
    for(i=0; i<3; i++)
    {
        for(j=0; j<2; j++)
            cout<< * (* (pp+i)+j)<<' ';     //等价于 cout<<pp[i][j]<<' ';
        cout<<endl;
    }
    return 0;
}
```

例 6-14 中的内存空间使用情况如图 6-14 所示。p 是一个指针数组,包含 p[0]、p[1]、p[2] 共 3 个元素,每个元素都是一个 int 型指针变量,分别指向 a[0][0]、a[1][0]、a[2][0] 的首地址(即 &a[0][0]、&a[1][0]、&a[2][0]);pp 是一个二级指针变量,指向一级指针变量 p[0] 的首地址(即 &p[0]),(pp+i)仍然是一个二级指针,它指向一级指针变量 p[i] 的首地址(即 &p[i])。

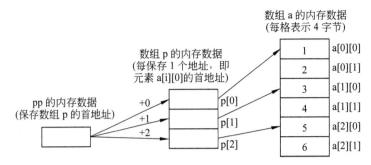

图 6-14   例 6-14 中的内存空间使用情况

6.7   指针与函数

在 C++ 中,指针也可以像其他数据类型的数据一样,作为函数的参数或者函数的返回值。

6.7.1   指针作为函数参数

指针作为函数参数,是指函数调用时传入的实参是某种类型的内存地址,此时函数形参必须是同类型的指针变量。

1. 实参是一维数组的首地址

可以定义一个同类型的指针变量来保存一个一维数组的首地址,因此,如果函数调用时传入的某个实参是一维数组的首地址,此时相应的形参必须是与一维数组同类型的指针变量。

在 C++ 中,定义指针类型的形参变量有以下两种写法:

<数据类型> * <形参名>

或

<数据类型> <形参名>[]

上面的两种写法完全等价,但注意在形参以外的地方定义指针变量时只能使用第一种写法。

【例 6-15】   编写一个函数,求数组元素的最大值,并编写程序测试这个函数。

```cpp
#include<iostream>
using namespace std;
int max(intp[], int size)          //也可以写为: int max(int * p, int size)
{
    int i, m;
```

```
        m=p[0];                          //先假设 p[0]元素的值最大,将其保存在 m 中
        for(i=1; i<size; i++)            //循环遍历每一个元素,将当前的最大值保存在 m 中
            if(m<p[i])
                m=p[i];
        return m;
}
int main()
{
    int a[]={6,1,3,4,5,7,3,8}, m ;
    m=max(a, sizeof(a) / sizeof(int));   //调用 max 函数
    cout<<"最大值为"<<m;
    return 0;
}
```

在执行函数调用"max(a,sizeof(a)/sizeof(a[0]))"时,会将实参 a 的值传给形参变量 p,实参 5 的值传给形参变量 size。实参 a 的值实际上就是一维数组 a 的首地址,因此,在 max() 函数内部就可以直接使用 p 按照 6.3 节中的方法来操作一维数组 a 中的元素。

说明:当把一维数组首地址作为函数实参时,如果要在函数体中使用数组长度信息,则必须将数组长度也以参数的形式传到函数体中。这是因为在函数内部无法获取数组中的元素数目。

【例 6-16】 编写无值函数实现取子串的功能。

```
#include<iostream>
using namespace std;
void subString(char * src, char * dst, int start, int len)
{
    int i;
    for(i=0; i<len; i++)
        dst[i]=src[i+start];
    dst[i]='\0';                //加字符串结束符'\0'
}
int main()
{
    char s[]="my book!";
    char * p;
    p=new char[5];
    if(p==NULL)
    {
        cout<<"堆内存分配失败!"<<endl;
        return 0;
    }
    subString(s, p, 3, 4);
    cout<<"取出的子串为: \""<<p<<"\""<<endl;
    delete []p;
    return 0;
}
```

由于传入的是一维数组首地址,因此,在函数中可以直接使用指向一维数组首地址的指针变量操作数组中的元素并更改元素的值。例如,在例 6-16 中,subString()函数调用完成后,p 指向的内存空间中存储了字符串"book"。程序执行过程如图 6-15 所示。

2. 实参是变量的首地址

可以定义一个同类型的指针变量来保存一个变量的首地址。因此,如果函数调用时传入的某个实参是变量的首地址,此时相应的形参必须是与变量同类型的指针变量。

【例 6-17】 编写一个函数,同时求数组元素的最大值、最小值和总和。

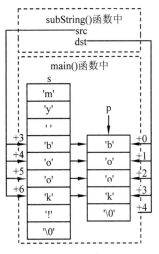

图 6-15　例 6-16 内存空间示意图

```cpp
#include<iostream>
using namespace std;
void MaxMinSum(int * p, int size, int * pMax, int * pMin, int * pSum);
int main()
{
    inta[]={6, 12, 3, 7, 5};
    int max, min, sum;
    MaxMinSum(a, 5, &max, &min, &sum);
    cout <<"最大值为"<<max<<endl
        <<"最小值为"<<min<<endl
        <<"总和为"<<sum<<endl;
    return 0;
}
void MaxMinSum(int * p, int size,int * pMax, int * pMin, int * pSum)
{
    int i;
    * pMax= * pMin= * pSum=p[0];
    for(i=1; i<size ; i++)
    {
        if(* pMax<p[i]) * pMax=p[i];
        if(* pMin>p[i]) * pMin=p[i];
        * pSum+=p[i];
    }
}
```

在上面的程序中,MaxMinSum()函数的形参变量 pMax、pMin 和 pSum 分别指向了 main()函数 max、min 和 sum 变量的首地址,如图 6-16 所示。因此,在 MaxMinSum()函数中使用 * pMax、* pMin 和 * pSum 可以直接操作 main()函数 max、min 和 sum 变量所对应的内存空间, * pMax、* pMin 和 * pSum 也可以写作 pMax[0]、pMin[0]和 pSum[0]。

说明: 数组中的一个元素也是一个变量,因此,也可以将数组中元素的首地址作为函数的实参。

3. 实参是二维数组的首地址

可以定义一个指向行的指针变量来保存一个二维数组的首地址。因此,如果函数调用时传入的某个实参是二维数组的首地址,此时相应的形参必须是与二维数组同类型的指向行的指针变量。

在 C++ 中,将形参定义为指向行的指针变量有以下两种写法:

<数据类型> (* <形参名>) [<行长度>]

或

<数据类型> <形参名> [ ] [行长度]

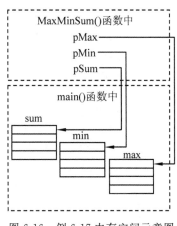

图 6-16　例 6-17 内存空间示意图

上面两种写法完全等价,但注意在形参以外的地方定义指向行的指针变量时只能使用第一种写法。

【例 6-18】　已知有二维数组定义"int b[][3]={6,12,3,7,5,8};",要通过 max() 函数调用 max(b,2,3)计算数组 b 中元素的最大值。

```
int max(int(*p)[3], int row, int col) //也可以是：int max(int p[][3], int row, int col)
{
    int i, j, m=p[0][0];
    for(i=0; i<row; i++)
    for(j=0; j<col; j++)
        if(m<p[i][j])  m=p[i][j];
    return m;
}
```

在执行函数调用 max(b,2,3)时,会将实参 b 的值传给形参变量 p,实参 2 和 3 的值分别传给形参变量 row 和 col。实参 b 的值实际上就是二维数组 b 的首地址,因此,在 max() 函数内部就可以直接使用 p 按照 6.3 节中的方法来操作二维数组 b 中的元素。

说明：与一维数组首地址作为函数实参一样,当把二维数组首地址作为函数实参时,如果要在函数体中使用二维数组的行数和列数信息,则必须将这些信息也以参数的形式传到函数体中。

4. 实参是字符串常量的首地址

可以定义一个 char 类型的指针变量来保存一个字符串常量的首地址。因此,如果函数调用时传入的某个实参是字符串常量的首地址,此时相应的形参必须是 char 类型的指针变量。

在 C++ 中,将形参定义为 char 型指针变量有以下两种写法:

char * <形参名>

或

char <形参名>[ ]

当传入的实参是字符串常量首地址时,函数中指向该字符串常量的指针变量只能用于获取内存空间中的数据,而不能修改内存空间中的数据。

例如,已知有函数调用 Fun("my book!"),则有

```
void Fun(char * s)
{
    cout<<s<<endl;          //正确:将 s 所指内存空间中字符串输出到屏幕上
    cout<<s[0]<<endl;       //正确:将元素 s[0]中保存的字符 'm'输出到屏幕上
    cin>>s;                 //错误:不能修改 s 所指向的字符串常量的内容
    s[0]='M';               //错误:不能修改 s 所指向的字符串常量的内容
}
```

5. 实参是符号常量的首地址

如果函数调用时传入的某个实参是符号常量的首地址,此时相应的形参必须是一个常量指针。常量指针的定义形式如下:

const <数据类型> * <变量名>;

常量指针所指向的内存地址可以改变,但通过常量指针对其所指向的内存空间中只能读取数据,不能修改数据。在使用时,常量指针既可以指向变量的首地址,也可以指向符号常量的首地址;其他指针则只能指向变量的首地址。例如:

```
int a=10, b=20;
const int c=30;
int * p=&a;             //正确:使用普通指针可以指向变量的首地址
const int * cp=&a;      //正确:使用常量指针可以指向变量的首地址
cout<< * p<<endl;       //正确:使用普通指针可以从其所指向的内存中读取数据
cout<< * cp<<endl;      //正确:使用常量指针可以从其所指向的内存中读取数据
* p=15;                 //正确:使用普通指针可以修改其所指向内存中的数据
* cp=15;                //错误:不能使用常量指针修改其所指向内存中的数据
a=15;                   //正确:通过变量名可以修改对应内存空间中的数据
p=&b;                   //正确:可以更改普通指针所指向的内存空间
cp=&b;                  //正确:可以更改常量指针所指向的内存空间
p=&c;                   //错误:不能使用普通指针指向符号常量的首地址
cp=&c;                  //正确:使用常量指针可以指向符号常量的首地址
```

因此,已知"const int r=10; Fun(&r);",则 Fun()函数的函数原型是:

```
void Fun(const int * p);
```

说明:常量指针作为函数形参除了用于接收符号常量的首地址外,通常也用于不希望在函数内部修改形参所指向内存空间数据的情况。

常量指针定义中的 const 关键字必须放在 * 的前面,如果放在 * 的后面则表示定义了一个指针常量:

<数据类型> * const<常量名>;

指针常量是一个常量而不是变量。因此,与普通的符号常量一样,指针常量所表示的值(即其所指向内存空间的首地址)一旦初始化就不能更改。但是,通过指针常量可以修改它所指向的内存空间中的数据。例如:

```
int a=10, b=20;
int * const p=&a;
* p=15;                    //正确:可以通过指针常量修改内存中的数据
p=&b;                      //错误:不能更改指针常量所指向的内存地址
```

说明:

◆ 与定义普通的符号常量一样,定义指针常量时必须初始化。

◆ 可以将一个指针同时定义为常量指针和指针常量,此时,既不能改变该指针所指向的内存地址,也不能通过该指针修改内存中的数据。例如:

```
int a=10, b=20;
const int * const p=&a;
p=&b;                      //错误:不能更改指针常量所保存的内存地址
* p=15;                    //错误:不能通过常量指针修改其所指向内存空间中的数据
```

6. 实参是函数的首地址

运行程序时要将函数代码加载到内存中,每个函数都会占据一片内存空间。在 C++中,函数名是一个函数指针常量,表示函数所占据内存空间的首地址(简称函数的首地址)。因此,可以定义函数指针变量指向函数的首地址,并使用函数指针变量代替函数名进行函数调用。

函数指针变量的定义形式如下:

<函数类型>(* <变量名>)(<形参类型表>);

其中,<函数类型>与函数指针变量所指向函数的返回值类型一致;<形参类型表>说明了函数指针变量所指向函数的各形参的类型。

例如,已知 max()函数的函数原型为 int max(int x,int y),则要定义一个函数指针变量 p 指向 max()函数的首地址,其定义形式为:

```
int ( * p)(int,int);
```

通过"p=max;"可以将 p 指向 max()函数的首地址,也可以在定义 p 的同时为其初始化:

```
int ( * p)(int, int)=max;
```

通过函数指针调用函数的语法格式如下:

<函数指针>([<实参表>])

或

(* <函数指针>) ([<实参表>])

<函数指针>既可以是变量,也可以是常量。可以使用以下任何一种方式进行 max()
函数调用:max(…)、(* max)(…)、p(…)或(* p)(…)。

函数指针变量通常是作为形参,通过接收不同的函数首地址来完成不同的操作。

【例 6-19】 使用函数指针变量作为形参实现求任一函数在某点的绝对值。

```cpp
#include<iostream>
#include<cmath>
using namespace std;
double absf(double ( * p)(double), double x)
{
    double f;
    f=( * p)(x);
    return fabs(f);
}
int main()
{
    double x=3;
    cout<<"sin(x)的绝对值为"<<absf(sin, x)<<endl;
    cout<<"cos(x)的绝对值为"<<absf(cos, x)<<endl;
    return 0;
}
```

在上面的程序中,absf()函数的第 1 个形参 p 是一个函数指针变量。当 p 指向系统定
义的 sin()函数的首地址时,(* p)(x)相当于调用 sin(x);当 p 指向系统定义的 cos()函数的
首地址时,(* p)(x)相当于调用 cos(x)。

6.7.2 指针作为函数返回值

如果一个函数的返回值为指针,则称该函数为**指针函数**。

【例 6-20】 编写指针函数实现取子串的功能。

```cpp
#include<iostream>
using namespace std;
char * subString(const char * src, int start, int len)
{
    int i;
    char * dst;
    dst=new char[len+1];          //多分配 1 个元素的空间,保存字符串结束符'\0'
    if(dst==NULL)
    {
        cout<<"堆内存分配失败!"<<endl;
        return NULL;
    }
```

```
        for(i=0; i<len; i++)
            dst[i]=src[i+start];
        dst[i]='\0';
        return dst;
    }
    int main()
    {
        char s[]="my book!";
        char * p;
        p=subString(s, 3, 4);
        if(p==NULL)                    //返回指针无效
            return 0;
        cout<<"取出的子串为: \""<<p<<"\""<<endl;
        delete []p;
        return 0;
    }
```

在上面的程序中,subString()函数的第 1 个形参 src 是一个常量指针,表示在函数体中不会修改 src 所指向内存空间的数据。指针变量 dst 是 subString()函数的一个局部变量,它指向通过 new 动态分配的内存空间,堆内存必须用 delete 释放。因此,当 subString()函数执行结束时,虽然指针变量 dst 的生存期结束,但其所指向的内存空间仍然存在;可以将该片内存空间的首地址返回到调用 subString()的地方,在 main()函数中通过该首地址来操作这片堆内存空间;使用结束后,再通过该首地址将堆内存空间释放。

说明:

◆ 指针函数不能将该函数中某个局部变量的首地址作为返回值,因为局部变量的生存期只是在定义该局部变量的函数中,当函数调用结束时局部变量的内存空间会被释放,对已释放的内存空间进行访问可能会出现问题。

◆ 为了方便字符串的处理,C++ 中提供了一些直接对字符串进行操作的函数。详见第 5 章拓展学习部分。

6.8　引用与函数

6.8.1　引用的概念和声明

引用就是别名,变量的引用就是变量的别名,对引用的操作就是对所引用变量的操作。引用的声明形式如下:

数据类型 & 引用名=变量名;

建立引用时,必须用已知变量名为其初始化,表示该引用就是该变量的别名。& 是引用运算符,作用于引用名,表示紧随其后的是一个引用。例如,要同时定义两个 int 型引用 r1 和 r2,必须写成如下形式:

```
int a, b;
int &r1=a, &r2=b;
```

如果写成：

```
int &r1=a, r2=b;
```

则表示定义了一个引用 r1 和一个普通变量 r2。

一个引用所引用的对象初始化后就不能再被修改。另外,引用就是一个别名,声明引用不会再为其分配内存空间,而是与所引用对象对应同一片内存空间。因此,对引用的操作与对所引用对象的操作效果完全一样。例如:

```
int a=5, b=10;
int &r=a;          //r 是 a 的引用
r=b;               //r 是 a 的引用,所以相当于将 b 的值赋给 a
```

也可以为指针变量声明引用,其声明形式如下:

数据类型 ＊& 引用名＝指针变量名;

在实际应用时,引用主要是用在函数中,一方面可以将函数的形参声明为引用,另一方面也可以将函数的返回类型声明为引用。

6.8.2　函数的传值调用

前面调用函数时,都是将实参的值传递给形参,这就是函数的**传值调用**。

【**例 6-21**】　编写函数,实现任意两个整数的交换。

```
void swap(int a, int b)
{
    int t=a;
    a=b;
    b=t;
}
int main()
{
    int x=5, y=10;
    cout<<"交换前,x="<<x<<",y="<<y<<endl;
    swap(x, y);
    cout<<"交换后,x="<<x<<",y="<<y<<endl;
    return 0;
}
```

例 6-21 在调用 swap 函数后,程序并没有实现主函数中变量 x 和变量 y 的交换。这是由于调用 swap 函数采用的是传值调用,即将实参 x 的值传递给形参 a,将实参 y 的值传递给形参 b,swap 函数的功能实现了它的两个局部变量 a 和 b 的交换,但对实参 x 和实参 y 没有产生任何影响。

在传值调用方式下,参数的传递为单向传值,即实参值传递给形参后,形参值在函数中的变化对实参值无任何影响。

6.8.3　函数的引用调用

1. 函数的引用调用

为了能够在函数内部更改实参的值,可以采用引用调用方式。

【例 6-22】　修改例 6-21 中的函数 swap,使其采用引用调用方式实现对实参的交换。

```
#include<iostream>
using namespace std;
void swap(int& a, int& b)          //形参声明为引用
{
    int t=a;
    a=b;
    b=t;
}
int main()
{
    int x=5, y=10;
    cout<<"交换前,x="<<x<<",y="<<y<<endl;
    swap(x, y);                    //形参此时 a 和 b 分别是实参 x 和 y 的引用
    cout<<"交换后,x="<<x<<",y="<<y<<endl;
    return 0;
}
```

在上面的程序中,调用 swap()函数后,实参 x 和 y 的值会发生交换。对于引用调用方式,程序在调用 swap(x,y)时会执行:

```
int &a=x;
int &b=y;
```

此时,形参 a、b 是实参 x、y 的别名,因此,对形参 a、b 所做的操作就是对实参 x、y 的操作。

说明:在调用函数时,需要将实参的值传递给形参。如果一个实参本身的数据量较大,则这个传递过程会消耗较长的时间。为了减少参数传递的时间开销,可以对一些数据量比较大的实参(如结构体变量或对象)采用引用调用方式。关于对象的内容请参阅第 7 章。

当以引用调用方式传递实参,而在函数体中又不需要更改实参的值时,则一般在引用形参中加上 const 关键字,使其成为 const 引用。使用 const 引用只能访问所引用对象的值,而不能修改所引用对象的值。const 引用有以下两种声明形式:

const <数据类型>&<引用名>=<变量名或常量>;

或

`<数据类型> const &<引用名>=<变量名或常量>;`

例如：

```
int a=3;
const int &r=a;
r=10;                    //错误：不能通过 const 引用修改所引用对象的值
```

另外，由于 const 引用不需要修改所引用对象的值，所以 const 引用与非 const 引用还有一个区别：const 引用可以使用常量对其进行初始化，而非 const 引用则不可以。例如：

```
const int &r1=3;         //正确：const 引用可以使用常量对其进行初始化
int &r2=3;               //错误：非 const 引用不能使用常量对其进行初始化
```

2. 引用调用和传值调用混合使用

一个函数还可以将引用调用和传值调用混合使用。例如：

```
int fun(int &a,int b);
```

其中，a 是引用调用，b 是传值调用。

6.8.4 返回引用的函数

返回引用的函数是指函数的返回值是 return 后变量的引用，返回引用的函数调用可以作为赋值语句的左值。

【例 6-23】 返回引用的函数示例。

```
#include<iostream>
using namespace std;
int array[5]={1, 2, 3, 4, 5};
int& index(int i);
int main()
{
    cout<<"赋值前,array[3]="<<array[3]<<endl;
    index(3)=15;
    cout<<"赋值后,array[3]="<<array[3]<<endl;
    return 0;
}
int& index(int i)
{
    return array[i];
}
```

例 6-23 中函数类型是一个 int 型变量的引用，即函数的结果就是 return 后面的 array[i] 的引用。在主函数中调用 index(3) 时，函数的返回值为 array[3] 的引用，就是 array[3] 这个数组元素，因此可以作为左值，即"index(3)=15；"是正确的。

说明：

◆ 只有返回引用的函数可以作为赋值语句的左值。返回引用的函数通常用在类中,关于类的内容请参阅第 7 章。

◆ 与返回指针的函数相似,在返回引用的函数中,可以返回全局变量或静态变量的引用,但不能返回局部变量的引用,因为局部变量的生存期只是在定义该局部变量的函数中,当函数调用结束时局部变量的内存空间会被释放,对已释放的内存空间进行引用可能会出现问题。

还可以使用动态二维数组,相关方法请参阅拓展学习。

拓展学习

C++ 建立动态二维数组

第7章　面向对象方法

导学

【主要内容】

面向对象方法就是从客观世界固有的事物出发,用人类在现实生活中常用的思维方法来认识、理解和描述客观事物,最终建立能够映射问题域的系统,系统中的对象以及对象之间的关系能够如实地反映问题域中固有事物以及事物之间的关系。面向对象方法已被广泛地应用于程序设计语言、形式定义、设计方法学、操作系统、分布式系统、人工智能、实时系统、数据库、人机接口、计算机体系结构以及并发工程、综合集成工程等领域。本章主要介绍面向对象方法的基本概念,以及用 C++ 语言实现面向对象程序设计的基本方法,包括类和对象的基本概念及声明方法、类的 public 和 private 成员的访问控制、类的构造函数和析构函数的定义和使用,以及类的静态成员和友元的概念和相关应用、类的非静态成员函数特有的 this 指针。本章还将介绍如何根据需要对 C++ 提供的运算符进行重载,使运算符可以直接对自定义类的对象进行操作等知识。

【重点】

- 掌握面向对象方法的基本思想。
- C++ 如何实现面向对象方法。
- C++ 中的类和对象。
- 构造函数、析构函数以及拷贝构造函数。
- 合理设置类成员的访问控制方式。
- 类的静态成员、友元以及类的非静态成员函数特有的 this 指针。
- 运算符重载。

【难点】

- 理解面向对象方法的基本思想。
- 运算符重载。

7.1　面向对象方法的基本概念

面向对象方法(Object-Oriented Method)是以认识论为基础,尽可能模拟人类习惯的思维方式,用对象来理解和分析问题空间,使开发软件的方法与过程尽可能接近人类认识世界、解决问题的思维方法与过程,使描述问题的问题空间与实现解法的解空间在结构上尽可能一致。面向对象方法的基本观点是:一切系统都是由对象构成的,它们相互作用、相互影响,构成了大千世界的各式各样的系统。面向对象的分析过程就是认识客观世界的过程。

面向对象的基本思想如下:

- 每个对象都扮演了系统中的一个角色,并为其他成员提供特定的服务或执行特定的行为。
- 在面向对象世界中,行为的启动是通过将"消息"传递给对此行为负责的对象来完成的,同时还要传递相关的信息(参数);而收到该消息的对象则会执行相应的"方法"来实现需求。
- 用类和对象表示现实世界,用消息和方法来模拟现实世界的核心思想。

面向对象方法是一种运用对象、类、继承、封装、聚合、关联、消息和多态性等概念来构造系统的软件开发方法。

1. 对象

对象是应用领域中有意义的、与所要解决的问题有关系的任何事物,它可以是具体的物理实体的抽象,也可以是人为的概念,或者是任何有明确边界和意义的东西。例如,有形的对象可以是一名老师、一名学生,无形对象可以是一门课程、一次考试。

对象是构成世界的一个独立单位,每一个对象具有自己的静态特征和动态特征。静态特征描述了对象的状态;动态特征描述了对象改变状态或提供服务的行为。

【例 7-1】　对象示例——圆。

圆 A 的圆心为(0,0),半径是 1;圆 B 的圆心为(2,2),半径是 12.5。圆 A 和圆 B 都能够重新设置圆心和半径,并能够计算出圆的面积。那么,圆心、半径就是圆 A 和圆 B 对象的静态特征,描述了该圆的状态。重新设置圆心、重新设置半径以及求圆的面积这些就是圆 A 和圆 B 对象的动态特征,能够改变圆的状态或提供计算圆面积的服务。

2. 类

分类是人类认识客观世界的基本方法,人类认识客观世界是把具有相同性质的对象抽象成类。例如,动物、植物、人类、鸟类等。

面向对象方法中的类描述了问题空间中一组有相同的属性(attribute)和方法(method)的对象,即**将对象的静态特征抽象成属性,将对象的动态特征抽象成方法**。例如,把所有教师抽象成教师类,把所有学生抽象成学生类等。

【例 7-2】　假设研究的问题空间是关于例 7-1 中的所有圆,那么用一个类来描述这些圆的共同属性和方法。类一般用一个类图这种图形工具来表示,它包括 3 栏,分别是类的名称、类的属性和类的方法。图 7-1 表示了圆类。

3. 实例

实例就是由某个特定的类所描述的一个具体的对象。例如，例 7-1 中的圆 A 和圆 B 都是例 7-2 中圆类的一个实例，还可以有很多实例。

当使用"对象"这个术语时，既可以指一个具体的对象，也可以泛指一般的对象；但当使用"实例"这个术语时，必然是指一个具体的对象。

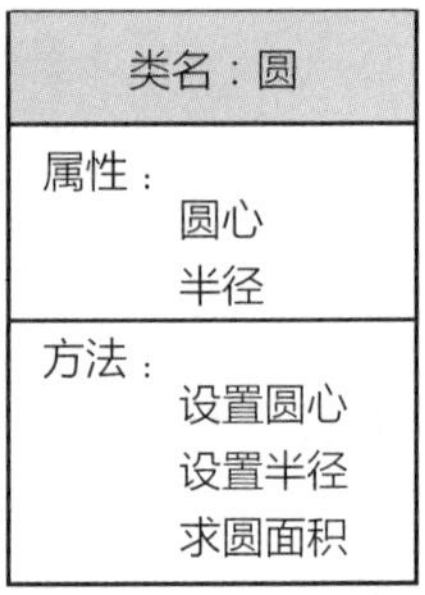

| 类名：圆 |
| 属性：
　圆心
　半径 |
| 方法：
　设置圆心
　设置半径
　求圆面积 |

图 7-1　圆类的类图

4. 消息

消息就是对象之间进行通信的机制。对象之间只能通过消息进行通信（不允许一个对象直接使用另一个对象的属性），以实现对象之间的动态联系。简单地说，消息就是向对象发出的操作请求，一个消息应由接收消息的对象、消息名、零个或多个变元以及返回值类型组成。一个对象需要另一个对象服务时，就向它发出请求服务的消息。

例如，圆 A 是圆类的对象，当要求它重新设置半径时，就需要向它发出"圆 A 将半径设置为 5.5"的消息。圆 A 接收到此消息，理解此消息后执行自己的"设置半径"的方法，完成将半径设置为 5.5 的任务。

5. 封装

封装就是将对象的属性和方法结合为一体，构成一个独立的实体，对外屏蔽其内部细节。对象具有封装性的条件如下：

（1）有一个清晰的边界。

（2）有确定的接口。这些接口就是对象可以接收的消息，只能通过向对象发送消息来使用它们。

（3）受保护的内部实现。实现对象功能的细节不能在定义该对象的类的范围外访问。

6. 继承

继承是子类（派生类）自动地共享父类（基类）中定义的属性和方法的机制。通过在不同程度上运用抽象的原则，可以得到较一般的类——父类，以及较特殊的类——子类，子类继承父类的属性和方法。面向对象方法支持对这种继承关系的描述和实现，从而简化系统的构造过程。

图 7-2 是类的继承层次结构示意图，图中的箭头表示类的继承关系。图 7-2 示意了继承的 3 种方式。

（1）单继承：一个子类仅有一个父类的继承。例如，子类汽车或轮船的父类是交通工具，子类卡车或小汽车的父类是汽车，小汽艇的父类是轮船等，这些继承关系都是单继承。

（2）多继承：一个子类有多于一个父类的继承。例如，子类水路两用车的父类有两个，分别是小汽车和小汽艇，所以是多继承关系。

（3）多重继承：继承具有传递性。例如，水路两用车的父类是小汽车，小汽车的父类是

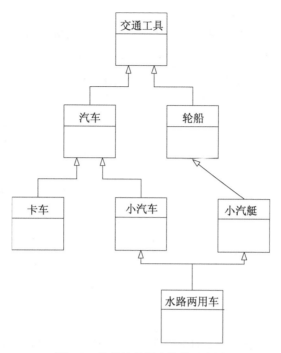

图 7-2　类的继承层次结构示意图

汽车,汽车的父类是交通工具,即交通工具的特性可以一代一代地传递到水路两用车。

7. 多态性

多态性是指在具有继承关系的类层次结构中可以定义同名的属性或方法,但不同层次的类却可以按照各自的需求来实现这个行为。简而言之,同一消息被不同的类层次的对象接收,可以产生不同的行为。

图 7-3 是多态性示意图。在类的层次结构中,爷爷、爸爸、儿子或女儿都有弹奏乐器的方法,但他们可以表现出不同的行为。当把弹奏乐器的消息传递给爷爷时,爷爷会弹奏钢琴;当把弹奏乐器的消息传递给爸爸时,爸爸会拉小提琴;当把弹奏乐器的消息传递给儿子时,儿子会吹萨克斯;当把弹奏乐器的消息传递给女儿时,女儿会弹吉他。

8. 聚合和组合

复杂的对象可以用简单的对象作为其组成部分。聚合是指一个对象是由多个对象聚集而成的,体现的是整体与部分之间拥有的关系,此时整体与部分之间是可以分离的,它们可以具有各自的生命周期,部分可以属于多个整体对象,也可以为多个整体对象共享。例如,一个车队对象是由多辆汽车对象聚合而成。组合是指一个对象是由其他对象组合而成的,同样体现整体与部分之间的关系,但此时整体与部分是不可分的,整体的生命周期结束也就意味着部分的生命周期结束。例如,一个汽车可

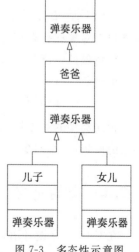

图 7-3　多态性示意图

以由发动机、车轮、车厢等组成,组合的特点是各组成部分被封装,不能独立存在。例如,汽车的发动机、车轮和车厢等对象(称为子对象)被封装在汽车对象里面,不能作为一个独立的对象存在。图 7-4 是车队由汽车聚合而成的示意图,图中的空心箭头表示聚合关系。图 7-5 是汽车由发动机对象、车轮对象和车厢组合的示意图,图中的实心箭头表示类之间的组合关系。

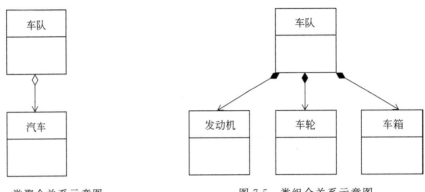

图 7-4 类聚合关系示意图   图 7-5 类组合关系示意图

面向对象方法除了要学习面向对象方法的基本概念,还要学习面向对象的分析和面向对象的设计的主要概念与操作过程,以及面向对象的程序设计方法。本书仅介绍用 C++ 语言实现面向对象程序设计的基本方法,更多关于面向对象的分析和面向对象的设计方法等内容,读者可以参考其他相关资料。

7.2　C++ 中的类和对象

在用 C++ 语言实现面向对象程序设计时,也使用了类与对象的概念,并通过下面的方法来模拟对象的状态和行为:

- 对象的状态是通过对象的属性数据来描述。
- 对象的行为是定义一个函数集,一个对象完成一个行为是通过该对象调用相应的函数来实现的。

相同类型的对象被抽象成一个共同的类。一个类是为相同类型的对象所定义的数据和函数的模板,一个对象是类的一个具体实例,一个类可以创建多个对象。

7.2.1　类的定义

在 C++ 程序设计语言中,一个类由变量和函数组成。

- 类中的变量用来描述对象的状态(属性),这些变量称为**数据成员**(或**成员数据**)。
- 类中的函数用来描述对象的方法(行为),这些函数称为**函数成员**(或**成员函数**)。

定义类的一般形式如下:

```
class <自定义类类型名>
{
    [public:]
        [<公有成员说明表>]
    [private:]
        [<私有成员说明表>]
    [protected:]
        [<保护成员说明表>]
};
```

其中,定义一个类的关键字为 class;public、private 和 protected 是类成员的访问控制方式,分别描述的是公有成员、私有成员和受保护成员。关于类成员的访问控制将在后面介绍。

【例 7-3】 用 C++ 中的类来模拟图 7-1 中的圆类。

问题求解思路:要用 C++ 语言模拟图 7-1 中圆类的类名、属性和方法。

① 类名:取名为 Circle。

② 属性:用变量 m_x 和 m_y 来描述"圆心"的 x 坐标和 y 坐标;用变量 m_radius 来描述"半径"。

③ 方法:用函数 void setCenter(double x,double y)来描述"设置圆心"的方法,通过函数的两个参数来设置圆心的 x 坐标和 y 坐标;用函数 void setRadius(double radius)来描述"设置半径"的方法,通过函数的 1 个参数来设置圆的半径;用函数 double getArea()来描述"求圆面积"的方法,函数的返回值即为圆的面积。

Circle 类的定义如下:

```
class Circle                         //定义 Circle 类
{
public:
    double m_x,m_y;                  //数据成员,描述对象的属性"圆心"
    double m_radius;                 //数据成员,描述对象的属性"半径"
    void setCenter(double x,double y) //成员函数,描述对象的行为"设置圆心"
    {
        m_x=x;
        m_y=y;
    }
    void setRadius(double radius)    //成员函数,描述对象的行为"设置半径"
    {
        m_radius=radius;
    }
    double getArea()                 //成员函数,描述对象的行为"求圆面积"
    {
        return 3.14 * m_radius * m_radius;
    }
};
```

图 7-6 是用 C++ 中的类实现图 7-1 中圆类的对应关系。

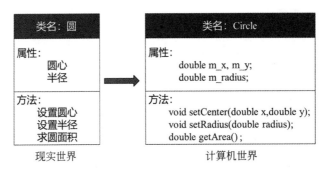

图 7-6　用 C++ 实现现实问题中的圆类

7.2.2　构造函数

对象就是类的一个变量,和其他变量一样,也可以在创建对象时为对象的数据成员赋初值。在 C++ 中,对象的初始化工作是由一个特殊的成员函数——**构造函数**来完成的,该函数在创建一个对象时被自动调用。设置构造函数的目的,主要是用来初始化对象的数据成员。构造函数可以重载,以满足对象多样性的初始化需要。

构造函数是一类特殊函数,其特点如下:

- 构造函数名必须与类名相同。
- 构造函数没有任何函数返回类型,void 也不行。
- 任意一个新的对象被创建时,编译系统都会自动调用构造函数,完成对该对象数据成员的初始化工作。
- 如果在类定义时没有给出构造函数,系统会自动提供一个默认的无参构造函数:

<类名>(){ }

【例 7-4】　在例 7-3 定义的 Circle 类中增加两个构造函数,分别能够实现下列两种情况下对圆对象的初始化工作:

(1) 圆的半径和圆心未知,将对象的圆心设置为默认值(0,0),将对象的半径设置为默认值 1。

(2) 用已知圆心和半径来初始化对象的数据成员。

```cpp
class Circle
{
public:
    ⋮

    Circle()          //无参构造函数,用默认值初始化对象的数据成员
    {
        m_x=0;
        m_y=0;
        m_radius=1;
    }
```

```
Circle(double x, double y, double radius)
                                    //有参构造函数,用参数来初始化对象的数据成员
{
    m_x=x;
    m_y=y;
    m_radius=radius;
}
⋮
};
```

说明:初学者经常分不清楚成员函数的形参和对象的数据成员。例如,在定义 setCenter(double x,double y)函数时,函数体中的两个**数据成员** m_x 和 m_y 分别通过**形参** x 和 y 被赋值。

7.2.3 对象的定义和对象的访问

定义对象的过程称为类的实例化,即由类产生一个具体的对象。在 C++ 中,类是一种用户自定义的数据类型,与基本数据类型一样,通过定义类的变量(即对象)才能用对象来解决实际问题。

1. 对象的定义

定义对象的一般形式如下:

类名 对象名表;

【例 7-5】 分别定义两个 Cicrle 对象,对象 circleA 的数据成员为默认值,对象 circleB 的圆心为(2,2),半径为 12.5。

```
Circle circleA, circleB(2, 2, 12.5);        //定义两个 Circle 类对象
```

在创建对象 circleA 时,编译器会自动调用 Circle 类中的无参构造函数 Circle()将 circleA 的数据成员 m_x、m_y 和 m_radius 分别初始化为 0、0 和 1。在创建对象 circleB 时,编译器会自动调用 Circle 类中的有参构造函数 Circle(double x,double y,double radius)将 circleB 的数据成员 m_x、m_y 和 m_radius 分别初始化为 2、2 和 12.5。

2. 对象的访问

一个对象创建以后,访问它的数据成员和调用它的成员函数,可通过对象名和对象成员访问运算符".",或者对象指针和箭头成员访问运算符"->"两种方式完成。

访问对象数据成员的一般形式如下:

<对象名>.数据成员名

或

<指向对象的指针名>->数据成员名

调用对象成员函数的一般形式如下:

<对象名>.成员函数名([实参])

或

<指向对象的指针名>->成员函数名([实参])

在 C++ 语言中,面向对象方法中的消息机制是通过对象或指向对象的指针调用成员函数来实现的。

【**例 7-6**】 向例 7-5 中对象 circleB 发出消息,让它将圆心调整为(3,3),半径调整为5.6。

```
circleB.setCenter(3,3);
circleB.setRadius(5.6);
```

语句"circleB. setCenter(3,3);"是向对象 circleB 发出调整圆心的消息,对象 circleB 理解此消息后执行自己的"设置圆心"的方法(即调用成员函数 setCenter),完成将圆心设置为(3,3)的任务。

语句"circleB. setRadius(5.6);"是向对象 circleB 发出调整半径的消息,对象 circleB 理解此消息后执行自己的"设置半径"的方法(即调用成员函数 setRadius),完成将半径设置为5.6 的任务。

【**例 7-7**】 编写一个完整的程序,完成对圆类的定义、对象的定义以及对对象成员的访问。

```
#include<iostream>
using namespace std;
//定义圆类
class Circle
{
public:
    double m_x,m_y;                          //数据成员,描述对象的属性"圆心"
    double m_radius;                         //数据成员,描述对象的属性"半径"
    Circle()                                 //无参构造函数
    {
        m_x=0;
        m_y=0;
        m_radius=1;
    }
    Circle(double x, double y, double radius)    //有参构造函数
    {
        m_x=x;
        m_y=y;
        m_radius=radius;
    }
    void setCenter(double x,double y)        //成员函数,描述对象的行为"设置圆心"
    {
```

```
        m_x=x;

        m_y=y;

    }

    void setRadius(double radius)                    //成员函数,描述对象的行为"设置半径"

    {

        m_radius=radius;

    }


    double getArea()                                 //成员函数,描述对象的行为"求圆面积"

    {

        return 3.14 * m_radius * m_radius;

    }

};

int main()

{

    Circle circleA, circleB(2,2,12.5);               //定义两个 Circle 类对象

    Circle * pCircle=&circleB;                       //定义 circle 类的指针,它指向 circleB 对象

    //访问对象的数据成员

    cout<<"圆 A 的圆心为: ("<<circleA.m_x<<','<<circleA.m_y<<')'<<endl;

    cout<<"圆 A 的半径为: "<<circleA.m_radius<<endl;

    //访问对象的成员函数

    cout<<"圆 A 的面积为: "<<circleA.getArea()<<endl;

    //使用指针访问数据成员

    cout<<"圆 B 的圆心为: ("<<pCircle->m_x<<','<<pCircle->m_y<<')'<<endl;

    cout<<"圆 B 的半径为: "<<pCircle->m_radius<<endl;

    //使用指针访问成员函数

    cout<<"圆 B 的面积为: "<<pCircle->getArea()<<endl;

    //外界直接访问对象的数据成员调整对象属性值

    circleA.m_x=5;                                   //调整 circleA 圆心的 x 坐标

    circleA.m_y=10;                                  //调整 circleA 圆心的 y 坐标

    circleA.m_radius=5.5;                            //调整 circleA 的半径

    //向对象发出消息调整由对象自己调整自己的属性值

    circleB.setCenter(3,3);                          //调整 circleB 的圆心

    circleB.setRadius(5.6);                          //调整 circleB 的半径

    cout<<"圆 A 的圆心为: ("<<circleA.m_x<<','<<circleA.m_y<<')'<<endl;

    cout<<"圆 A 的半径为: "<<circleA.m_radius<<endl;

    cout<<"圆 A 的面积为: "<<circleA.getArea()<<endl;

    cout<<"圆 B 的圆心为: ("<<pCircle->m_x<<','<<pCircle->m_y<<')'<<endl;

    cout<<"圆 B 的半径为: "<<pCircle->m_radius<<endl;

    cout<<"圆 B 的面积为: "<<pCircle->getArea()<<endl;

    return 0;

}
```

说明：在创建新对象时,构造函数由系统自动调用。如果一个对象已经被创建,再使用该对象显式调用构造函数则非法。例如:

```
Circle circleC(3.4, 4.5, 45.67);
circleC.Circle(5.5, 3.2, 12.75);          //显式调用构造函数非法
```

7.3 类成员的访问控制

C++ 是通过 3 个关键字 public(公有)、private(私有)和 protected(保护)来指定类成员的访问限制的。关键字 public、private 和 protected 称为访问限定符。类成员的访问控制实现了类的封装性。

(1) 公有成员：在 public(公有)区域内声明的成员是公有成员。公有成员在程序的任何地方都可以被访问。一般将公有成员限制在成员函数上，使其作为类与外界的接口，程序通过这种函数来操作该类的对象。

(2) 私有成员：在 private(私有)区域内声明的成员是私有成员。私有成员只能被该类的成员函数或该类的友元访问。一般将类的数据成员和不希望外界知道其实现细节的成员函数声明为 private，程序必须通过类的公有成员函数才能间接地访问类的私有成员，从而实现对类成员的封装。

(3) 保护成员：在 protected(保护)区域内声明的成员是被保护的成员。被声明为 protected(保护)访问级别的数据成员或成员函数只能在该类的内部或其派生类类体中使用。这部分内容将在继承与派生部分中详细介绍。

说明：
◆ 类中可以出现多个访问说明符，每个访问说明符可以出现多次，不同的访问说明符出现的顺序没有限制。
◆ 一般情况下，将类的 public 成员放在前面，private 成员放在尾部。从一个访问控制符开始，它下面的所有成员数据和成员函数都被定义为该说明符所指定的访问级别，直到另一个访问说明符出现为止。
◆ 如果没有指明是哪种访问类型，C++ 编译系统默认为私有(private)成员。

设置类成员访问控制类型要考虑以下问题：
■ 公有成员函数面对的是类的用户，定义了类的使用者操作类的方法，所以公有成员是类提供给外界的接口，体现类具有的基本功能。
■ 一些数据成员和成员函数对类内部的处理来说是必需的，但对于类的使用者却不是必需的，这部分成员应该声明为私有成员。
■ 私有成员不可在类外直接访问。

【例 7-8】 合理设置圆类的各成员的访问控制方式。

问题求解思路：圆类中的数据成员一般设置为私有成员，在内部对其进行维护。所以，将圆类描述圆属性的数据成员 m_x、m_y 和 m_radius 设置成私有成员，类外不能直接访问对象的数据成员。将成员函数 setCenter(double x, double y)、setRadius(double radius) 和 getArea() 设置为公有成员，作为类对外的接口。由于类外还需要得到圆的圆心和半径的信息，因此，还需要在类中再提供 getX()、getY() 和 getRadius() 3 个接口。外界可以通过 6 个接口向对象发出消息，实现对圆属性的调整、求圆的面积以及获取圆的属性信息等操作。

```
#include<iostream>
using namespace std;
//定义圆类
class Circle
{
public:
    Circle()                              //无参构造函数
    {
        m_x=0;
        m_y=0;
        m_radius=1;
    }
    Circle(double x, double y, double radius)       //有参构造函数
    {
        m_x=x;
        m_y=y;
        m_radius=radius;
    }
    void setCenter(double x,double y)   //成员函数,描述对象的行为"设置圆心"
    {
        m_x=x;
        m_y=y;
    }
    void setRadius(double radius)        //成员函数,描述对象的行为"设置半径"
    {
        m_radius=radius;
    }

    double getX()                         //成员函数,描述对象的行为"获取圆心"的 x 坐标
    {
        return m_x;
    }

    double getY()                         //成员函数,描述对象的行为"获取圆心"的 y 坐标
    {
        return m_y;
    }
    double getRadius()                    //成员函数,描述对象的行为"获取半径"
    {
        return m_radius;
    }
    double getArea()                      //成员函数,描述对象的行为"求圆面积"
    {
        return 3.14 * m_radius * m_radius;
    }
```

```
private:
    double m_x,m_y;                          //数据成员,描述对象的属性"圆心"
    double m_radius;                         //数据成员,描述对象的属性"半径"
};
int main()
{
    Circle circleA;
    circleA.setCenter(5,5);                  //设置 circleA 的圆心
    circleA.setRadius(15.75);                //设置 circleA 的半径
    cout<<"圆 A 的圆心为: ("<<circleA.getX()<<','<<circleA.getY()<<')'
        <<endl;
    cout<<"圆 A 的半径为: "<<circleA.getRadius()<<endl;
    cout<<"圆 A 的面积为: "<<circleA.getArea()<<endl;
    return 0;
}
```

对于 Circle 类的使用者,即定义并使用对象的程序员,只通过类提供给外界的接口(公有成员函数 setCenter、setRadius、getX、getY 和 getRadius)对对象进行操作。只要接口不变,无论类内部的实现如何变化,类使用者都不需要修改自己的代码,这就是"对用户透明"。

为了进一步理解公有成员和私有成员的区别,如果将例 7-8 中的主程序代码修改如下:

```
int main()
{
    Circle circleA;
    circleA.m_x=5;
    circleA.m_y=5;
    circleA.m_radius=15.75;
    cout<<"圆 A 的面积为: "<<circleA.getArea()<<endl;
    return0;
}
```

此时由于在类外访问了对象的私有成员 m_x、m_y 和 m_radius,破坏了封装性,编译时会报如下错误:

```
error C2248:"Circle::m_x": 无法访问 private 成员 (在"Circle"中声明)
error C2248:"Circle::m_y": 无法访问 private 成员 (在"Circle"中声明)
error C2248:"Circle::m_radius": 无法访问 private 成员 (在"Circle"中声明)
```

7.4 析 构 函 数

在对象的生存期结束时,有时也需要执行一些操作。这部分工作可以放在析构函数中。析构函数是一个特殊的由用户定义的公有成员函数,析构函数具有如下特征:
- 析构函数名为:

~<类名>

- 析构函数无任何函数返回类型说明。
- 析构函数无参数,所以不能被重载。
- 如果在类声明中没有给出析构函数,系统会自动给出一个默认的析构函数:

~<类名>(){}

- 当对象的生命周期结束以及用 delete 释放动态对象时,系统自动调用析构函数完成对象撤销前的处理。

【**例 7-9**】 定义一个整数数组 IntArray 类。要求根据需要确定数组的规模,默认数组的规模为 10 个元素,可显示数组的规模信息。

类设计思路:将整数数组类定义为动态数组,即数组的规模可动态变化。因此,用两个数据成员来描述一个整数数组的属性:一是用 int * m_ ptr 来记录数组的开始地址;二是用 m_size 来描述数组的规模。定义一个成员函数 infoOfArray() 显示数组的信息。按照"根据需要确定数组的规模,默认数组的规模为 10 个元素"的要求,可为整型数组类 IntArray 设计两个构造函数,有参的构造函数 IntArray(int sz) 可通过参数来为数组的规模进行初始化,并动态地为数组申请相应的内存空间;无参的构造函数 IntArray() 可在不知道数组规模的情况下,将数组的规模初始化为 10 个元素,并动态地为数组申请 10 个内存空间。

类的设计者要清楚地知道,无论是哪一个构造函数,都在初始化对象时额外地申请了数组空间,而这部分数组空间不会随着对象的撤销而自动被收回,这样就会发生内存泄露。因此,需要将收回这些额外空间的工作放在析构函数~IntArray()中。

下面是 IntArray 类的定义。

```
class IntArray
{
public:
    IntArray(int sz)                //有参构造函数
    {
        m_size=sz;
        m_ptr=new int[sz];          //动态分配数组的内存空间
    }
    IntArray()                      //无参构造函数
    {
        m_size=10;
        m_ptr=new int[m_size];      //动态分配数组的内存空间
    }
    void displayArraySize()         //显示数组信息
    {
        cout<<"The size of this array is: "<<m_size<<endl;
    }
    ~IntArray()                     //析构函数
    {
```

```
        cout<<"Destructing Array with size "<<m_size<<endl;
        delete[]m_ptr;                    //收回额外空间
    }
private:
    int m_size;
    int * m_ptr;
};
```

说明：析构函数的功能不仅仅局限于释放资源上。从更广泛的意义上来讲，类设计者可以利用析构函数来执行最后一次使用类对象后所做的任何操作。

📊 7.5 拷贝构造函数

C++中除普通的构造函数外，还有一类特殊的构造函数——拷贝构造函数。拷贝构造函数的作用是用一个已经存在的对象来初始化一个正在创建的新对象。拷贝构造函数有如下特征：

■ 拷贝构造函数名与类名相同，形参只有一个，是对象的引用，所以不能重载拷贝构造函数。拷贝构造函数的原型如下：

<类名>(<类名>& 对象名)；

■ 拷贝构造函数无任何函数返回类型说明。

■ 如果在类声明中没有给出拷贝构造函数，系统会自动给出一个默认的拷贝构造函数，该拷贝构造函数只进行对象数据成员间的对位复制，即所谓的"**浅拷贝**"。

■ 在某些情况下，用户必须在类定义中给出一个拷贝构造函数，以实现用户指定的用一个对象初始化另一个对象的功能，即所谓的"**深拷贝**"。

在以下3种情况下，系统会自动调用拷贝构造函数：

① 当使用下面的声明语句用一个已存在的对象初始化一个新对象时，系统会自动调用拷贝构造函数：

<类名><新对象名>(<已存在对象名>)；

或

<类名><新对象名>=<已存在对象名>；

② 对象作为实参，在函数调用开始进行实参和形参结合时，会自动调用拷贝构造函数，完成由已知的实参对象初始化形参新对象的功能。

③ 如果函数的返回值是类的对象，在函数调用完成返回时，系统自动调用拷贝构造函数，用return后面的已知对象来初始化一个临时新对象。所创建的临时对象只在外部表达式范围内有效，表达式结束时，系统将自动调用析构函数撤销该临时对象。

【例7-10】 对于例7-9设计的类，如果在主函数中需要用一个已知的IntArray类对象来初始化一个新的IntArray类对象，直接用系统提供的默认拷贝构造函数，则会出现问题。

```
int main()
{
    IntArray x(20);
    IntArray y(x);                  //用已存在对象 x 初始化新建对象 y
    x.displayArraySize();
    y.displayArraySize();
    return 0;
}
```

程序运行出现的错误信息如图 7-7 所示。

图 7-7　例 7-10 程序运行时错误信息

　　程序出错的原因就是由于默认的拷贝构造函数只进行了"浅拷贝"。程序中对象 y 是通过调用系统提供的默认拷贝构造函数,将对象 x 的数据成员对位赋值给对象 y 的数据成员。也就是说,执行完拷贝构造函数后,对象 y 的数据成员与对象 x 对应的数据成员的值完全相同。此时,对象 x 和 y 的数据成员 m_ptr 都指向了同一块内存区域,即创建对象 x 时构造函数中"m_ptr＝new int[20];"语句动态申请的数组空间。图 7-8(a)是调用默认构造函数进行了浅拷贝后,对象 x 和对象 y 的数据成员取值示意图。

　　在主函数执行完成后,x 和 y 的生命周期结束,分别调用析构函数按照先 y 后 x 的顺序撤销掉两个对象。在 y 调用析构函数时,语句"delete []m_ptr"将它的数据成员 m_ptr 所指向的内存区域释放。当 x 调用析构函数时,由于它的数据成员 m_ptr 所指向的内存区域已经被 y 释放掉了,想要再次释放这个区域,程序便出现了运行错误。

　　在这种情况下,需要类设计者定义自己的拷贝构造函数,使得由一个对象初始化后的新对象也具有自己独立的动态数组空间。下面是 IntArray 类的拷贝构造函数的定义。

```
classIntArray
{
public:
    ⋮
    IntArray(IntArray &x)                //拷贝构造函数
    {
        m_size=x.m_size;
        m_ptr=new int[m_size];           //为新的对象申请新的空间
    }
    ⋮
private:
    int m_size;
```

```
    int * m_ptr;
};
```

图 7-8(b)是调用用户自定义的构造函数进行了深拷贝后,对象 x 和对象 y 的数据成员取值示意图。

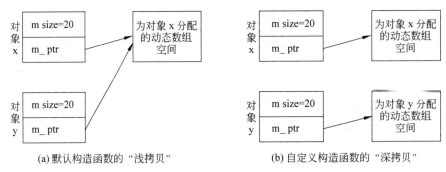

(a)默认构造函数的"浅拷贝"　　　　　　　(b)自定义构造函数的"深拷贝"

图 7-8　对象 x 和对象 y 的数据成员取值示意图

说明:在同一作用域,创建的对象顺序与撤销对象的顺序相反。如例 7-10 中的对象 x 和 y,从运行结果可以看出,对象 x 先于对象 y 被创建,但对象 x 却晚于对象 y 被析构。

🖥 7.6　类声明与实现的分离

前面的程序都是将定义类和使用类的主函数放在一个文件中。实际上,为了实现类的复用,一般将类声明在一个独立的头文件中。C++ 允许将类的声明和实现分离。类的声明描述了类的结构,包括类的所有数据成员、函数成员和友元。类的实现定义了成员函数的具体功能。类的声明和实现放在两个不同的文件中,这两个文件具有相同的文件名、不同的扩展名。类声明文件的扩展名为.h,类实现文件的扩展名为.cpp。

在类的实现文件中,成员函数的定义形式如下:

<函数类型> <类名>::<函数名>(<形参数表>)

{

　　函数体

}

其中,::是作用域运算符,表示所定义的函数属于哪个类。

【**例 7-11**】　IntArray 类的声明和实现的分离。

```
//头文件(IntArray.h),进行 IntArray 类的声明
classIntArray
{
public:
    IntArray(int);              //有参构造函数
    IntArray();                 //无参构造函数
    IntArray(IntArray &);       //拷贝构造函数
```

```
        void infoOfArray();                    //显示数组信息
        ~IntArray();                           //析构函数
private:
    int m_size;
    int * m_ptr;
};
//源文件(IntArray.cpp),进行 IntArray 类中成员函数的实现
#include"IntArray.h"                           //包含关于 IntArray 类声明的头文件
#include<iostream>
using namespace std;
IntArray::IntArray(int sz)                     //有参构造函数
{
    m_size=sz;
    m_ptr=new int[sz];                         //动态分配空间数组的内存空间
}
IntArray::IntArray()                           //无参构造函数
{
    m_size=10;
    m_ptr=new int[m_size];                     //动态分配数组的内存空间
}
IntArray::IntArray(IntArray &x)                //拷贝构造函数
{
    m_size=x.m_size;
    m_ptr=new int[m_size];                     //为新的对象申请新的空间
}
voidIntArray::infoOfArray()                    //显示数组信息
{
    cout<<"The size of this array is: "<<m_size<<endl;
}
IntArray::~IntArray()                          //析构函数
{
    cout<<"Destructing Array with size "<<m_size<<endl;
    delete []m_ptr;                            //收回额外空间
}
```

【例 7-12】 类的声明和实现分离的程序设计。

下面是将 IntArray 类的声明和实现分别放在不同的文件中,程序如果要使用 IntArray
类,只需将声明该类的头文件包含在程序中。

```
#include<iostream>
#include"IntArray.h"                           //包含声明 IntArray 类的头文件
using namespace std;
int main()
{
    IntArray x(20),y(x);
    x.infoOfArray();
```

```
    y.infoOfArray();
    return 0;
}
```

7.7 类的静态成员

在类的成员前如果加上关键字 static 修饰的成员就是类的静态成员。类的静态成员包括静态数据成员和静态成员函数。类的静态成员的特点是：

- 静态成员属于类,不属于任何对象。
- 静态成员函数没有 this 指针。因此,静态成员函数不能访问一般的数据成员,它只能访问静态数据成员,也只能调用其他的静态成员函数。
- 无论对象是否存在,类的一个静态数据成员都只有一个,存于公用内存中,可被该类的所有对象共享。

7.7.1 静态数据成员

1. 静态数据成员的声明

在类定义中的数据成员声明前加上关键字 static,就使该数据成员成为静态数据成员。静态数据成员可以是 public(公有)、private(私有)或 protected(保护)。

【例 7-13】 在声明的 Circle 类中,增加 m_totalNumber 数据成员,用来描述当前圆对象的数量。

问题求解思路:由于圆对象数量这个属性属于圆类,但又不属于任何一个圆对象,因此,将其声明为静态数据成员。同时,为了实现封装,将其声明为私有成员。

```cpp
//circle.h
#ifndef CIRCLE
#define CIRCLE
class Circle                        //声明圆类
{
public:
    Circle();
        ⋮
private:
    double m_x,m_y;                 //描述对象的圆心
    double m_radius;                //描述对象的半径
    static int m_totalNumber;       //静态成员描述对象总数
};
#endif
```

说明:如果 m_totalNumber 不被声明为静态数据成员,意味着每个对象都不得不维护自己的 m_totalNumber 成员。如果增加或减少一个对象,每个对象都要更新自己的 m_ totalNumber,这样处理效率低下并增加了出错可能。

2. 静态数据成员的定义

在创建对象时,会为对象的数据成员分配内存空间。但是,由于静态数据成员不属于任何对象,所以在创建对象时不会为该类的静态数据成员分配存储空间。所以,类设计者需要在类外对该类的静态数据成员进行定义,以获得内存空间。静态数据成员的定义形式如下:

<类型> <类名>::<静态数据成员名>[=<初值>];

例如,上面的静态数据成员 m_totalNumber 的定义如下:

```
int Circle::m_totalNumber=0;
```

与前面的非静态成员函数在类外定义一样,静态数据成员的名字必须通过作用域运算符“::”被其类名限定修饰。

说明:

◆ 程序中,对静态数据成员的声明在类内进行,对一个静态数据成员的定义和初始化必须在类外进行,且只能出现一次。

◆ 静态数据成员定义时前面不要加关键字 static。

◆ 在多文件结构中,静态数据成员定义和初始化最恰当的地方是将它放在类的实现文件中。

3. 静态数据成员的访问

类的公有静态数据成员的一般访问形式如下:

<类名>::<静态数据成员名>

也可以是:

<对象名>.<静态数据成员名>

或

<对象指针>-><静态数据成员名>

后两种访问方式中的“对象名”或“对象指针”只起到类名的作用,与具体对象无关。

例如,设 c 是 Circle 类的一个对象,ps 是指向对象 c 的指针变量。如果 Circle 类中的静态数据成员 m_totalNumber 被声明为公有成员,要输出 Circle 类中的静态数据成员 totalNumber 的值,可以用下面的语句:

```
cout<<Circle::m_totalNumber;
```

或

```
cout<<c.m_totalNumber;
```

或

```
cout<<ps->m_totalNumber;
```

但是,由于 Circle 类中的静态数据成员 m_totalNumber 被声明为私有成员,所以就不能用上面的方法直接访问该静态数据成员了,而需要使用类提供的公有静态成员函数来间接地访问静态数据成员。

7.7.2 静态成员函数

如果类的成员函数声明时被 static 修饰,它就是静态成员函数。类的公有静态成员函数的一般访问形式如下:

<类名>::<静态成员函数名>([实参])

也可以是:

<对象名>.<静态成员函数名>([实参])

或

<对象指针>-><静态成员函数名>([实参])

【例 7-14】 为 Circle 类外提供一个访问私有静态数据成员 m_totalNumber 的接口,并实现 Circle 类中各成员函数的定义及静态数据成员的定义。

问题求解思路:

① 通过静态成员函数访问私有的静态数据成员。因此,声明一个静态成员函数:

```
int getTotalNumber();
```

② m_totalNumber 成员是用来存放当前存在的圆对象的数量的,因此,需要在构造函数中增加一个对象数量,在析构函数中减少一个对象的数量。

```
//头文件(circle.h),进行 Cirlce 类的声明
#ifndef CIRCLE
#define CIRCLE
class Circle                                    //声明圆类
{
public:
    Circle();                                   //无参构造函数
    Circle(double x, double y, double radius);  //有参构造函数
     ⋮
    static int getTotalNumber();                //静态成员函数
    ~Circle();                                  //析构函数
private:
    double m_x,m_y;                             //描述对象的圆心
    double m_radius;                            //描述对象的半径
    static int m_totalNumber;                   //静态成员描述对象总数
};
#endif
//源文件(circle.cpp),进行 Circle 类中成员函数的实现
#include<iostream>
```

```
#include "circle.h"                              //包含关于 Circle 类声明的头文件
using namespace std;
Circle::Circle()                                 //无参构造函数
{
    m_x=0; m_y=0; m_radius=1;
    m_totalNumber++;                             //增加一个对象时,当前对象数量+1
}
Circle::Circle(double x, double y, double radius) //有参构造函数
{
    m_x=x;
    m_y=y;
    m_radius=radius;
    m_totalNumber++;                             //增加一个对象时,当前对象数量+1
}
int  Circle::getTotalNumber()                    //静态成员函数
{
    return m_totalNumber;
}
Circle::~Circle()                                //析构函数
{
    m_totalNumber--;                             //撤销一个对象时,当前对象数量-1
}
int Circle::m_totalNumber=0;                     //定义静态数据成员
```

【例 7-15】 编写程序,对 Circle 类进行测试。

```
//源文件(testCircle.cpp),使用 Circle 类
#include<iostream>
#include "circle.h"                              //包含关于 Circle 类声明的头文件
using namespace std;
int main()
{
    Circle circleA, circleB(2,2,12.5);           //两个对象,m_totalNumber=2
    Circle * p=new Circle(2,2,3.4);              //一个动态对象,m_totalNumber=3
    ⋮
    cout<<"当前圆对象的数量为: "
        <<p->getTotalNumber()<<endl;            //当前圆对象的数量为: 3
    delete p;                                     //释放掉动态对象
    cout<<"当前圆对象的数量为: "
        <<Circle::getTotalNumber()<<endl;       //当前圆对象的数量为: 2
    cout<<"当前圆对象的数量为: "
        <<circleA.getTotalNumber()<<endl;       //当前圆对象的数量为: 2
    return 0;
}
```

📊 7.8 类的常量成员

7.8.1 常量数据成员

类的常量数据成员是被声明为 const 类型的数据成员。常量数据成员与一般的符号常量不同,在声明时不能被赋值,只能在定义对象时通过构造函数的成员初始化列表的方式来获得初值,而且一旦一个对象被创建,其常量数据成员的值就不许再被修改。

例如:

```
class A
{
private:
    const int a;              //私有常量数据成员
    ⋮
public:
    A(int x,int y,int z): a(x),b(y)
    {
        //a=x;
        //b=y;
        c=z;
    }
    const int b;              //公有常量数据成员
    int c;
    ⋮
}
```

在类外定义 A 类对象时,需要如下语句:

```
A obj(10,20,30);
```

obj.a 和 obj.b 的值分别是 10 和 20,而且不允许改变;由于 obj.b 是公共成员,可以在类外被访问;obj.c 的值被初始化为 30,由于它是公共成员但不是常量数据成员,所以可以在类外被访问和被修改。

7.8.2 常量成员函数

类的常量成员函数是被声明为 const 类型的成员函数。常量成员函数只有权读取对象的数据成员,但无权修改对象数据成员的值。

类的常量成员函数的声明形式如下:

<类型说明符> <函数名>(<参数表>) const;

修饰符 const 要放在函数声明的尾部。在类外定义函数时,也要加上 const 关键字。

例如:

```
class B
{
public:
    int ReadA() const
    {
        return a;
    }
    void WriteA(int x)
    {
        a=x;
    }
    ⋮
private:
    int a;
    ⋮
};
```

如果将上面的成员函数 WriteA 也声明为如下常量成员函数:

```
void WriteA(int x) const
{
    a=x;
}
```

由于 WriteA 函数内部对类的数据成员 a 进行了修改,所以,编译器在检查时就会报错。

　　说明:当成员函数的函数体较大、比较复杂且不需要修改数据成员的值时,通常将其定义为常量成员函数,让系统帮助避免该函数对对象数据成员的修改。

7.9　this 指针

　　类中一个成员函数的代码只有一个,那为什么每个对象通过调用类中一个非静态成员函数就能够处理自己的数据呢? 这是由于类的非静态成员函数含有一个指向被对象的指针,这个指针就是 this 指针。this 指针是一个隐含于非静态成员函数中的特殊指针,是非静态成员函数中一个类指针类型的形参。当一个对象调用非静态成员函数时,该函数的 this 指针就指向了这个对象。

　　一般情况下,this 指针隐式使用即可。但某些情况下需要显式使用,下面是需要显式使用 this 指针的两种情况:

　　(1)非静态成员函数的形参数名与数据成员名相同时,需要显式使用 this 指针来明确标识哪一个是对象的数据成员。

　　(2)非静态成员函数返回的是对象本身或对象地址时,需要使用 this 指针,即直接使用"return * this;"或"return this;"。

【例 7-16】 下面是 Point 类的定义,构造函数 Point(float x,float y)的形参与 Point 类的数据成员同名,此时需要使用 this 指针。

```
class Point
{
public:
    Point()
    {
        x=0,y=0;                    //无须通过 this 指针标识数据成员
    }
    Point(float x,float y)
    {
        this->x=x,this->y=y;    //用 this 指针来标识哪个是数据成员
    }
    ⋮
private:
    float x,y;
};
```

【例 7-17】 下面是 Point 类的定义,成员函数 Point& GetObj()返回的是对象的引用,成员函数 Point * GetObjAdd()返回的是对象的地址,此时需要使用 this 指针。

```
class Point
{
public:
    ⋮
    Point& GetObj()
    {   ⋮
        return * this;              //通过 this 指针返回对象
    }
        Point * GetObjAdd()
    {   ⋮
    return this;                //通过 this 指针返回对象的地址
    }
private:
    float x,y;
};
```

说明:非静态成员函数既可以访问静态数据成员,也可以访问非静态数据成员。但是,静态成员函数只能访问静态数据成员,而不能直接访问对象的非静态数据成员,这是由于静态成员函数没有 this 指针,所以不能访问 this 指针指向的对象的非静态数据成员。

7.10 类 的 友 元

类成员访问控制方式使得普通函数无法直接访问类的私有成员或保护成员,一个类中的函数也无法直接访问另一个类的私有成员或保护成员。在程序中,如果普通函数或另一

个类中的函数需要经常通过类提供的公有接口来间接地访问类的私有成员或保护成员,为了提高程序的运行效率,可以将普通函数声明为类的朋友——友元,它们就可以直接访问类的任何成员了。友元提供了一个一般函数与类的成员之间、不同类的成员之间进行数据共享的机制。

友元可以分为友元函数、友元成员和友类 3 种,用 friend 关键字来声明。

1. 友元函数

将一个普通函数声明为类的友元函数的形式如下:

friend <数据类型> <友元函数名>(参数表);

【例 7-18】　下面是将普通函数"int fun(int x);"声明为 A 类的友元函数。声明后,该普通函数有权访问 A 类对象中的任何成员,包括私有成员和保护成员。

```
class A
{
    ⋮
    friend int fun(int x);          //声明普通函数为友元函数
    ⋮
};
```

2. 友元成员

将一个类的成员函数声明为另一个类的友元函数,就称这个成员函数是友元成员。声明友元成员的形式如下:

friend <类型> <含有友元成员的类名>::<友元成员名>(参数表);

【例 7-19】　下面是将 A 类中的成员函数声明为 B 类的友元函数。声明后,A 类的成员函数"int fun(int x);"有权访问 B 类中的任何成员,包括私有成员和保护成员。

```
class A
{
    ⋮
    int fun(int x);
    ⋮
};
class B
{
    ⋮
friend int A::fun(int x);            //声明友元成员
    ⋮
};
```

3. 友类

将一个类声明为另一个类的友类的语法形式如下:

friend <友类名>;

或

friend class <友类名>;

【例 7-20】 下面是将 A 类声明为 B 类的友类。声明后，A 类的任何成员函数都有权访问 B 类中的任何成员，包括私有成员和保护成员。

```
class B
{
    ⋮
    friend class A;
    ⋮
};
```

说明：友元的说明和使用具有单向性和非传递性。

◆ 单向性：如果类 A 是类 B 的友类，不意味着类 B 也是类 A 的友类。

◆ 非传递性：如果类 A 是类 B 的友类，类 B 是类 C 的友类，不意味着类 A 也是类 C 的友类。

【例 7-21】 下面的代码中，有学生类、教师类和管理员类。将普通函数 getStudentInfo() 声明为学生类的友元函数，可以直接访问学生类的私有成员。由于教师可以修改学生的成绩，于是将教师类的成员函数 SetScore() 声明为学生类的友元。管理员类对学生类具有更多的操作权限，所以将管理员类声明为学生类的友类。

```
//头文件(DefineClass.h),声明类
class Student;                          //类声明
void getStudentInfo(Student& s);        //函数声明
class Teacher
{
public:
    void SetScore(Student& s,double sc);
private:
    long m_number;
    char m_name[10];
};
class Manager
{
public:
    void ModifyStudentInfo(Student& s, long , char * , double);
private:
    long m_number;
    char m_name[10];
};
class Student
{
```

```cpp
public:
    friend void getStudentInfo(Student& s);                        //声明友元函数
    friend void Teacher::SetScore(Student& s,double sc);           //声明友元成员
    friend class Manager;                                          //声明友类
    double GetScore()
    {
        return m_score;
    }
private:
    long m_number;
    char m_name[10];
    double m_score;
};
```

//源文件(DefineClass.cpp),实现类

```cpp
#include "DefineClass.h"
#include<string>
#include<iostream>
using namespace std;
void Teacher::SetScore(Student& s,double sc)
{
    s.m_score=sc;                //可以直接访问学生对象 s 的私有成员 m_score
}
void Manager:: ModifyStudentInfo(Student& s, long number, char * name, double sc)
{
    s.m_number=number;          //可以直接访问学生对象 s 的私有成员 m_number
    strcpy(s.m_name,name);      //可以直接访问学生对象 s 的私有成员 m_name
    s.m_score=sc;               //可以直接访问学生对象 s 的私有成员 m_score
}
void getStudentInfo(Student& s)
{
    //直接访问学生对象 s 的私有成员 m_number、m_name 和 m_score
    cout <<"学号:"<<s.m_number
        <<"姓名:"<<s.m_name
        <<"成绩:"<<s.m_score
        <<endl;
}
```

//源文件(testFriendMember.cpp),使用类

```cpp
#include<iostream>
#include "DefineClass.h"
using namespace std;
int main()
{
    Teacher t;
    Manager m;
    Student s;
```

```
        t.SetScore(s,85.5);
        m.ModifyStudentInfo(s,1201201,"周海洋",95);
        getStudentInfo(s);
        return 0;
}
```

说明：

◆ 利用友元可以提高程序的运行效率,但破坏了类的封装性。

◆ 友元还有另外一个作用,就是方便运算符的重载。关于运算符重载请参阅 7.12 节。

7.11 类的对象成员

一个 C++ 程序中可能会涉及许多类和对象。C++ 语言为类和对象之间的联系提供了如下方式:

■ 一个类的成员函数是另一个类的友元。

■ 一个类作为另一个类的派生类。

■ 一个类的对象是另一个类的成员。

■ 一个类定义在另一个类的说明中,即类的嵌套。

关于友元的概念已在 7.10 节介绍了。一个类作为另一个类的派生类,将在第 8 章中介绍。类的嵌套是指在一个类的声明中包含另一个类的声明,由于嵌套类的使用不方便,不宜多用,所以本书不对嵌套类进行介绍。下面介绍类的对象成员。

自定义类的数据成员可以是另一个类的对象,例如类 B 的对象是类 A 的一个成员,则该成员就称为类 A 的对象成员,这就意味着一个类 A 的"大对象"包含着一个类 B 的"小对象",也就是说,类 B 对象属于类 A 对象。这就是前面所说的类之间的聚合或组合关系。

1. 对象成员的声明

类内声明一个对象成员与声明一个 int 型数据成员相同,都只说明类中数据成员的类型和名称。其语法格式如下:

<类名> <对象成员名表>;

【例 7-22】 对象成员的声明示例。Circle 类中的表示圆心的数据成员 m_center 是一个 Point 类的对象。

```
//DefineClass.h
class Point                        //声明点类
{
public:
    Point(double a,double b);      //构造函数
    double GetX();
    double GetY();
private:
```

```
    double m_x,m_y;
};
class Circle                                    //声明圆类
{
public:
    Circle(double cx,double cy,double cr);  //构造函数
    void DisplayCircleInfo();
private:
    Point m_center;                             //对象成员,m_center 是 Point 类的对象
    double m_radius;                            //非对象成员
};
```

上面的语句"Point m_center;"就是在类 Circle 中声明了一个成员 m_center,它是类 Point 类型的对象,是类 Circle 中的对象成员。在类中声明对象成员时并不会创建该对象。

2. 对象成员的初始化

一个对象数据成员的初始化是通过调用构造函数来完成的,即一个对象成员的初始化是"大对象"被创建时一同被创建的。具体方法是,在定义"大对象"所在类的构造函数时,需要在函数体外通过成员初始化列表将参数传递到对象成员的构造函数中。成员初始化列表的格式如下:

<对象成员 1>(<初值表>)[,…,<对象成员 n>(<初值表>)]

【例 7-23】 对象成员的初始化示例。

```
//DefineClass.cpp                     //实现类
#include "DefineClass.h"
#include<iostream>
using namespace std;
Point::Point(double a,double b)
{
    m_x=a;
    m_y=b;
}
double Point::GetX()
{
    return m_x;
}
double Point::GetY()
{
    return m_y;
}
Circle::Circle(double cx,double cy,double cr):m_center(cx,cy)    //构造函数
{
    m_radius=cr;
}
```

```
void Circle::DisplayCircleInfo()
{
    cout<<"圆心为:"<<m_center.GetX()<<" , "<<m_center.GetY()<<endl;
    cout<<"半径为:"<<m_radius<<endl;
}
```

在例 7-23 中,Circle 类中的构造函数为"Circle(double cx,double cy,double cr):m_center(cx,cy)"。其中,": m_center(cx,cy)"就是将大对象构造函数 Circle(double cx,double cy,double cr)中的参数 cx 和 cy 传递给对象成员 m_center 的构造函数 Point(double a,double b),通过此构造函数来初始化 m_center 对象。所以,如果某个类中含有对象成员,则该类的构造函数就应包含一个初始化列表,负责对类中包含的对象成员进行初始化。

说明:
- 如果一个对象成员有无参的构造函数,则该对象可以不出现在初始化列表中。
- 在创建一个含有对象成员的对象时,构造函数被系统自动调用。首先按照对象成员的声明顺序执行相应的构造函数完成各对象成员的初始化工作,然后再执行自己的构造函数完成对象中非对象成员的初始化工作。析构函数的调用顺序与构造函数的调用顺序相反。

3. 对象成员的访问

在类内,如果访问对象成员的公有成员,则可以通过对象成员名直接访问对象成员的公有成员;如果访问对象成员的私有成员,则需要通过调用公有成员函数间接地对对象成员的私有成员进行访问。

【例 7-24】 对象成员的访问示例。

```
//testObjectMember.cpp          //使用类
#include<iostream>
#include "DefineClass.h"
using namespace std;
int main()
{
    Circle circle(2.3,4.6,12.5);
    circle.DisplayCircleInfo();
    return 0;
}
```

在例 7-24 中,由于 m_x 和 m_y 是 Point 类中的私有成员,所以 Circle 类中的 DisplayCircleInfo() 函数需要通过对象成员 m_center 调用 Point 类的公有成员函数,即 m_center.GetX() 和 m_center.GetY(),间接地访问 m_center 对象成员的私有成员 m_x 和 m_y。

如果 m_x 和 m_y 是 Point 类的公有成员,则 Circle 类中的 DisplayCircleInfo() 可以修改为:

```
void DisplayCircleInfo()
{
    cout<<"圆心为:"<<m_center.m_x<<" , "<<m_center.m_y<<endl;
```

```
    cout<<"半径为:"<<m_radius<<endl;
}
```

在类外，如果对象成员是公有成员，可以通过对象名或对象指针直接访问对象成员。

7.12　自定义类的运算符重载

C++ 中预定义的运算符的操作对象只能是基本数据类型。但实际上，对于许多用户自定义的数据类型（如类），也需要类似的运算操作。这时就必须在 C++ 中重新定义这些运算符，赋予已有运算符新的功能，使它能够用于特定数据类型，这就是运算符重载。运算符重载体现了 C++ 的可扩展性。

运算符函数的定义与其他函数的定义类似，唯一的区别是运算符函数的函数名是由关键字 operator 和其后要重载的运算符符号构成的。

运算符重载时要遵循的规则：

- 除了类属关系运算符"."、成员指针运算符". ＊ "、作用域运算符"∷"、sizeof 运算符和三目运算符"?:"这 5 种运算符以外，C++ 中的所有运算符都可以重载。
- 重载运算符限制在 C++ 语言中已有的运算符范围内的允许重载的运算符之中，不能创建新的运算符。
- 运算符重载实质上是函数重载，因此编译程序对运算符重载的选择，遵循函数重载的选择原则。
- 重载之后的运算符不能改变运算符的优先级和结合性，也不能改变运算符操作数的个数及语法结构。
- 运算符重载不能改变该运算符用于基本数据类型变量的原有含义。它只能和用户自定义类型的对象一起使用，或者用于用户自定义类型的对象和基本数据类型的变量混合使用的情况。
- 运算符重载是针对新类型数据的实际需要，对原有运算符进行的适当改造，重载的功能应当与原有功能相类似。

对于自定义类的运算符重载函数，可以将其定义为类的成员函数，也可以将其定义为类的非成员函数，为了方便，非成员函数一般采用友元函数形式。

7.12.1　类成员函数形式的运算符重载

类成员函数形式的运算符函数定义的一般形式如下：

<返回类型说明符> operator<运算符符号>(<参数表>)
{
**　　<函数体>**
}

当运算符重载为类的成员函数时，形式上函数的参数个数比原来的操作数要少一个（后增、后减单目运算符除外）。这是因为成员函数用 this 指针隐式地访问了类的一个对象，该对象就是运算符函数最左边的操作数。

调用成员函数运算符的形式如下：

<对象名><运算符><参数>

它等价于：

<对象名>.operator<运算符>(<参数>)

【例 7-25】 利用成员运算符重载函数实现两个复数对象的加法计算。

```cpp
//Complex.h
class Complex
{
public:
    Complex();
    Complex(double r,double i);
    Complex operator+(Complex &rc);        //重载运算符+
    void Display();
private:
    double m_real;
    double m_imag;
};
//Complex.cpp
#include "Complex.h"
#include<iostream>
using namespace std;
Complex::Complex()
{
    m_real=0;
    m_imag=0;
}
Complex::Complex(doubler,double i)
{
    m_real=r;
    m_imag=i;
}
Complex Complex::operator+(Complex &rc)      //运算符重载函数定义
{
    Complex c;
    c.m_real=m_real+rc.m_real;
    c.m_imag=m_imag+rc.m_imag;
    return c;
}
void Complex::Display()
{
    cout<<"("<<m_real<<","<<m_imag<<"i)"<<endl;
```

```
    }
    //testOperatorOverload
    #include<iostream>
    #include "Complex.h"
    using namespace std;
    int main()
    {
        Complex c1(1,2),c2(3,4),c3;
        c3=c1+c2;           //等价于 c3=c1.operator+(c2);
        cout<<"c1=";
        c1.Display ();
        cout<<"c2=";
        c2.Display ();
        cout<<"c3=c1+c2=";
        c3.Display();
        return 0;
    }
```

在例 7-25 中,复数类的成员函数"Complex operator+(Complex &rc);"实现了加法运算符的重载。该函数的函数名为 operator+,Comlex 类对象的引用作为形参,返回值类型为 Complex 类的对象类型。在主函数中可以直接用 c1+c2 的形式调用函数 operator+(相当于 c1.operator+(c2)),即对象 c1 调用成员函数 operator+,将 c1 的地址传递给该函数的 this 指针,c2 作为实参传递给形参 rc,rc 成为 c2 的引用。在函数体内,创建一个临时对象 c,用来存储 this 指向的复数对象与 rc 指向的复数对象的运算结果,即主函数中 c1 和 c2 之和,然后将 c 的值返回到主函数,并赋值给 c3。

可以看出,运算符的重载大大方便了运算符的使用,而且增强了程序的可读性。

7.12.2 类友元形式的运算符重载

由于友元函数可以访问类的私有成员和保护成员,为了方便,类非成员函数形式的运算符重载函数一般采用友元函数。

运算符重载为类的友元函数,需要在类内进行声明。声明类的友元运算符重载的形式如下:

friend <函数类型>operator<运算符>(<参数表>);

当运算符重载为类的友元函数时,由于没有隐含的 this 指针,因此操作数的个数在形式上没有变化,所有的操作数都必须通过函数的形参进行传递,函数的参数与操作数自左至右一一对应。

调用友元函数运算符的形式如下:

<参数 1><运算符><参数 2>

它等价于

operator<运算符>(<参数 1>,<参数 2>)

【例 7-26】 利用友元运算符重载函数实现两个复数对象的加法计算。

```cpp
//Complex.h
class Complex
{
public:
    Complex();
    Complex(double r,double i);
    friend Complex operator+(Complex &rc1,Complex &rc2);    //重载友元运算符
    void Display();
private:
    double m_real;
    double m_imag;
};
//Complex.cpp
#include "Complex.h"
#include<iostream>
using namespace std;
Complex::Complex()
{
    m_real=0;
    m_imag=0;
}
Complex::Complex(double r,double i)
{
    m_real=r;
    m_imag=i;
}
Complex operator+(Complex &rc1,Complex &rc2)                //运算符重载函数定义
{
    Complex c;
    c.m_real=rc1.m_real+rc2.m_real;
    c.m_imag=rc1.m_imag+rc2.m_imag;
    return c;
}
void Complex::Display()
{
    cout<<"("<<m_real<<","<<m_imag<<"i)"<<endl;
}
#include "Complex.h"
#include<iostream>
using namespace std;
int main()
{
```

```
    Complex c1(1,2),c2(3,4),c3;
    c3=c1+c2;          //等价于 c3=operator+(c1,c2);
    cout<<"c1=";
    c1.Display ();
    cout<<"c2=";
    c2.Display ();
    cout<<"c3=c1+c2=";
    c3.Display();
    return 0;
}
```

例 7-26 的主函数与例 7-25 的主函数完全相同,程序的运行结果也与例 7-25 完全相同。

在多数情况下,将运算符重载为类的成员函数和类的友元函数都是可以的,采用何种形式,可参考下面的规则:

- 一般情况下,单目运算符最好重载为类的成员函数;双目运算符则最好重载为类的友元函数。
- 以下一些双目运算符只能重载为类的成员函数:=、()、[]、->。
- 若一个运算符的操作需要修改对象的状态,选择重载为成员函数比较好。
- 若运算符所需的操作数(尤其是第一个操作数)希望有隐式类型转换,则只能选用友元函数。
- 当运算符函数是一个成员函数时,最左边的操作数(或者只有最左边的操作数)必须是运算符类的一个类对象(或者是对该类对象的引用)。如果左边的操作数必须是一个不同类的对象,或者是一个基本数据类型的变量,该运算符函数只能作为一个友元函数来实现。
- 当需要重载的运算符具有可交换性时,选择重载为友元函数。

【例 7-27】　整型动态数组类的实现。在下面的整型数组类 IntArray 中,定义了赋值运算符重载函数和下标运算符重载函数。

```
//IntArray.h
class IntArray
{
public:
    IntArray(int=10);
    ~IntArray();
    const IntArray& operator=(const IntArray &);    //重载赋值运算符
    int& operator[] (int);                          //重载下标操作符
    void DisplayArrayInfo();
private:
    int m_size;                                     //数组大小
    int * m_ptr;                                    //指向数组第一个元素的指针
};
//IntArray.cpp
#include "IntArray.h"
#include<assert.h>
```

```cpp
#include<iostream>
using namespace std;
//定义构造函数
IntArray::IntArray(int arraySize)
{
    m_size= (arraySize>0 ? arraySize:10);
    m_ptr=new int[m_size];                        //为数组申请内存空间
    assert(m_ptr !=0);                            //申请空间失败,退出程序
    for(int i=0; i<m_size; i++)
        m_ptr[ i ]=0;                             //初始化数组
}
//定义析构函数
IntArray::~IntArray()
{
    delete [] m_ptr;
}
//定义赋值运算符"="的重载函数
const IntArray& IntArray::operator= (const IntArray &right)
{
    if(&right !=this)                             //检测,避免自己给自己赋值
    {
        if(m_size !=right.m_size)                 //如果两个数组大小不一样
        {
            delete [] m_ptr;                      //释放原有空间
            m_size=right.m_size;                  //重新计算数组大小
            m_ptr=new int[m_size];                //动态申请新的数组空间
            assert(m_ptr !=0);                    //如果没有申请成功则结束程序
        }
        for(int i=0; i<m_size; i++)
            m_ptr[i]=right.m_ptr[i];              //复制数组
    }
    return * this;
}
//定义下标运算符重载函数
int& IntArray::operator[] (int subscript)
{
    assert(0<=subscript && subscript<m_size);     //下标越界,退出程序
    return m_ptr[subscript];
}
void IntArray::DisplayArrayInfo()
{
    for(int i=0;i<m_size;i++)
        cout<<m_ptr[i]<<' ';
    cout<<endl;
}
```

```
//testIntArray
#include<iostream>
#include "IntArray.h"
using namespacestd;
int main()
{
    IntArray arrayA;
    IntArray arrayB(5);
    for(int i=0;i<5;i++)
        arrayB[i]=i+1;                               //调用下标运算符函数
    cout<<"数组 arrayA 为: "<<endl;
    arrayA.DisplayArrayInfo();
    cout<<"数组 arrayB 为: "<<endl;
    arrayB.DisplayArrayInfo();
    arrayA=arrayB;                                   //调用赋值运算符函数
    cout<<"执行 arrayA=arrayB 后,数组 arrayA 为: "<<endl;
    arrayA.DisplayArrayInfo();
    return 0;
}
```

　　程序中指令"int &operator[] (int);"用于重载下标操作符,主函数中 arrayB[i]相当于 arrayB. operator[](i),将对象 arrayB 的地址传递给 this 指针,i 传递给 subscript。在函数体中首先判断下标是否越界,如果越界,则报错并退出程序;如果不越界则返回对象 arrayB 的指针成员 m_ptr 所指向的内容 m_ptr[subscript]的引用,即返回 arrayB. m_ptr[i]的引用。返回的引用可以作为左值,而"arrayB[i]=i+1;"则相当于"arrayB. m_ptr[i]=i+1;"。重载了下标运算符"[]",可以直接把数组对象视为数组名使用,非常直观易懂。

　　说明:到目前为止涉及的对字符串的处理是一件比较困难的事情,因为通常在实现字符串的操作时会用到最不容易驾驭的类型——指针。C++ 标准程序库中提供了一个 string 类,专门用来处理字符串操作。使用 string 类操作字符串比之前使用字符型指针 char * 或字符型数组等操作字符串要方便很多,不必担心内存容量是否足够、字符串长度等问题。string 类提供了将字符串作为一种数据类型的表示方法,即可以把 string 类看成是 C++ 的一个基本数据类型,能像处理普通变量那样处理字符串。

　　使用 string 类,必须在程序中包含头文件 string。注意,这里不是 string. h,string. h 是 C 字符串头文件。关于 string 类和更多的应用实例,请参阅拓展学习。

拓展学习

C++ 中的 string 类和应用实例

第 8 章　继承与多态

导　学

【主要内容】

继承与多态是面向对象程序设计的两个重要特性。通过继承,可以基于已有类定义新类,实现软件复用。新类继承了已有类的属性和方法,可以根据需要添加新的属性和方法。继承这种复用方式缩短了软件开发时间,使得开发人员可以复用已经测试和调试好的高质量的类,减少了系统投入使用后可能出现的问题。通过多态,可以使得在执行同一条语句时,能够根据运行情况执行不同的操作。多态使得设计和实现易于扩展的系统成为可能。

【重点】

● 继承的思想与实现方法。
● 多态的思想与实现方法。

【难点】

● 派生类构造函数。
● 多态性的实现。

8.1　继　　承

8.1.1　继承概述

继承是类的一个重要特性,它允许程序员基于已有的类创建自己的新类,而不必从头编写代码。在 C++ 中,如果一个类 C1 通过继承已有类 C 而创建,则将 C1 称为派生类(又称子类),将 C 称为基类(又称父类)。派生类会继承基类中定义的所有属性和方法,也能够在派生类中定义派生类所特有的属性和方法。

为了更好地理解继承的概念,下面举例说明,如图 8-1 所示。以 Person 类作为基类,创建了 Student 类、Teacher 类等派生类。Student 类和 Teacher 类从 Person 类继承了 Name(姓名)、Gender(性别)等属性及 SetName()、GetName()等方法,另外还添加了新的属性和方法。例如,在 Student 类中新添加了 SNO(学号)、Major(专业)等属性及 SetSNO()、

GetSNO()等方法,在 Teacher 类中新添加了 TNO(教师号)、Depart(系)等属性及 SetTNO()、
GetTNO()等方法。同时,以 Student 类和 Teacher 类作为基类,派生出了 TA 类。

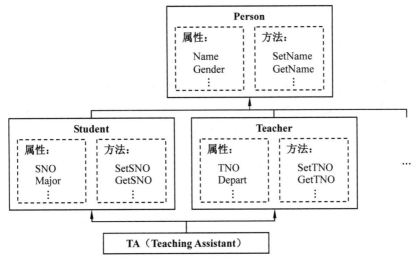

图 8-1 类的继承关系示例

从图 8-1 可以看出,既可以以一个已有类作为基类创建新类,也可以以多个已有类作为
基类创建新类。如果一个派生类是基于一个基类创建的,则该继承关系称为单继承;如果一
个派生类是基于多个基类创建的,则该继承关系称为多继承。下面先以单继承为例介绍如
何在 C++ 中实现继承,多继承将在 8.1.6 节介绍。

说明:

◆ 一个类是基类还是派生类是针对具体的继承关系而言的。一个类可能在一个继承关
系中是基类,而在另一个继承关系中却是派生类。例如,在图 8-1 中,Student 类和
Teacher 类都是基于 Person 类创建的,因此在这两个继承关系中,Student 类和
Teacher 类是派生类,Person 类是基类。而在另一个继承关系中,TA 类是基于
Student 类和 Teacher 类创建的,因此 TA 类是派生类,而 Student 类和 Teacher 类
都是基类。

◆ 一般来说,派生类所表示的事物是基类所表示事物的子集,即派生类所表示的事物比
基类更具体。因此,在一个继承关系中,"派生类事物是基类事物"这句话肯定成立,
但反过来却不行。例如,对于 Teacher 类和 Person 类的继承关系来说,Teacher 类是
派生类,Person 类是基类,显然"Teacher 是 Person"这句话是正确的,而反过来说
"Person 是 Teacher"则不行。在定义继承关系时可以参照上述方法来检验所定义的
继承关系是否合理。

8.1.2 派生类的定义

1. 定义派生类的语法

在一个继承关系中,定义派生类的语法如下:

class 派生类名：继承方式 基类名

{

    派生类成员声明；

};

其中，继承方式包括 public(公有继承)、protected(保护继承)和 private(私有继承)3 种，其含义将在后面介绍。这里先使用 public 作为继承方式。

例如，对于图 8-1 所示的 Person 类和 Student 类的单继承关系，可以先定义 Person 类，再以 Person 类作为基类派生出 Student 类。

【例 8-1】 定义 Person 类及其派生类 Student 类。

```
//derivedClassDef.cpp
#include <iostream>
using namespace std;
class Person
{
public:
    void SetName(char * name) { strcpy(m_name, name); }
    char * GetName() { return m_name; }
    void SetGender(bool gender) { m_gender=gender; }
    bool GetGender() { return m_gender; }
private:
    char m_name[20];        //姓名
    bool m_gender;          //性别(true: 男,false: 女)
};
class Student: public Person
{
public:
    void SetSNO(char * sno) { strcpy(m_sno, sno); }
    char * GetSNO() { return m_sno; }
    void SetMajor(char * major) { strcpy(m_major, major); }
    char * GetMajor() { return m_major; }
    void DisplayInfo()
    {
        cout<<"学生信息: "<<endl
            <<"学号: "<<m_sno<<endl
            <<"姓名: "<<GetName()<<endl
            <<"性别: ";
        if(GetGender()==true)
            cout<<"男"<<endl;
        else
            cout<<"女"<<endl;
        cout<<"专业: "<<m_major<<endl;
    }
private:
```

```
    char m_sno[8];          //学号
    char m_major[20];       //专业
};
int main()
{
    Student student;
    student.SetSNO("1210101");
    student.SetName("张三");
    student.SetGender(true);
    student.SetMajor("计算机应用");
    student.DisplayInfo();
    return 0;
}
```

上面的程序中,Student 类继承了 Person 类的所有数据成员和方法成员。程序运行后,会在屏幕上输出:

```
学生信息:
学号:1210101
姓名:张三
性别:男
专业:计算机应用
```

8.1.3　访问控制方式和派生类的继承方式

1. 成员的访问控制方式

表 8-1 给出了 public、private 和 protected 3 种类成员访问控制方式的含义。

表 8-1　3 种类成员访问控制方式的含义

访问控制方式	含　　义
public	类的公有成员,在任何地方都可以直接访问
private	类的私有成员,只在该类的成员函数中可以直接访问,在其他地方均不能直接访问
protected	类的保护成员,在该类及其派生类的成员函数中可以直接访问,在其他地方不能直接访问

通过表 8-1 可以知道,基类中的公有成员可以在任何地方直接访问。基类中的私有成员在类外和派生类的成员函数中无法直接访问。基类中的受保护成员在类外不可以直接访问,但在派生类的成员函数中却可以直接访问。

如果希望在派生类中直接访问基类的成员,则可以将基类的成员声明为 public 或 protected。一些成员为了实现封装,则要声明为 protected。

例如,只要将例 8-1 中的 Person 类定义改为:

```
class Person
{
public:
    void SetName(char * name) { strcpy(m_name, name); }
    char * GetName() { return m_name; }
    void SetGender(bool gender) { m_gender=gender; }
    bool GetGender() { return m_gender; }
protected:
    char m_name[20];            //姓名
    bool m_gender;              //性别(true:男,false:女)
};
```

就可以在 Student 类的成员函数中直接访问 Person 的私有数据成员 m_name 和 m_gender。例如：

```
void DisplayInfo()
{
    cout<<"学生信息: "<<endl
        <<"学号: "<<m_sno<<endl
        <<"姓名: "<<m_name<<endl
        <<"性别: ";
    if(m_gender==true)
        cout<<"男"<<endl;
    else
        cout<<"女"<<endl;
    cout<<"专业: "<<m_major<<endl;
}
```

说明：用一个类作为基类来派生新类之前，必须要先定义。例如，下面的程序就是错误的：

```
class Person;                       //声明,未定义
class Student: public Person        //错误:在继承前没有给出 Person 类的定义
{
...
};
```

2. 派生类的继承方式

在定义派生类时，可以指定的继承方式包括 public(公有继承)、protected(保护继承)和 private(私有继承，默认方式)3 种。通过设置继承方式，可以使基类成员的访问控制方式在派生类中发生变化。表 8-2 是上述 3 种继承方式在派生类中对从基类继承下来的成员的访问控制情况。

- 以 public 公有方式继承时，基类的公有成员和保护成员的访问控制方式在派生类中保持不变，仍作为派生类的公有成员和保护成员，基类的私有成员在派生类中不能直接访问。

- 以 private 私有方式继承时,基类的公有成员和保护成员在派生类中都作为私有成员,基类的私有成员在派生类中不能直接访问。
- 以 protected(保护方式)继承时,基类的公有成员和保护成员在派生类中都作为保护成员,基类的私有成员在派生类中无法直接访问。

表 8-2　3 种继承方式在派生类中对基类继承下来的成员的访问控制

继承方式	访问控制方式		
	public	private	protected
public	public	不可直接访问	protected
private	private	不可直接访问	private
protected	protected	不可直接访问	protected

可见,派生类从基类继承过来的成员的访问控制方式由以下两点决定:

(1) 该成员在基类中的访问控制方式。

(2) 定义派生类所采用的继承方式。

8.1.4　成员函数重定义

对于基类中的成员函数,可以在派生类中对其重新定义,实现新的功能。例如,可以在例 8-1 的 Person 类中也定义一个 DisplayInfo()函数:

```
void DisplayInfo()
{
    cout<<"个人信息: "<<endl
        <<"姓名: "<<m_name<<endl
        <<"性别: ";
    if(m_gender==true)
        cout<<"男"<<endl;
    else
        cout<<"女"<<endl;
}
```

这样,Student 类对从 Person 类继承的 DisplayInfo()函数进行了重定义。当使用 Person 类对象调用时,就会调用 Person 类中定义的 DisplayInfo()函数;当使用 Student 类对象调用时,就会调用 Student 类中定义的 DisplayInfo()函数。例如,在主函数中使用如下语句:

```
Person person;
person.SetName("李四");
person.SetGender(false);
person.DisplayInfo();
```

可以在屏幕上输出:

个人信息：

姓名：李四

性别：女

注意区分函数重定义和函数重载：函数重载要求函数形参不同（或者形参个数不同，或者形参类型不同），在实际调用时根据传入的实参来决定调用哪个函数；函数重定义则要求派生类中的函数原型与基类中的函数原型完全一样，在实际调用时根据对象类型来决定调用基类中定义的函数是否还是派生类中重定义的函数。

8.1.5 派生类的构造函数和析构函数

派生类构造函数的作用主要是对派生类中新添加的数据成员进行初始化；在创建派生类对象执行派生类构造函数时，系统会自动调用基类的构造函数来对基类中定义的数据成员进行初始化。同样，派生类析构函数的作用主要是清除派生类中新添加的数据成员、释放它们所占据的系统资源；在销毁派生类对象执行派生类析构函数时，系统会自动调用基类的析构函数来释放基类中数据成员所占据的系统资源。

1. 派生类构造函数的定义

派生类中构造函数的定义有以下两种形式。

(1) 形式 1：

派生类名 (形参列表)：基类名 (实参列表)

{

    //派生类中数据成员的初始化

    ⋮

}

通过"基类名(实参列表)"可以调用基类构造函数，对派生类从基类继承的数据成员进行初始化。

可以将派生类构造函数形参列表中的形参作为实参传递给基类构造函数，也可以将常量、全局变量等作为实参传递给基类构造函数。例如，为 Person 类定义如下构造函数：

```
Person(char * name, bool gender)
{
    ⋮
}
```

那么 Student 类的构造函数定义为：

```
Student(char * sno, char * name, bool gender, char * major): Person(name, gender)
{
    ⋮
}
```

当用下面的语句创建 Student 类对象 student 时，就会将"张三"和 true 作为实参传递给基类 Person 的构造函数。

```
Student student("1210101","张三",true,"计算机应用");
```

（2）形式 2：

派生类名 (形参列表)

{

**　　//派生类中数据成员的初始化**

**　　⋮**

}

形式 2 会自动调用基类的无参构造函数,对派生类从基类继承的数据成员进行初始化。
它等价于：

```
派生类名 (形参列表) : 基类名 ()
{
    //派生类中数据成员的初始化
    ⋮
}
```

2. 派生类析构函数的定义

派生类中析构函数的定义形式与基类完全相同,其语法格式如下：

~派生类名 ()

{

**　　//释放派生类中数据成员所占据的系统资源**

**　　⋮**

}

【例 8-2】 为基类 Person 和派生类 Student 定义构造函数和析构函数。

```
#include<iostream>
using namespace std;
class Person
{
public:
    Person(char * name, bool gender)
    {
        strcpy(m_name, name);
        m_gender=gender;
        cout<<"Person 类构造函数被调用!"<<endl;
    }
    ~Person() { cout<<"Person 类析构函数被调用!"<<endl; }
private:
    char m_name[20];            //姓名
    bool m_gender;              //性别(true:男,false:女)
};
```

```
class Student: public Person
{
public:
    Student(char * sno, char * name, bool gender, char * major): Person(name,
gender)
    {
        strcpy(m_sno, sno);
        strcpy(m_major, major);
        cout<<"Student 类构造函数被调用!"<<endl;
    }
    ~Student() { cout<<"Student 类析构函数被调用!"<<endl; }
private:
    char m_sno[8];                //学号
    char m_major[20];             //专业
};
int main()
{
    Student student("1210101", "张三", true, "计算机应用");
    return 0;
}
```

当创建派生类对象时,先调用基类的构造函数,再调用派生类的构造函数。析构函数调用顺序总是与构造函数调用顺序相反。因此,上面的程序运行后,会在屏幕上输出:

```
Person 类构造函数被调用!
Student 类构造函数被调用!
Student 类析构函数被调用!
Person 类析构函数被调用!
```

8.1.6 多继承

1. 多继承方式下的派生类定义

在图 8-1 中,通过对 Student 类和 Teacher 类进行多继承得到 TA 类。在一个多继承关系中,定义派生类的语法如下:

class 派生类名: 继承方式 基类名 1, 继承方式 基类名 2, …, 继承方式 基类名 n
{
    派生类成员声明;
};

说明:

◆ 不同的基类可以使用不同的继承方式。

◆ 与单继承一样,只有在已经给出一个类的定义后,它才能被列在基类表中。

【例 8-3】 实现图 8-1 的程序代码。

```
#include<iostream>
using namespace std;
class Person
{
public:
    Person(char * name, bool gender)
    {
        strcpy(m_name, name);
        m_gender=gender;
        cout<<"Person 类构造函数被调用!"<<endl;
    }
    ~Person() { cout<<"Person 类析构函数被调用!"<<endl; }
    void SetName(char * name) { strcpy(m_name, name); }
    char * GetName() { return m_name; }
    void SetGender(bool gender) { m_gender=gender; }
    bool GetGender() { return m_gender; }
private:
    charm_name[20];             //姓名
    bool m_gender;              //性别(true:男,false:女)
};
class Student: public Person
{
public:
    Student(char * sno, char * name, bool gender, char * major): Person(name, gender)
    {
        strcpy(m_sno, sno);
        strcpy(m_major, major);
        cout<<"Student 类构造函数被调用!"<<endl;
    }
    ~Student() { cout<<"Student 类析构函数被调用!"<<endl; }
    void SetSNO(char * sno) { strcpy(m_sno, sno); }
    char * GetSNO() { return m_sno; }
    void SetMajor(char * major) { strcpy(m_major, major); }
    char * GetMajor() { return m_major; }
private:
    char m_sno[8];              //学号
    char m_major[20];           //专业
};
class Teacher: public Person
{
public:
    Teacher(char * tno, char * name, bool gender, char * depart): Person(name, gender)
    {
        strcpy(m_tno, tno);
        strcpy(m_depart, depart);
```

```
        cout<<"Teacher 类构造函数被调用!"<<endl;
    }
    ~Teacher() { cout<<"Teacher 类析构函数被调用!"<<endl; }
    void SetTNO(char * tno) { strcpy(m_tno, tno); }
    char * GetTNO() { return m_tno; }
    void SetDepart(char * depart) { strcpy(m_depart, depart); }
    char * GetDepart() { return m_depart; }
private:
    char m_tno[6];                  //教师号
    char m_depart[20];              //系
};
class TA: public Student, public Teacher
{
public:
    TA(char * sno, char * name, bool gender, char * major, char * tno, char * depart)
        : Teacher(tno, name, gender, depart), Student(sno, name, gender, major)
    {
        cout<<"TA 类构造函数被调用!"<<endl;
    }
    ~TA() { cout<<"TA 类析构函数被调用!"<<endl; }
};
int main()
{
    TA ta("1210102", "王五", true, "计算机应用", "09110", "计算机科学与技术系");
    return 0;
}
```

在创建通过多继承定义的派生类对象时,也会先调用基类的构造函数,再调用派生类的构造函数。各基类构造函数的调用顺序与多继承声明时的继承顺序一致。在创建 TA 类时,先继承 Student 类,再继承 Teacher 类,因此会先调用 Student 类的构造函数,再调用 Teacher 类的构造函数。Student 类和 Teacher 类又是 Person 类的派生类,因此,在执行 Student 类构造函数前会先调用 Person 类构造函数,在执行 Teacher 类构造函数前也会先调用 Person 类构造函数。在创建 TA 类对象时,程序会在屏幕上输出:

```
Person 类构造函数被调用!
Student 类构造函数被调用!
Person 类构造函数被调用!
Teacher 类构造函数被调用!
TA 类构造函数被调用!
```

析构函数调用顺序总是与构造函数调用顺序相反。当程序运行结束时,TA 类对象被销毁,程序会在屏幕上输出:

```
TA 类析构函数被调用!
Teacher 类析构函数被调用!
Person 类析构函数被调用!
```

Student 类析构函数被调用！
Person 类析构函数被调用！

2. 多继承中的二义性问题

在例 8-3 中，各类的成员列表如图 8-2 所示。

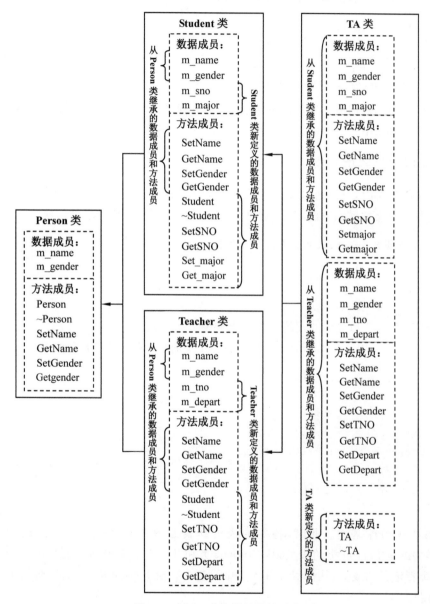

图 8-2 例 8-3 中各类的成员列表

Student 类和 Teacher 类都继承了 Person 类的成员，TA 类继承了 Student 类和 Teacher 类的成员，因此 TA 中包含了两份 Person 类的成员，分别从 Student 类和 Teacher 类继承而来。如果通过 TA 类的对象调用 Person 类的成员，则在编译程序时会报错。例如：

```
cout<<ta.GetName()<<endl;        //输出姓名
```

这是由于 TA 类中有两个分别从 Student 类和 Teacher 类继承过来的 GetName()函数,直接使用 ta 对象调用 GetName()函数时会有二义性问题,即编译程序不知道应该调用哪个 GetName()函数。为了解决这个问题,可以在调用 GetName()函数时通过作用域运算符指定要调用从哪个类继承过来的函数。例如:

```
cout<<ta.Student::GetName()<<endl;
```

或

```
cout<<ta.Teacher::GetName()<<endl;
```

但这样调用函数需要知道类的继承关系,不方便类的使用。下面介绍另一种使用虚拟继承解决多重继承中二义性问题的方法。

3. 虚拟继承和虚基类

在定义派生类时,可以通过虚拟继承方式将基类声明为虚基类。虚基类中的成员在类的继承关系中只会被继承一次,从而解决上述二义性问题。虚拟继承的语法如下:

class 派生类名: virtual 继承方式 虚基类名
{
    ⋮
}

其中,关键字 virtual 和继承方式的顺序可以调换。

例如,在例 8-3 中定义 Student 类和 Teacher 类时,如果采用如下虚拟继承方式:

```
class Student: virtual public Person
{
    ⋮
}
class Teacher: virtual public Person
{
    ⋮
}
```

则 Person 类成为虚基类。此时,各类的成员列表如图 8-3 所示。TA 类直接从虚基类 Person 类中继承 Person 类的成员,从 Student 类和 Teacher 类中则只继承了 Student 类和 Teacher 类新定义的成员,从而保证 TA 类中只包含一份 Person 类的成员,解决了例 8-3 的二义性问题。

由于虚基类后继类层次中的类都是直接从虚基类继承其成员,而对这部分成员的初始化需要调用虚基类的构造函数来完成。因此,如果一个派生类同时从基类和虚基类继承了成员,那么在定义该类的构造函数时,除了要调用基类的构造函数,还要调用虚基类的构造函数;析构函数也是如此,当销毁该派生类的对象时,除了会直接调用基类的析构函数、还会直接调用虚基类的析构函数。

【例 8-4】 采用虚拟继承方式改写例 8-3,解决二义性问题。

```cpp
#include<iostream>
using namespace std;
class Person
{
public:
    Person(char * name, bool gender)
    {
        strcpy(m_name, name);
        m_gender=gender;
        cout<<"Person 类构造函数被调用!"<<endl;
    }
    ~Person() { cout<<"Person 类析构函数被调用!"<<endl; }
    void SetName(char * name) { strcpy(m_name, name); }
    char * GetName() {return m_name; }
    void SetGender(bool gender) { m_gender=gender; }
    bool GetGender() { return m_gender; }
private:
    char m_name[20];            //姓名
    bool m_gender;              //性别(true:男,false:女)
};
class Student: virtual public Person
{
public:
    Student(char * sno, char * name, bool gender, char * major): Person(name, gender)
    {
        strcpy(m_sno, sno);
        strcpy(m_major, major);
        cout<<"Student 类构造函数被调用!"<<endl;
    }
    ~Student() { cout<<"Student 类析构函数被调用!"<<endl; }
    void SetSNO(char * sno) { strcpy(m_sno, sno); }
    char * GetSNO() { return m_sno; }
    void SetMajor(char * major) { strcpy(m_major, major); }
    char * GetMajor() { return m_major; }
private:
    char m_sno[8];              //学号
    char m_major[20];           //专业
};
class Teacher: virtual public Person
{
public:
    Teacher(char * tno, char * name, bool gender, char * depart): Person(name, gender)
    {
        strcpy(m_tno, tno);
        strcpy(m_depart, depart);
        cout<<"Teacher 类构造函数被调用!"<<endl;
    }
```

```
    ~Teacher() { cout<<"Teacher 类析构函数被调用!"<<endl; }
    void SetTNO(char * tno) { strcpy(m_tno, tno); }
    char * GetTNO() { return m_tno; }
    void SetDepart(char * depart) { strcpy(m_depart, depart); }
    char * GetDepart() { return m_depart; }
private:
    char m_tno[6];                        //教师号
    char m_depart[20];                    //系
};
class TA: public Student, public Teacher
{
public:
    TA(char * sno, char * name, bool gender, char * major, char * tno, char * depart)
        : Teacher(tno, name, gender, depart), Student(sno, name, gender, major),
        Person(name, gender)              //需要调用虚基类的构造函数
    {
        cout<<"TA 类构造函数被调用!"<<endl;
    }
    ~TA() { cout<<"TA 类析构函数被调用!"<<endl; }
};
int main()
{
    TA ta("1210102", "王五", true, "计算机应用", "09110", "计算机科学与技术系");
    cout<<ta.GetName()<<endl;            //输出姓名
    return 0;
}
```

当创建 TA 类对象 ta 时,会先调用虚基类的构造函数,再按继承顺序调用基类的构造函数,最后调用 TA 类的构造函数。虚基类 Person 类的构造函数只会在 TA 类的构造函数中调用一次,而在执行 Student 类和 Teacher 类的构造函数时不会再重复调用虚基类 Person 类的构造函数。因此,程序会在屏幕上输出:

```
Person 类构造函数被调用!
Student 类构造函数被调用!
Teacher 类构造函数被调用!
TA 类构造函数被调用!
```

析构函数的调用顺序与构造函数相反,因此,在程序结束、销毁 ta 对象之前会在屏幕上输出:

```
TA 类析构函数被调用!
Teacher 类析构函数被调用!
Student 类析构函数被调用!
Person 类析构函数被调用!
```

TA 类只是直接从虚基类 Person 类中继承了一份 Person 类的成员,因此在调用 ta.GetName()时不会有二义性问题。

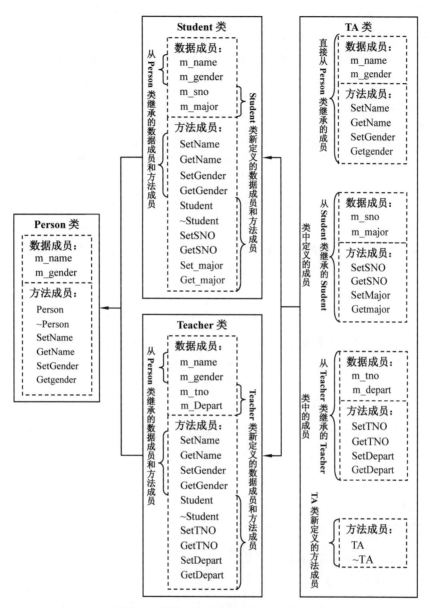

图 8-3　虚拟继承方式下各类的成员列表

8.2　多　　态

8.2.1　类型兼容和多态性的概念

类型兼容是多态性的前提,指在基类对象可以出现的任何地方都可以用公有派生类的对象来替代。类型兼容所指的是以下 3 种情况:

(1) 可以用派生类对象为基类对象赋值。

（2）可以用派生类对象初始化基类引用。

（3）可以用派生类对象地址为基类指针赋值。

例如，对于图 8-1 所示的类的继承关系，以下程序能够正常编译和运行：

```
Student student;
Person person, * pPerson;
person=student;                    //用派生类对象为基类对象赋值
Person &rPerson=student;           //用派生类对象初始化基类引用
pPerson=&student;                  //用派生类对象地址为基类指针赋值
```

说明：

◆ 需要派生类对象的地方，不能以基类对象来替代。就像"猴子是动物"是正确的，但"动物是猴子"就错了。

◆ 用派生类对象替代基类对象进行赋值操作后，通过基类对象、基类对象引用和基类指针只能访问派生类从基类继承的成员。例如：

```
cout<<person.GetName()<<endl;      //正确：基类对象能访问派生类从基类继承的成员
cout<<person.GetMajor()<<endl;     //错误：基类对象不能访问派生类中新定义的成员
```

通过类型兼容，对于基类及其公有派生类的对象，可以使用相同的函数统一进行处理。例如，函数参数是基类类型，而实际调用该函数时既可以传入基类对象，也可以传入派生类对象。

【例 8-5】 类型兼容示例。

```
#include<iostream>
using namespace std;
class Person
{
public:
    Person(char * name, bool gender)
    {
        strcpy(m_name, name);
        m_gender=gender;
    }
    void DisplayInfo()
    {
        cout<<"个人信息："<<endl
            <<"姓名："<<m_name<<endl
            <<"性别：";
        if(m_gender==true)
            cout<<"男"<<endl;
        else
            cout<<"女"<<endl;
    }
protected:
    charm_name[20];          //姓名
```

```
        bool m_gender;                //性别(true:男,false:女)
};
class Student: public Person
{
public:
    Student(char * sno, char * name, bool gender, char * major): Person(name, gender)
    {
        strcpy(m_sno, sno);
        strcpy(m_major, major);
    }
    void DisplayInfo()
    {
        cout<<"学生信息: "<<endl
            <<"学号: "<<m_sno<<endl
            <<"姓名: "<<m_name<<endl
            <<"性别: ";
        if(m_gender==true)
            cout<<"男"<<endl;
        else
            cout<<"女"<<endl;
        cout<<"专业: "<<m_major<<endl;
    }
private:
    char m_sno[8];              //学号
    char m_major[20];          //专业
};
void Print(Person &rp)
{
    rp.DisplayInfo();
}
int main()
{
    Student student("1210101", "张三", true, "计算机应用");
    Person person("李四", false);
    Print(student);            //以 Student 类对象作为实参
    Print(person);             //以 Person 类对象作为实参
    return 0;
}
```

上面的程序运行后,会在屏幕上输出:

个人信息:
姓名:张三
性别:男
个人信息:
姓名:李四
性别:女

在主函数中两次调用 Print()函数,分别将基类对象 person 和派生类对象 student 作为实参传递给基类引用 rp。但是,在使用基类引用 rp 调用 DisplayInfo()函数时都是调用基类定义的函数。

显然,我们希望当以派生类对象作为实参传递给基类引用 rp 时,使用 rp 调用 DisplayInfo()函数能够调用派生类定义的函数。这种能够根据指针或引用所表示的对象的实际类型来调用该对象所属类的函数,而不是每次都调用基类中函数的特性,就是本节要介绍的多态性。下面介绍如何实现多态性。

8.2.2 多态性的实现

1. 动态绑定与虚函数

前面例子中的函数调用,都是采用**先期绑定**的方式。所谓"绑定",就是建立函数调用和函数本体的关联。如果绑定发生于程序运行之前(由编译器和链接器完成),则称为"先期绑定"(又称"静态绑定")。要实现多态性,就要进行**"后期绑定"**(又称"动态绑定"),即绑定发生于程序运行过程中。

C++ 通过虚函数实现动态绑定技术。虚函数的声明方法是在基类的函数声明前或函数定义的函数头前(无函数声明时)加上关键字 virtual。

例如,对例 8-5 中 Person 类的 DisplayInfo()函数,只要在其函数头前加上 virtual 关键字,即

```
virtual void DisplayInfo()
{
    ⋮
}
```

则该函数即成为虚函数。虚函数具有继承性,只要基类中的函数被声明为虚函数,则在派生类中对虚函数进行重定义时,无论是否加了 virtual 关键字,这个函数都是虚函数。

【例 8-6】 改写例 8-5,使 DisplayInfo()函数具有多态性。

```
#include<iostream>
using namespace std;
class Person
{
public:
    Person(char * name, bool gender)
    {
        strcpy(m_name, name);
        m_gender=gender;
    }
    virtual void DisplayInfo()
    {
```

```
        cout<<"个人信息："<<endl
            <<"姓名："<<m_name<<endl
            <<"性别：";
        if(m_gender==true)
            cout<<"男"<<endl;
        else
            cout<<"女"<<endl;
    }
protected:
    char m_name[20];            //姓名
    bool m_gender;              //性别(true:男,false:女)
};
class Student: public Person
{
public:
    Student(char * sno, char * name, bool gender, char * major): Person(name, gender)
    {
        strcpy(m_sno, sno);
        strcpy(m_major, major);
    }
    void DisplayInfo()          //等价于 virtual void DisplayInfo()
    {
        cout<<"学生信息："<<endl
            <<"学号："<<m_sno<<endl
            <<"姓名："<<m_name<<endl
            <<"性别：";
        if(m_gender==true)
            cout<<"男"<<endl;
        else
            cout<<"女"<<endl;
        cout<<"专业："<<m_major<<endl;
    }
private:
    char m_sno[8];              //学号
    char m_major[20];           //专业
};
void Print(Person &rp)
{
    rp.DisplayInfo();
}
int main()
{
    Student student("1210101", "张三", true, "计算机应用");
    Person person("李四", false);
    Print(student);            //以 Student 类对象作为实参
```

```
            Print(person);                    //以 Person 类对象作为实参
            return 0;
    }
```

上面的程序运行后,会在屏幕上输出:

学生信息:
学号:1210101
姓名:张三
性别:男
专业:计算机应用
个人信息:
姓名:李四
性别:女

与例 8-5 相同,在主函数中两次调用 Print() 函数,分别将基类对象 person 和派生类对象 student 作为实参传递给基类引用 rp。但在例 8-6 中,DisplayInfo() 被声明为虚函数,因此,在使用基类引用 rp 调用该函数时,就可以根据 rp 所引用对象的不同调用不同类的成员函数,即实现了多态性。

说明:只有使用基类的指针或引用调用虚函数时才能实现多态性。如果使用对象调用虚函数,则必然是调用该对象所属类的成员函数不具有多态性。例如,将例 8-6 中的 Print() 函数改为:

```
void Print(Person p)
{
    p.DisplayInfo();
}
```

则运行结果与例 8-5 完全一样,不具有多态性。

8.3 抽 象 类

8.3.1 抽象类的作用

前面定义的类都是具体类,能够使用这些类定义对象。C++ 还提供了一种抽象类。抽象类不能实例化对象,它的唯一用途是为其他类提供合适的基类,其他类可从它这里继承和(或)实现接口。

对于抽象类来说,它仅仅表示一个概念,将其实例化没有任何意义。例如,图 8-4 中的 Shape 类中有 Draw() 函数,不同的形状其绘制方法各不相同,只有指定具体的形状才有可能实现 Draw() 函数,因此,Shape 类中的 Draw() 函数根本无法实现,从而创建 Shape 类对象也就没有任何意义。Shape 类的唯一用途就是定义形状所共有的那些属性和方法(函数),并作为其他形状类(如 Circle 类、Rectangle 类、Triangle 类)的基类。

通常将不需要实例化的类定义成抽象类。

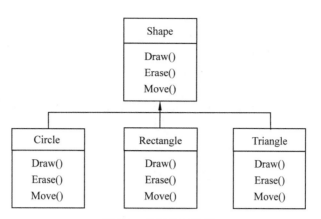

图 8-4　类的继承关系

例如，可以建立抽象基类 Shape，然后从它派生出具体类 Circle、Rectangle 和 Triangle 等。

与抽象类相对应，前面所定义的类都是具体类，具体类可以实例化为对象。

8.3.2　抽象类的实现

一个类是抽象类还是具体类，主要看它是否包含纯虚函数，包含纯虚函数的类就是抽象类。纯虚函数就是在声明时初始化为 0、没有函数体的虚函数，其声明形式如下：

virtual<函数类型>纯虚函数名(<形参类型表>)=0;

【例 8-7】　将图中形状类层次中的基类 Shape 的 Draw()函数定义为纯虚函数，从而使 Shape 类是一个抽象类。

```cpp
#include<iostream>
using namespace std;
class Shape
{
public:
    virtual void Draw()=0;              //纯虚函数
     ⋮
};
class Circle: public Shape
{
public:
    virtual void Draw() { cout<<"Draw circle"<<endl; }
     ⋮
};
class Triangle: public Shape
{
public:
    void Draw() { cout<<"Draw triangle"<<endl; }
```

```
        ⋮
};
class Rectangle: public Shape
{
public:
    void Draw() { cout<<"Draw rectangle"<<endl; }
        ⋮
};
void drawShape(Shape &s)
{
    s.Draw();
}
int main()
{
    //Shape s;           //错误：抽象类不能实例化
    Circle c;
    Triangle t;
    Rectangle r;
    drawShape (c);
    drawShape (t);
    drawShape (r);
    return 0;
}
```

例 8-7 中的 Shape 类中包含纯虚函数，因此它是一个抽象类。如果使用 Shape 类创建对象，则编译程序时会报错。例如：

```
//Shape s;              //错误：抽象类不能实例化
```

说明：

◆ 由抽象类派生的新类如果还有纯虚函数，它仍然是抽象类。

◆ 一个类层次结构中可以不包含任何抽象类，但是很多良好的面向对象的系统，其类层次结构的顶部是一个抽象基类。在有些情况中，类层次结构顶部有好几层都是抽象类。

有的时候程序员还需要定义虚析构函数，关于虚析构函数和继承与多态的更多实例，请参阅拓展学习。

拓展学习

虚析构函数和应用实例

第 9 章　输入输出流

导 学

【主要内容】

计算机所做的任何数据处理工作都是在内存中进行的。一般待处理的数据是从输入设备获取,而处理结果则会输出到输出设备上。为了方便数据的输入输出,C++定义了相应的输入输出流类和一些代表标准输入输出设备的对象。本章重点介绍标准输入输出流和文件输入输出流两方面的内容。通过本章的学习,读者能够掌握输入输出流的概念、输入输出流类中的常用成员函数、标准输入输出流类对象的使用方法以及文件的操作方法。

【重点】

- 输入输出流的基本概念。
- 输入输出流类中的常用成员函数。
- 标准输入输出流类对象的使用方法以及文件的操作方法。

【难点】

文件的输入输出操作。

9.1　输入输出流概述

输入和输出(Input/Output,I/O)是数据传送的过程。其中,输入是指将数据从输入设备传送到内存的过程,而输出则是指将数据从内存传送到输出设备的过程。C++将数据的输入输出过程形象地称为流,并定义了相应的输入输出流类和一些代表标准输入输出设备的流对象,以方便数据的输入输出操作。

C++用继承方法建立了 I/O 流类库,I/O 流的类层次关系如图 9-1 所示。其中,streambuf 类和 ios 类是两个平行的基类,其他类都是它们的直接或间接派生类。streambuf 类为输入输出操作提供内存缓冲区支持;filebuf 类从 streambuf 派生,为文件输入输出操作提供内存缓冲区支持。在进行输入输出操作时,数据一般会先放在缓冲区中,待缓冲区满或遇到结束符时,才真正进行数据输入输出操作。ios 类是一个抽象基类,提供一些对流状态、工作方式等进行设置的功能。通过对 ios 类进行虚拟继承得到 istream 类和 ostream 类两个派生类。输入流类 istream 提供输入操作功能,输出流类 ostream 提供输出操作功能。输入输出流类 iostream 是对 istream 类和 ostream 类进行多继承得到的派生类,同时具有输入和输出功能。ifstream 类是 istream 类的派生类,用于支持从磁盘文件的输入操作,即从文件中读取数据到内存中;ofstream 类是 ostream 类的派生类,用于支持向磁盘文件的输出操作,即将内存中的数据写入文件中;fstream 类是 iostream 类的派生类,支持磁盘文件的输入输出操作。编写程序时,如果使用输入输出操作,则需要包含头文件 iostream;如果使用文件输入输出操作,则需要包含头文件 fstream。

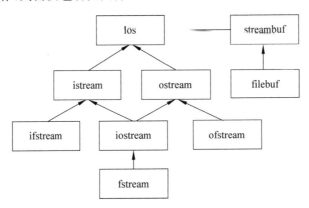

图 9-1　I/O 流的类层次关系

9.2　cout 和 cin 对象以及插入和提取运算符

在 C++ 中,输入输出操作都是通过流对象进行。对于标准输入输出操作,系统定义了 4 个标准流对象;对于文件输入输出操作,则需要自己定义文件流对象。

9.2.1　标准流对象

键盘是标准输入设备,屏幕是标准输出设备。相应地,从键盘输入、向屏幕输出称为标准输入输出。为了实现标准输入输出,C++ 预定义了 4 个标准流对象:cin、cout、cerr、clog,它们均包含于头文件 iostream 中。

- cin 是 istream 类的对象,用于处理标准输入,即从键盘输入数据到内存中。
- cout 是 ostream 类的对象,用于处理标准输出,即将内存中的数据输出到屏幕上。
- cerr 和 clog 都是 ostream 类的对象,均用于处理错误信息标准输出。

除了 cerr 不支持缓冲外,其他 3 个对象都为输入输出操作提供了缓冲支持。

9.2.2　＞＞和＜＜运算符与标准输入输出

前面在进行输入输出操作时经常使用的＞＞和＜＜分别是 ostream 类和 istream 类中

重载的运算符。

1. ＞＞运算符和标准输入

＞＞称为**提取运算符**,可以通过和标准输入流对象 cin 结合使用(即 cin＞＞)实现标准输入,表示从键盘提取数据到内存。

系统提供的 istream 类也已经对＞＞进行了多次重载,能够用于处理对多种内部类型数据的输入操作。重载的形式如下:

```
istream& operator>>(int);          //从输入设备提取一个 int 型数据到内存中
istream& operator>>(double);       //从输入设备提取一个 double 型数据到内存中
istream& operator>>(char *);       //从输入设备提取一个字符串数据到内存中
    …                              //对其他类型数据的>>运算符重载
```

下面是使用 cin 对象和＞＞运算符进行标准输入。已知有以下变量定义:

```
int a;
double b;
char c[20];
```

则使用如下语句,可以将从键盘输入的数据依次保存在变量 a、b 和 c 中:

```
cin>>a;                            //等价于 cin.operator>>(a);
cin>>b;                            //等价于 cin.operator>>(b);
cin>>c;                            //等价于 cin.operator>>(c);
```

由于重载函数 operator＞＞以引用方式返回调用该函数时所使用的对象,即函数返回值就是输入流对象,因此能够连续输入。可以将上面 3 条语句合为 1 条语句:

```
cin>>a>>b>>c;
```

2. ＜＜运算符和标准输出

＜＜称为**插入运算符**,可以通过和标准输出流对象 cout 结合使用(即 cout＜＜)实现标准输出,表示从内存中取出数据显示到屏幕上。

系统提供的 ostream 类已经对＜＜进行了多次重载,能够实现对不同类型数据的输出操作。重载的形式如下:

```
ostream& operator<<(int);          //将内存中的一个 int 型数据输出到输出设备
ostream& operator<<(double);       //将内存中的一个 double 型数据输出到输出设备
ostream& operator<<(char *);       //将内存中的一个字符串数据输出到输出设备
    …                              //对其他类型数据的<<运算符重载
```

下面是使用 cout 对象和＜＜运算符进行标准输出。已知有以下变量定义:

```
int x=10;
double y=3.5;
char z[]="C++";
```

则使用如下语句,可以将变量对应内存中的数据显示到屏幕上:

```
cout<<x;                            //等价于 cout.operator<<(x);
cout<<endl;                         //等价于 cout.operator<<(endl);
cout<<y;                            //等价于 cout.operator<<(y);
cout<<endl;                         //等价于 cout.operator<<(endl);
cout<<z;                            //等价于 cout.operator<<(z);
```

由于重载函数 operator<<以引用方式返回调用该函数时所使用的对象,即函数返回值就是输出流对象,因此能够连续输出。可以将上面 5 条语句合为 1 条语句:

```
cout<<x<<endl<<y<<endl<<z;
```

如果要使用<<和>>进行自定义数据类型的输入输出,则需要自己定义运算符重载函数,具体方法请参阅 9.8 节。

9.3 使用成员函数进行标准输出和输入

9.3.1 使用 put()函数进行标准输出

输出流类提供了用于输出单个字符的成员函数 put(),输出流对象可以调用这个函数实现向输出设备输出一个字符的操作。函数 put()有一个字符型参数,输出流对象调用put()的格式如下:

out.put(字符变量或字符常量)

其中,out 为输出流对象,既可以是 cout 对象,也可以是自定义的文件流对象。函数以引用方式返回调用该函数所使用的输出流对象 out,因此支持连续调用。例如:

```
out.put('a').put('b')
```

通过 cout 对象调用 put()函数可以进行标准输出。

【例 9-1】 使用 put()函数进行标准输出用法示例。

```
#include<iostream>
using namespace std;
int main()
{
    char ch='a';
    cout.put(ch);                   //在屏幕上输出变量 ch 中存储的字符'a'
    cout.put('b').put('c')<<endl;   //依次在屏幕上输出字符'b'、'c'和回车符
    return 0;
}
```

9.3.2 使用 get()函数进行标准输入

输入流类提供了用于输入单个字符的成员函数 get(),输入流对象可以调用这个函数

实现从输入设备获取一个字符的操作。用输入流对象 in 调用 get()有以下两种格式：

```
in.get()
```

或

```
in.get(ch)
```

其中，in 为输入流对象，既可以是 cin 对象，也可以是自定义的文件流对象。ch 为字符型变量。

第一种格式没有参数，函数调用时从输入设备提取一个字符，这个字符即为函数的返回值。

第二种格式有一个字符型变量作为参数，函数调用时从输入设备提取一个字符，并将这个字符写入字符型变量的内存中，即赋值给变量 ch。若读取成功，则函数返回值为真(非 0)值；若读取失败(遇到文件结束符 EOF)，则函数返回值为假(0)值。

通过 cin 对象调用 get()函数可以进行标准输入。

【例 9-2】　使用无参 get()函数进行标准输入。从键盘输入若干字符，遇到回车键结束输入，统计输入字符的个数。

```cpp
#include<iostream>
using namespace std;
int main()
{
    int n=0;
    char ch;
    cout<<"请输入多个字符(按回车结束)："<<endl;
    while((ch=cin.get())!='\n')          //若遇到回车符,则循环结束
    {
        cout<<ch;
        n++;
    }
    cout<<endl;
    cout<<"输入字符个数为："<<n<<endl;
    return 0;
}
```

运行上面程序，如果从键盘输入"Microsoft Visual C++ "后按回车键，通过循环执行"ch=cin.get()"可以依次获取这些字符(包括空格和回车符)到变量 ch 中并将 ch 的值输出到屏幕上，即输出"Microsoft Visual C++ "，最后输出"输入字符个数为：20"(不包括回车符)。

【例 9-3】　使用带参 get()函数进行标准输入。从键盘输入若干字符，遇到回车键结束输入，统计输入字符的个数。

```cpp
#include<iostream>
using namespace std;
int main()
{
```

```
        int n=0;
        char ch;
        cout<<"请输入多个字符(按回车结束): "<<endl;
        while (1)
        {
            cin.get(ch);
            if(ch=='\n')                //若遇到回车符,则循环结束
                break;
            cout<<ch;
            n++;
        }
        cout<<endl;
        cout<<"输入字符个数为: "<<n<<endl;
        return 0;
    }
```

上面程序的运行结果与例 9-2 完全相同。

说明:

◆ get()函数和运算符>>的区别在于: get()函数能够读取空格、回车符和制表符等空白字符;而>>只能读取非空白字符,空白字符被作为多个数据之间的分割符。例如,将例 9-3 中的"cin.get(ch);"改为"cin>>ch;",则无法读取到空格、回车符和制表符等空白字符,程序也就无法正常运行。

◆ 文件结束符 EOF 对应键盘组合键 Ctrl+Z。因此,对于例 9-2 和例 9-3,也可以改为遇到文件结束符才终止循环。

9.3.3 getline()函数进行标准输入

输入流类提供了用于输入字符串的成员函数 getline(),输入流对象可以调用这个函数实现从输入设备读取一个字符串的操作。

函数 getline()有 3 个参数,输入流对象调用 getline()的格式如下:

in.getline(字符数组名或字符型指针, 字符个数 n, 终止标识符)

其中,in 为输入流对象,既可以是 cin 对象,也可以是自定义的文件流对象。

函数调用时,从输入设备读取 n−1 个字符,并在其后加上字符串结束符'\0',构成一个字符串存入第 1 个参数所指向的内存空间中。若在读取够 n−1 个字符前遇到由第 3 个参数指定的终止标识符,则提前结束读取。终止标识符参数的默认值是'\n',也可以通过传递实参指定为其他字符。若读取成功,则函数返回值为真(非 0 值);若读取失败(遇到文件结束符 EOF),则函数返回值为假(0)值。

通过 cin 对象调用函数 getline()可以进行标准输入。

【例 9-4】 输入若干个字符串(遇到回车符表示一个字符串的结束),输出其中长度最大的字符串及其长度。

```
#include<iostream>
```

```
using namespace std;
int main()
{
    int len, maxlen=0;
    char s[80], t[80];
    cout<<"请输入若干个字符串: "<<endl;
    while (cin.getline(s,80))          //输入字符串到数组 s,按 Ctrl+Z 结束循环
    {
        len=(int)strlen(s);            //计算当前字符串的长度
        if(len>maxlen)                 //如果当前字符串长度大于原来最长字符串的长度
        {
            maxlen=len;                //更新 maxlen 的值
            strcpy(t, s);              //将当前字符串复制到 t 中
        }
    }
    cout<<endl;
    cout<<"长度最大的字符串是: "<<t<<endl;
    cout<<"其长度为: "<<maxlen<<endl;
    return 0;
}
```

程序运行时,cin.getline(s,80)读取从键盘输入的一行字符(默认终止标识符为'\n')作为一个字符串赋值给数组 s,然后进入循环求最大长度,直到输入组合键 Ctrl+Z,函数返回值为假值,循环结束。

如果依次输入:

```
Windows XP
Microsoft Visual C++
Microsoft Office
Ctrl+Z
```

则程序输出:

```
长度最大的字符串是: Microsoft Visual C++
其长度为: 20
```

　　说明:函数 getline()能够读取含有空白字符的字符串,直到读取了要求的字符个数或遇到终止标识符结束。cin>>读取字符串不能包含空白字符,而是遇到空白字符结束读取。

📺 9.4　文件流对象以及插入和提取运算符

9.4.1　文件流对象

1. 文件流类和文件流对象

对文件进行输入输出即读写操作,必须先定义文件流对象并打开某个文件,即将文件流

对象与文件建立关联;然后,就可以使用文件流对象进行文件的读写操作;操作完毕后关闭文件,即将文件流对象与文件的关联断开。

定义文件流对象实际上就是使用文件流类定义类对象,与前面学习的定义类对象的方法完全相同。打开文件使用文件流类的成员函数 open(),其函数原型如下:

```
void open(const char * filename, int mode);
```

其中,filename 是要打开的文件名。mode 是文件的打开方式,其取值如表 9-1 所示。

可以用位或运算符(|)把以上属性连接起来。例如,ios::in | ios::out | ios::binary。ofstream、ifstream 和 fstream 这 3 个类的 open() 函数包含了不同的默认文件打开方式,如表 9-2 所示。

表 9-1　文件打开方式

方　　式	作　　　　　用
ios::in	以输入方式打开文件,对文件进行读操作,该文件必须存在
ios::out	以输出方式打开文件,对文件进行写操作
ios::app	以追加方式打开文件,所有输出附加在文件末尾
ios::ate	打开文件时,文件指针定位到文件尾
ios::binary	以二进制方式打开文件,默认的方式是文本方式
ios::trunc	如果文件已存在,则先删除文件内容

表 9-2　ofstream、ifstream 和 fstream 的默认文件打开方式

类	默认打开方式
ifstream	ios::in
ofstream	ios::out
fstream	ios::in	ios::out

例如:

```
ifstream infile;
infile.open("file1.txt");          //以输入方式(即读文件方式)打开文件

ofstream outfile;
outfile.open("file2.txt");         //以输出方式(即写文件方式)打开文件

fstream iofile;
iofile.open("file3.txt");          //以输入和输出方式打开文件
```

只有当 open() 函数被调用时没有指定文件打开方式的情况下,才会使用表 9-2 所示的默认打开方式打开文件。如果函数被调用时指定了文件打开方式,则会使用指定方式打开文件。例如:

```
fstream in;
in.open("file4.txt", ios::in);        //以输入方式打开文件
```

对 ifstream、ofstream 和 fstream 类的对象所做的第一个操作通常都是打开文件,因此,这些类都提供了一个与 open()函数功能和参数完全一样的构造函数。这样,就可以将上面定义流对象和打开文件的操作合并为一条语句,即:

```
ifstream infile("file1.txt");
ofstream outfile("file2.txt");
fstream iofile("file3.txt");
fstream in("file4.txt", ios::in);
```

2. 文本文件和二进制文件

C++ 程序中操作的文件包括文本文件(ASCII 文件)和二进制文件。文本文件中的每一个字节存放一个 ASCII 码,表示一个字符。例如,若将字符 a 存入文本文件,则以 1 个字节的 ASCII 码存放;若将整数 12345 存入文本文件,分别以'1'、'2'、'3'、'4'、'5'这 5 个字符的 ASCII 码存储,共占用 5 个字节。二进制文件中的内容与数据在内存中的存储形式一致。例如,将字符 a 存入二进制文件,同文本文件一样以 1 个字节的 ASCII 码存储,但要将整数 12345 存入二进制文件,则以它的补码形式存储,占 4 个字节。由此看来,对于数值型数据,在二进制文件中的形式和在内存中的形式相同,因此,在输入输出时不用转换格式,而在文本文件中需要将数值分解成若干 ASCII 码存储,需要转换,所以一般将纯文本内容存储在文本文件中,将数值型数据或含有数值的结构体数据存储在二进制文件中。如果要进行二进制文件的读写,则在打开文件时应使用 ios::binary 方式;如果要进行文本文件的读写,则在打开文件时应使用默认方式。

3. 文件指针

每一个打开的文件都有一个文件指针,文件指针指向当前要读写的字符位置。以 ios::app 和 ios::ate 方式打开文件时,文件指针指向文件尾(EOF);以其他方式刚打开文件时,文件指针指向文件首(BOF),当对文件进行读写操作时则文件指针自动向后移动。

4. 检查文件是否被成功打开

通过调用文件流的成员函数 is_open()来检查一个文件是否被成功打开,该函数返回一个布尔(bool)值,为真(true)代表文件已经被成功打开,为假(false)则打开失败。例如,在用只读方式打开不存在的文件或者因为磁盘写保护不能新建文件等情况下,会出现文件打开失败问题。因此,在打开文件后,通常要用以下语句判断文件打开操作是否成功:

```
ofstream outfile("f1.txt");
if(!outfile.is_open())
    cout<<"文件打开失败!"<<endl;
```

5. 关闭文件

对文件进行读写操作之后,要调用文件流类的成员函数 close()关闭文件。例如:

```
outfile.close();
```

关闭文件是指将文件流对象和磁盘文件的关联断开,释放文件所占的资源。这个函数一旦被调用,原先的文件流对象就可以被用来打开其他的文件了,这个文件也就可以重新与其他文件流对象关联了。流对象的析构函数中会自动调用关闭函数 close(),以防止流对象被销毁时还与某个文件关联。

9.4.2 <<和>>运算符与文件输入输出

前面的章节中经常使用 cin 调用>>和使用 cout 对象调用<<进行标准输入输出操作。同样,可以通过文件流对象调用>>和<<进行文件输入输出操作。

1. <<运算符和向文件输出

<<运算符可以通过和标准输出流对象 cout 结合使用(即 cout<<)实现标准输出,表示从内存中取出数据显示到屏幕上;也可以和自定义的文件输出流对象结合使用实现文件输出,表示将内存中的数据写入文件中。

【例 9-5】 定义文件流对象,并利用<<运算符将内存中的数据写入文件中。

```
#include<fstream>
using namespace std;
int main()
{
    int x=10;
    double y=123.45;
    fstream outfile("file.txt", ios::out);
                                        //文件流对象以写的方式与文件 file.txt 关联
    outfile<<x;                         //等价于 outfile.operator<<(x);
    outfile<<endl;                      //等价于 outfile.operator<<(endl);
    outfile<<y;
    outfile.close();                    //关闭文件
}
```

运行上面的程序后,会在程序所在的目录下生成一个 file.txt 文件。如果用记事本打开该文件,它的内容如图 9-2 所示。

2. >>运算符和从文件输入

>>运算符可以通过和标准输入流对象 cin 结合使用(即 cin>>)实现标准输入,表示从键盘提取数据到内存;也可以通过和自定义的文件输入流对象结合使用实现文件输入,表示从文件读取数据到内存。

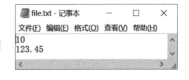

图 9-2 例 9-5 创建的 file.txt 文件

【例 9-6】 定义文件流对象,并利用>>运算符将在例 9-5 中生成的 file.txt 文件中的数据读入内存变量 a 和 b 中,并输出到屏幕上。

```cpp
#include<fstream>
#include<iostream>
using namespace std;
int main()
{
    int a;
    double b;
    fstream infile("file.txt", ios::in);    //文件流对象以读的方式与文件 file.txt 关联
    infile>>a;                               //等价于 infile.operator>>(a);
    infile>>b;
    cout<<a<<' '<<b<<endl;                   //将变量 a 和 b 的内容再输出到屏幕上
    infile.close();
}
```

运行上面的程序后，会从程序所在目录的 file.txt 文件中分别读入一个 int 和一个 double 值并存入变量 a 和变量 b 所在的内存中。程序的运行结果如图 9-3 所示。

图 9-3 例 9-6 程序的运行结果

📊 9.5 使用成员函数进行文件的输出和输入

9.5.1 使用 put() 函数进行文本文件输出

【例 9-7】 使用 put() 函数进行文本文件输出。将字符变量 ch 与常量 'b' 和 'c' 写入文件 file.txt 中。

```cpp
#include<iostream>
#include<fstream>
using namespace std;
int main()
{
    char ch='a';
    fstream outfile("file.txt", ios::out);  //以写方式打开文件
    if(!outfile.is_open())                   //判断文件打开是否成功
    {
        cout<<"以写方式打开 file.txt 文件失败!"<<endl;
        return 0;
    }
    outfile.put(ch);                         //将变量 ch 中存储的字符 'a' 写入文件中
    outfile.put('b').put('c')<<endl;         //依次将字符 'b'、'c' 和回车符写入文件中
```

```
    outfile.close();                        //关闭文件
    return 0;
}
```

上面的程序执行结束后，会在程序所在目录下生成一个名为 file.txt 的文件，文件内容为"abc"加一个回车符。

9.5.2　使用 get()函数进行文本文件输入

【**例 9-8**】　使用带参 get()函数进行文件输入。

```
#include<iostream>
#include<fstream>
using namespace std;
int main()
{
    int n=0;
    char ch;
    fstream outfile("file.txt", ios::out);      //以写方式打开文件
    outfile<<"Microsoft\nVisual\nC++";          //向文件中写入 3 行数据
    outfile.close();                            //关闭文件
    fstream infile("file.txt", ios::in);        //以读方式打开文件
    while (infile.get(ch))                      //若遇到文件结束符 EOF,则返回假,循环结束
    {
        cout<<ch;
        n++;
    }
    cout<<endl;
    cout<<"文件中的字符个数为: "<<n<<endl;
    infile.close();                             //关闭文件
    return 0;
}
```

运行上面程序，通过循环执行"infile.get(ch)"依次获取这些字符（包括空格和回车符）到变量 ch 中，并将 ch 的值输出到屏幕上，即输出：

```
Microsoft
Visual
C++
```

最后输出"文件中的字符个数为：20"（不包括文件结束符）。

9.5.3　使用 getline()函数进行文本文件输入

【**例 9-9**】　使用同一个文件流对象，首先建立一个包含若干行字符的文本文件 file.txt，然后将该文件中的内容逐行读到数组中，再将其输出到屏幕上。

```
#include<iostream>
#include<fstream>
using namespace std;
int main()
{
    int len, maxlen=0;
    char s[80], t[80];
    fstream iofile;
    iofile.open("file.txt", ios::out);          //写方式打开文件
    if(! iofile.is_open())                        //判断文件打开是否成功
    {
        cout<<"打开 file.txt 文件失败!"<<endl;
        return 0;
    }
    iofile<<"Windows XP"<<endl
        <<"Microsoft Visual C++"<<endl
        <<"Microsoft Office"<<endl;              //写入 3 行数据
    iofile.close();                              //关闭文件
    iofile.open ("file.txt", ios::in);           //重新以读方式打开文件
    if(! iofile.is_open())                        //判断文件打开是否成功
    {
        cout<<"打开 file.txt 文件失败!"<<endl;
        return 0;
    }
    while (iofile.getline(s, sizeof(s)))          //到文件尾返回假,循环结束
    {
        len=(int)strlen(s);                       //计算当前字符串的长度
        if(len>maxlen)
        {   maxlen=len;                           //更新 maxlen 的值
            strcpy(t, s);                         //将当前字符串复制到 t 中
        }
    }
    cout<<endl;
    cout<<"长度最大的字符串是: "<<t<<endl;
    cout<<"其长度为: "<<maxlen<<endl;
    iofile.close();                              //关闭文件
    return 0;
}
```

　　程序运行时,iofile. getline(s,sizeof(s))是从文件读取一行字符(默认终止标识符为'\n')作为一个字符串赋值给数组 s,然后进入循环求最大长度,直到遇到文件结束符 EOF、函数返回值为假时,循环结束。程序输出为:

长度最大的字符串是:Microsoft Visual C++
其长度为:20

📊 9.6 按数据块进行输出和输入

9.6.1 使用 write()函数按数据块进行输出

输出流类提供了用于输出多个字符的成员函数 write(),输出流对象可以调用这个函数实现向输出设备输出指定个数的多个字符的操作。

write()函数有两个参数,其调用格式如下:

out.write(字符型指针, 字节数 n)

其中,out 是输出流对象。函数调用时,将指定字符型地址中连续 n 个字节的数据输出到输出设备。函数以引用方式返回调用该函数所使用的输出流对象 out,因此支持连续调用。例如,out. write("abc",3). write("de",2)。

1. 使用 write()函数进行标准输出

【例 9-10】 使用 write()函数进行标准输出用法示例。

```
#include<iostream>
using namespace std;
int main()
{
    char * ch="允公允能 日新月异";
    cout.write(ch, 8).put('\n');            //输出前 8 个字符
    cout.write(ch, strlen(ch))<<endl;       //输出全部字符
    return 0;
}
```

上面的程序运行时,会先在屏幕上输出"允公允能",再在屏幕上输出"允公允能 日新月异"。

说明:在 C++ 中,一个汉字占 2 个字节。因此,例 9-10 中使用 write()函数输出前 8 个字符时会在屏幕上输出前 4 个汉字。

2. 使用 write()函数进行二进制文件输出

二进制文件中的数据形式与内存中的数据形式完全一样。例如,已知"int a=12345;",如果将变量 a 用前面学习的<<输出到文本文件中,则每个数字按其 ASCII 码保存,共占据 5 个字节的存储空间;如果将变量 a 用 write()函数输出到二进制文件中,则直接按其在内存中的形式保存,共占据 4 个字节的存储空间。

说明:对于字符型数据,在文本文件和二进制文件中都是按其 ASCII 码存储,区别仅在于一些特殊字符的处理上。例如,在文本文件中回车被当作一个字符'\n';而二进制文件认为它是两个字符 0x0D 和 0x0A。如果在打开文件时没有指定二进制方式,则在写入'\n'时会在文件中写入 2 个字节的数据(即 0x0D0A),而以二进制方式打开文件时只会写入 1 个

字节的数据(即 0x0D)。因此,在进行二进制文件操作时,一定要以二进制方式打开文件,否则在一些特殊字符的处理上会出问题。

【例 9-11】　使用 write()函数进行二进制文件输出用法示例。

```
#include<iostream>
#include<fstream>
using namespace std;
int main()
{
    double a=123.45;
    fstream outascii("file.txt", ios::out);              //以文本方式打开文件
    fstream outbin("file.dat", ios::binary|ios::out);    //以二进制方式打开文件
    outascii<<a;                             //用<<将变量 a 输出到文本文件中
    outbin.write((char*)&a, sizeof(a));      //用 write()函数将变量 a 输出到二进制文件中
    outbin.close();
    outascii.close();
    return 0;
}
```

write()函数要求第一个参数必须是字符型地址,所以需要用(char *)将变量 a 的地址强制转换成字符型指针。"outbin. write((char *)&a,sizeof(a));"语句的功能为:将从地址 &a 开始的内存中的 8 个字节的内容(即 a 对应内存中的数据)写入文件。

上面的程序运行后,会在程序所在目录下生成 file. txt 和 file. dat 两个文件。其中,file. txt 的文件内容为 123.45;file. dat 的文件内容为 double 型数值 123.45 的占 8 个字节的补码。如果用记事本打开这个二进制文件会显示乱码。图 9-4 是 file. txt 和 file. dat 两个文件用记事本打开的情况。

(a) file.txt 文件用记事本打开　　　　(b) file.dat 文件用记事本打开

图 9-4　file. txt 和 file. dat 文件用记事本打开的情况

9.6.2　使用 read()函数按数据块进行输入

输入流类提供了用于输入多个字符的成员函数 read(),输入流对象可以调用这个函数实现从键盘输入指定个数的多个字符的操作。

read()函数有两个参数,其调用格式如下:

in.read(字符型指针, 字符个数 n)

其中,in 是输入流对象,字符型指针所指向的必须是可修改的内存空间。函数调用时,从输入设备读取 n 个字符,存入字符型指针所指向的内存空间中。若在读取 n 个字符前遇到 EOF,则提前结束读取。若读取成功,则函数返回值为真(非 0 值);若读取失败(遇到文件结束符 EOF),则函数返回值为假(0)值。

1. 使用 read() 函数进行标准输入

【例 9-12】 read() 函数用法示例。

```cpp
#include<iostream>
using namespace std;
int main()
{
    char s[80];
    int i;
    cout<<"请输入字符串: "<<endl;
    cin.read(s, 12);              //从键盘读取前 12 个字符到数组 s 中
    cout<<"读取的字符是: ";
    for(i=0; i<12; i++)
        cout<<s[i];
    cout<<endl;
    cout<<"读取的字符个数是: ";
    cout<<cin.gcount()<<endl;
    return 0;
}
```

上面的程序运行后,当执行到"cin. read(s,12);"时,会让用户从键盘上输入数据,假设输入"Microsoft Visual C++"后按回车,read() 函数会读取前 12 个字符到数组元素 s[0],s[1],…,s[11]中,并通过 for 循环将这 12 个元素的值输出到屏幕上,即输出"读取的字符是: Microsoft Vi"。通过 gcount() 函数,能够返回 read() 函数实际读取的字符个数,因此输出"读取的字符个数是:12"。

read() 函数能够读取空白字符。read() 函数读取指定个数的字符,而不是字符串,最后不会自动加字符串结束符'\0'。因此,对于例 9-12,如果将通过 for 循环输出前 12 个元素的语句改为"cout<<s;",则会在屏幕上输出"Microsoft Vi"后再输出一些乱码,即输出了后面未赋值元素的随机值直到遇到 0。

2. 使用 read() 函数进行二进制文件输入

read() 函数一般与 write() 函数结合使用进行二进制文件的读写操作。使用 write() 函数生成二进制文件,使用 read() 函数读取二进制文件中的数据。

【例 9-13】 先向二进制文件中写入整型 1~10,再将 10 个数从文件读出并输出到屏幕上。

```cpp
#include<iostream>
#include<fstream>
using namespace std;
int main()
{
    fstream outfile("file.dat", ios::binary|ios::out); //以写方式打开二进制文件
    int a, b;
```

```
        if(!outfile.is_open())                            //判断文件打开操作是否成功
        {
            cout<<"以写方式打开二进制文件 file.dat 失败!"<<endl;
            return 0;
        }
        for(a=1; a<=10; a++)                        //循环将 10 个数字输出到文件 file.dat 中
            outfile.write((char*)&a, sizeof(a));   //将内存变量 a 的数据的写入文件中
        outfile.close();                            //关闭文件
        fstream infile("file.dat", ios::binary|ios::in);    //以读方式打开二进制文件
        if(!infile.is_open())                              //判断文件打开操作是否成功
        {
            cerr<<"以读方式打开二进制文件 file.dat 失败!"<<endl;
            return 0;
        }
        while (infile.read((char*)&b, sizeof(b)))    //循环从文件中读取整型数据到变量 b 中
            cout<<b<<' ';
        infile.close();                            //关闭文件
        return 0;
    }
```

read()函数要求第一个参数必须是字符型地址,所以需要用(char*)将变量 b 的地址强制转换成字符型指针。"infile.read((char*)&b,sizeof(b));"语句的功能为:从文件中读取 4 个字节的数据存储到从地址 &b 开始的内存空间中(即变量 b 所对应的内存空间)。

上面的程序运行后,会在程序所在目录下生成一个名为 file.dat 的二进制文件,其中写入了 10 个 int 型数据,因此该文件的大小为 40 个字节。后面通过循环读取文件中的数据并输出,最后输出到屏幕上的结果为"1 2 3 4 5 6 7 8 9 10"。

【例 9-14】 下面程序首先将 3 名学生的学号、姓名和成绩写入二进制文件 studentinfo.dat 中,然后将该文件中的数据读到结构体数组中,并将其输出到屏幕上。

```
#include<iostream>
#include<fstream>
using namespace std;
struct Student                          //Student 结构体类型定义
{
    char num[10];
    char name[20];
    int score;
};
int main()
{
    Student stu[3]={                      //定义 Student 结构体数组并初始化
        {"1210101", "张三", 618},
        {"1210102", "李四", 625},
        {"1210103", "王五", 612}
```

```
    };
    Student stu1[3];
    int i;
    fstream outfile("studentinfo.dat", ios::binary|ios::out);
                                    //以写方式打开二进制文件
    if(!outfile.is_open())          //判断文件打开操作是否成功
    {
        cout<<"以写方式打开二进制文件 studentinfo.dat 失败!"<<endl;
        return 0;
    }
    for(i=0; i<3; i++)
        outfile.write((char *)&stu[i], sizeof(Student));
                                    //将第 i 名学生的数据写入文件
    outfile.close();                //关闭文件
    fstream infile("studentinfo.dat", ios::binary|ios::in);
                                    //以读方式打开二进制文件
    if(!infile.is_open())           //判断文件打开操作是否成功
    {
        cout<<"以读方式打开二进制文件 studentinfo.dat 失败!"<<endl;
        return 0;
    }
    infile.read((char *)stu1, sizeof(stu1));    //将 3 名学生的数据一次性读入内存中
    for(i=0; i<3; i++)              //将读入的信息输出到屏幕上进行验证
        cout<<"第"<<i+1<<"名学生的学号、姓名和成绩: "
            <<stu1[i].num<<","<<stu1[i].name<<","<<stu1[i].score<<endl;
    infile.close();                 //关闭文件
    return 0;
}
```

上面的程序中,语句"outfile. write((char *)&stu[i],sizeof(Student));"的功能为:把从地址 &stu[i] 开始的 sizeof(Student)个字节的数据(即 stu[i]所对应内存空间中的数据)写入文件。语句"infile. read((char *)stu1,sizeof(stu1));"的功能为:从文件中读取 sizeof(stu1)个字节的数据($=3 * $sizeof(Student),即 3 名学生的数据)存入地址 stu1 开始的内存空间中(即数组 stu1 所对应的内存空间)。

也可以将 3 名学生的数据一次性写入文件,即将

```
for(i=0; i<3; i++)
    outfile.write((char * )&stu[i], sizeof(Student));
```

修改为

```
outfile.write((char * )stu,sizeof(stu));
```

9.7　文件的随机读写

前面介绍的文本文件或二进制文件的读写操作都是顺序读写：打开文件后，文件指针在文件首或文件尾；随着读写操作，文件指针顺序向后移动，直至读写操作完毕。

有些情况下，需要从文件某个位置开始进行读写操作。例如，要更改一名学生的信息，就需要先将文件指针定位到正确位置，再进行写操作；要查询某名学生的信息，也需要先将文件指针定位到正确位置，再进行读操作。与顺序读写相对应，这种非顺序读写称为随机读写。下面介绍用于文件指针定位和测试文件指针当前位置的函数。

1. seekg()函数和 seekp()函数

这两个成员函数分别用于定位输入文件流对象和输出文件流对象的文件指针。seekg()函数的功能是将输入文件流对象的文件指针从参照位置 origin 开始移动 offset 个字节。seekp()函数的功能是将输出文件流对象的文件指针从参照位置 origin 开始移动 offset 个字节。它们的函数原型分别如下：

```
istream& seekg(long offset, seek_dir origin=ios::beg);
ostream& seekp(long offset, seek_dir origin=ios::beg);
```

参数 offset 是长整型，表示文件指针相对参照位置偏移的字节数，取值为正表示向后移动文件指针，取值为负则表示向前移动文件指针。参数 origin 则为参照位置，seek_dir 是系统定义的枚举类型，有以下 3 个枚举常量：ios::beg 为文件首、ios::cur 为文件指针当前位置、ios::end 为文件尾。origin 可以有以上 3 个取值，默认参数值为 ios::beg。

例如，假设 infile 是 ifstream 类的对象，outfile 是 ofstream 类的对象。

(1) 将输入文件流对象 infile 的文件指针从当前位置向前移 5 个字节。

```
infile.seekg(-5, ios::cur);
```

(2) 将输出文件流对象 outfile 的文件指针从文件首向后移 5 个字节。

```
outfile.seekp(5, ios::beg);
```

2. tellg()和 tellp()函数

在进行文件的随机读写时，可以使用 tellg()和 tellp()函数获取文件指针的当前位置。tellg()是输入文件流类的成员函数，tellp()是输出文件流类的成员函数，它们的函数原型分别如下：

```
streampos tellg();
streampos tellp();
```

其中，streampos 就是 long 型，在头文件 iostream 中定义。两个函数均返回文件指针的当前位置。

说明：对于 fstream 对象，既可使用 seekg()和 tellg()函数，也可使用 seekp()和 tellp()函数，结果完全一样。

【例 9-15】　先将 3 名学生的学号、姓名和成绩写入二进制文件 studentinfo. dat 中。假设：将第 2 名学生的成绩改为 627；从文件中读取第 m(m 的值由用户从键盘输入)名学生的信息并将其输出到屏幕上。

```cpp
//studentinfo.cpp
#include<iostream>
#include<fstream>
using namespace std;
struct Student                              //Student 结构体类型定义
{
    char num[10];
    char name[20];
    int score;
};
int main()
{   Student stu[3]={
        {"1210101", "张三", 618},
        {"1210102", "李四", 625},
        {"1210103", "王五", 612}
    };
    Student s;
    int i, m;
    fstream outfile("studentinfo.dat", ios::binary|ios::out);
    if(!outfile.is_open())                  //判断文件打开操作是否成功
    {
        cout<<"打开文件 studentinfo.dat 失败!"<<endl;
        return 0;
    }
    for(i=0; i<3; i++)                      //将第 i 名学生的数据写入文件
            outfile.write((char * )&stu[i], sizeof(Student));
    outfile.close();                        //关闭文件
    fstream myfile;
    myfile.open("studentinfo.dat", ios::binary|ios::in|ios::out);
    if(!myfile.is_open())
    {
        cout<<"打开文件 studentinfo.dat 失败!"<<endl;
        return 0;
    }
    myfile.seekp(sizeof(Student), ios::beg);  //将文件指针定位到第 2 名学生
    myfile.read((char * )&s, sizeof(Student)); //读入第 2 名学生的信息到变量 s 中
    s.score=627;                            //修改成绩
    myfile.seekg(sizeof(Student), ios::beg);  //将文件指针再次定位到第 2 名学生
    //用新数据覆盖原来文件中保存的第 2 名学生的数据
```

```
myfile.write((char *)&s, sizeof(Student));
cout<<"请输入待查询的学生序号(1~3)：";
cin>>m;
if(m<1 || m>3)
{
    cout<<"学生不存在！"<<endl;
    return 0;
}
//将文件指针定位到第 m 名学生数据开始的位置
myfile.seekg((m-1) * sizeof(Student), ios::beg);
//将指定学生的数据读入内存中
myfile.read((char *)&s, sizeof(Student));
cout<<"第"<<m<<"名学生的学号、姓名和成绩："
    <<s.num<<", "
    <<s.name<<", "
    <<s.score<<endl;
myfile.close();                              //关闭文件
return 0;
}
```

说明：向文件写入数据时，会覆盖文件中相应位置的原有数据。要在文件中插入一条记录，需要先将插入位置后面的所有记录都向后移动一条记录的位置，再将新记录写入。插入新记录涉及大量记录的移动，是一个比较耗时的操作，因此一般不在文件中做插入新记录的操作。

9.8　自定义数据类型的输入输出

C++ 输入输出流类库中对提取运算符"＞＞"和插入运算符"＜＜"进行了多次重载（见9.2.2 节），使它们能够实现多种内部类型数据的输入输出操作，输入流对象 in 和输出流对象 out 调用重载运算符函数实现数据的输入输出，例如，"in＞＞x;"等价于调用"in.operator＞＞(x);"，"out＜＜x;"等价于调用"out.operator＜＜(x);"。

但是，＞＞和＜＜不能对用户自定义类型的数据直接进行输入输出。要使这两个运算符能够支持自定义类型数据的输入输出，必须由程序员对它们进行重载。重载的函数形式如下：

istream& operator>>(istream&, 自定义类型 &);
ostream& operator<<(ostream&, 自定义类型 &);

运算符＞＞重载函数的第一个参数和返回值类型均为 istream&（输入流对象的引用），第二个参数是自定义类型 &（自定义类型数据的引用）；运算符＜＜重载函数的第一个参数和返回值类型均为 ostream&（输出流对象的引用），第二个参数是自定义类型 &（自定义类型数据的引用）。

下面举例说明重载提取运算符和插入运算符的方法。

【例 9-16】 重载提取运算符"＞＞"和插入运算符"＜＜"，实现学生结构体变量的输入输出操作。

```cpp
//studentinfo.cpp
#include<iostream>
#include<fstream>
using namespace std;
struct Student                      //Student 结构体类型定义
{
    char num[10];
    char name[20];
    int score;
};
//>>运算符重载函数
istream& operator>>(istream& in, Student& stu)
{
    in>>stu.num>>stu.name>>stu.score;
    return in;
}
//<<运算符重载函数
ostream& operator<<(ostream& out, Student& stu)
{
    out<<stu.num<<' '<<stu.name<<' '<<stu.score<<endl;
    return out;
}
int main()
{
    Student stu[3]={               //定义 Student 结构体数组并初始化
        {"1210101", "张三", 618},
        {"1210102", "李四", 625},
        {"1210103", "王五", 612}
    };
    int i;
    fstream outfile("studentinfo.txt", ios::out);   //以写方式打开文本文件
    if(!outfile.is_open())        //判断文件打开操作是否成功
    {
        cout<<"以写方式打开文本文件 studentinfo.txt 失败!"<<endl;
        return 0;
    }
    for(i=0; i<3; i++)
        outfile<<stu[i];          //将第 i 名学生的数据写入文件，
                                  //相当于调用 outfile.operator<<(stu[i]);
    outfile.close();              //关闭文件
    fstream infile("studentinfo.txt", ios::in);     //以读方式打开文本文件
```

```
    if(!infile.is_open())          //判断文件打开操作是否成功
    {
        cout<<"以读方式打开文本文件 studentinfo.txt 失败!"<<endl;
        return 0;
    }
    for(i=0; i<3; i++)
        infile>>stu[i];            //将第 i 名学生的数据读入内存,
                                   //相当于调用 infile.operator>>(stu[i]);
    for(i=0; i<3; i++)
    {
        cout<<"第"<<i+1<<"名学生的学号、姓名和成绩: ";
        cout<<stu[i];              //相当于调用 cout.operator<<(stu[i]);
    }
    infile.close();                //关闭文件
    return 0;
}
```

　　ifstream、ofstream 和 fstream 都是 istream、ostream 的直接或间接派生类。因此,在上面的程序中,重载>>和<<运算符后,既可以使用标准流对象(如 cout)调用运算符重载函数,又可以使用文件流对象(如 outfile 和 infile)调用运算符重载函数。

　　运算符重载函数按引用方式返回传入的输入流对象 in 或输出流对象 out,以实现连续输出。例如,可以将程序中

```
for(i=0; i<3; i++)
    outfile<<stu[i];
```

改为

```
outfile<<stu[0]<<stu[1]<<stu[2];
```

也可以将程序中

```
for(i=0; i<3; i++)
    infile>>stu[i];
```

改为

```
infile>>stu[0]>>stu[1]>>stu[2];
```

可以为文件流单独编写重载函数,方便利用二进制文件存储学生信息:

```
fstream& operator>>(fstream& infile, Student& stu)
{
    infile.read((char*)&stu, sizeof(stu));
    return infile;
}
fstream& operator<<(fstream& outfile, Student& stu)
{
```

```
        outfile.write((char*)&stu, sizeof(stu));
            return outfile;
    }
```

同时将程序中

```
    fstream outfile("studentinfo.txt", ios::out);        //以写方式打开文本文件
    fstream infile("studentinfo.txt", ios::in);          //以读方式打开文本文件
```

改为

```
    fstream outfile("studentinfo.dat", ios::binary|ios::out);   //以写方式打开二进制文件
    fstream infile("studentinfo.dat", ios::binary|ios::in);   //以读方式打开二进制文件
```

第 10 章　模　板

导 学

【主要内容】

模板是 C++ 程序设计中的一个重要概念,是实现代码复用的一种重要方式。使用模板可以大大减少代码的数量,提高代码的效率,降低软件开发成本,特别适用于大型软件的开发。模板分为函数模板和类模板,本章将介绍模板的基本概念,函数模板和类模板的定义和使用方法。

【重点】

- 软件复用的概念。
- 函数模板。
- 类模板。

【难点】

类模板的声明和定义格式。

模板是 20 世纪 90 年代引进的概念。模板就是参数化的函数或类,即模板是将数据类型作为参数,根据数据类型参数产生函数和类的机制。模板是建立通用的与数据类型无关的算法的重要手段,在定义模板时,数据类型作为参数出现,描述与数据类型无关的某一类通用的操作。在实际使用模板时,将其中的数据类型的参数具体化为某种类型,可实现基于某种特定数据类型的具体操作。模板分为函数模板和类模板。

泛化编程是对抽象的算法的编程,泛化是指可以广泛地适用于不同的数据类型。模板是泛化编程的主要方法之一。模板的特点在于它的参数不仅是传统函数中所说的数值形式的参数,还可以是一种数据类型。

10.1　函　数　模　板

函数模板可以用来描述一个与数据类型无关的函数(算法),它可避免重载函数时函数体的重复设计。函数模板可以对不同类型的数据进行相同的处理,其作用与函数重载类似,但代码要简单得多。

10.1.1　函数模板的定义

定义函数模板的一般格式如下：

template<<模板形参表>><函数类型><函数名>(<函数形参表>)

{

　　　函数体

}

其中,template 是定义模板的关键字,指明是函数模板或类模板。模板形参表用尖括号括起来,可以是一个或多个模板参数,多个模板参数用逗号分隔。模板参数由关键字 typename 及其后面的标识符构成,该标识符对应的实参可以是系统的基本数据类型,也可以是用户自定义的数据类型。

【例 10-1】 函数模板的定义。定义一个求两个数中较大数的函数模板。

```
template<typename T>T Max(T a, T b)
{
    return a>b?a:b;
}
```

函数模板描述了函数的状态：参数、功能和返回值。例 10-1 中,T 为类型形参,或称模板参数。定义函数模板时,T 只是用户命名的一个数据类型参数,它不代表任何确定的数据类型,编译器并不为其生成执行代码。

10.1.2　函数模板的使用

函数模板只是一个模板,需要实例化为具体的函数后才能使用,即需要将模板中数据类型形参实例化为确定的数据类型。实例化的函数模板称为**模板函数**。

【例 10-2】 函数模板的定义和使用。定义并使用求两个数中较大数的函数模板。

```
#include<iostream>
using namespace std;
//定义函数模板
template<typename T>T Max(T a, T b)
{
    return a>b?a:b;
}
int main()
{
    int m=10, n=20;
    double x=12.56, y=3.5;
    char a='z', b='w';
    cout<<Max(m, n)<<endl;       //生成模板函数 int Max(int a, int b)
    cout<<Max(x, y)<<endl;       //生成模板函数 double Max(double a, double b)
```

```
        cout<<Max(a, b)<<endl;          //生成模板函数 char Max(char a, char b)
        return 0;
}
```

函数模板的实例化是在函数调用时由编译器来完成的。当编译器遇到一个函数调用时,如果仅存在函数模板,便会根据实参表中实参的类型和已定义的函数模板生成一个模板函数,该模板函数的函数体与函数模板的函数体相同,而形参表中的类型则以实参表中的实际类型为依据。

图 10-1 是例 10-2 实例化的模板函数示意图。

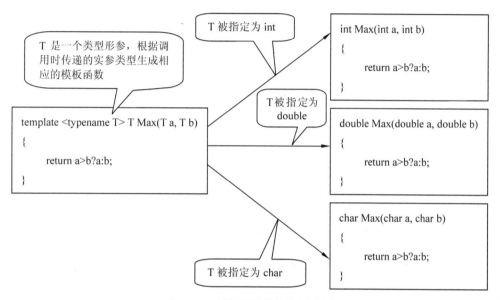

图 10-1　函数模板实例化示意图

当编译器发现 Max(m,n)调用时,会根据前边定义的函数模板 T Max(T a,T b)生成模板函数 int Max(int a,int b)。当编译器发现 Max(x,y)调用时,会根据前边定义的函数模板 T Max(T a,T b)生成模板函数 double Max(double a,double b)。当编译器发现 Max(a,b)调用时,会根据前边定义的函数模板 T Max(T a,T b)生成模板函数 char Max(char a,char b)。

说明:在组织程序时,通常把函数模板放在一个头文件中,以便 C++ 编译器能够在使用前知道函数模板是存在的。

【例 10-3】　编写一个程序,其功能是查找一维数组 a 中第一个值为 x 的元素的下标。如果不存在该元素,则返回−1。

问题求解思路:问题中没有限定数组元素的数据类型,因此采用泛化编程技术设计解决该类问题的函数模板,忽略具体的数据类型,重点关注算法的实现。

```
//FunctionTemplate.h
#ifndef FUNCTIONTEMPLATE
#define FUNCTIONTEMPLATE
```

```
//定义函数模板
template<typename Type>int FindElement(Type a[], Type x, int n)
{
    for(int i=0; i<n; i++)
        if(a[i]==x) return i ;
    return -1;
}
#endif


//testFunctionTemplate.cpp
#include<iostream>
#include"FunctionTemplate.h"          "
using namespace std;
int main()
{
    int a[6]={1, 3, -2, -9, 2,100};
    double b[6]={30, 75.8, 68.3, 76.5, 93.5, 26.7};
    char c[10]={'a', 'v', 's', 'k', 'x', 'w', 'd', ';', 'k', '0'};
    cout<<"100 在数组 a 中的下标为: "<<FindElement (a, 100, 6)<<endl;
    cout<<"76.6 在数组 b 中的下标为: "<<FindElement (b, 76.6, 6)<<endl;
    cout<<"k 在数组 c 中的下标为: "<<FindElement (c, 'k', 10)<<endl;
    return 0;
}
```

上面程序的运行结果:

```
100 在数组 a 中的下标为: 5
76.6 在数组 b 中的下标为: -1
k 在数组 c 中的下标为: 3
```

函数模板与函数重载看起来类似,但两者有很大的差别。重载函数各函数体内可以执行不同的代码,但同一个函数模板实例化的不同模板函数都执行相同的代码,只是处理的数据的类型不同而已。

当函数模板与一般函数同名时,遵行下面的调用顺序:

① 一个函数调用首先寻找参数完全匹配的一般函数,如果找到就调用它;

② 寻找一个函数模板,使其实例化,生成一个匹配的模板函数,然后调用该模板函数。

📺 10.2 类 模 板

类模板可以用来描述与数据类型无关的类。类模板中类的数据成员和函数成员的参数与返回值可以是任意的数据类型,它描述了一族类的属性和行为,是一族类的统一描述,可以避免类的重复定义。

10.2.1　类模板的定义

定义类模板的一般格式如下：

template<<模板形参表>>
class<类模板名>
{
　　类体
};

其中，template 为定义模板的关键字，指明是函数模板或类模板。模板形参表用尖括号括起来，用来说明一个或多个类型形参和普通形参。多个模板参数用逗号分隔；类型形参由关键字 typename 及其后面的标识符构成。该标识符对应的实参可以是系统的基本数据类型，也可以是用户自定义的数据类型。普通形参的说明方式为：＜类型＞＜普通形参名＞。class 是定义类模板的关键字。类模板名为类模板命名的标识符。类体是类的定义体。在类定义体中，以类模板参数作为某一种类型名来使用。

【例 10-4】　下面是具有类型形参 T 和普通形参 length 的类模板 Array。该类模板中的数据成员是数据类型为 T 类型的数组 buffer，该数组的长度由普通形参 length 决定。该类模板中的函数成员是读取下标为 i 的数组元素值的函数 GetElement()，计算数组长度的函数 GetLength()，将数组元素都设置为 x 的函数 SetElement()。

```
template<typename T,int length>
class Array
{
public:
    T GetElement(int i)
    {
        return buffer[i];
    }
    int GetLength()
    {
        return sizeof(buffer)/sizeof(T);
    }
    void SetElement(T x);
private:
    T buffer[length];
};
```

类模板的成员函数可以在类模板的定义中定义（inline 函数），如例 10-4 中 GetElement() 和 GetLength() 函数。类模板的成员函数也可以在类模板定义之外定义，在类模板外定义函数成员的一般格式如下：

template<模板形参表>
函数类型<类模板名><类型形参名表>::<成员函数名>(函数形参)

```
{
    成员函数的函数体
}
```

下面是在类模板定义外定义例 10-4 中的函数成员 SetElement：

```
template<typename T,int length>
void Array<T, length>::SetElement(T x)
{
    for(int i=0;i<GetLength();i++)
        buffer[i]=x;
}
```

10.2.2　类模板的使用

类模板与函数模板一样也不能直接使用,必须先实例化为相应的模板类,只有创建该模板类的对象后才能使用。类模板实例化后称为模板类,模板类具有和普通类相同的行为。

与函数模板不同的是：函数模板的实例化是由编译程序在处理函数调用时自动完成的,而类模板的实例化必须由程序员在程序中显式地指定。

创建类模板实例的一般格式如下：

<类模板名><<类型实参表>><对象名表>；

其中,<类型实参表>应与该类模板中的<模板形参表>匹配,即实例化中所使用的实参必须和类模板中定义的形参具有相同的顺序和类型。

【例 10-5】　类模板的定义和使用。定义并使用 Array 类模板。

```
//ArrayTemplate.h
#ifndef ARRAY
#define ARRAY
template<typename T,int length>
class Array
{
public:
    T GetElement(int i)
    {
        return buffer[i];
    }
    int GetLength()
    {
        return sizeof(buffer)/sizeof(T);
    }
    void SetElement(T x);
private:
    T buffer[length];
```

```
};
template<typename T,int length>
void Array<T,length>::SetElement(T x)
{
    for(int i=0;i<GetLength();i++)
        buffer[i]=x;
}
#endif

//testArrayTemplate.cpp
#include<iostream>
#include "ArrayTemplate.h"
using namespace std;
int main()
{
    Array<int,10>   a;
    Array<double,20>   b;
    Array<char,30>   c;
    cout<<"对象 a 的数组长度为: "<<a.GetLength()<<endl;
    cout<<"对象 b 的数组长度为: "<<b.GetLength()<<endl;
    cout<<"对象 c 的数组长度为: "<<c.GetLength()<<endl;
    a.SetElement(100);
    b.SetElement(12.5);
    c.SetElement('w');
    cout<<"对象 a 的数组中第 5 个元素为: "<<a.GetElement(5)<<endl;
    cout<<"对象 b 的数组中第 10 个元素为: "<<b.GetElement(10)<<endl;
    cout<<"对象 c 的数组中第 20 个元素为: "<<c.GetElement(20)<<endl;
    return 0;
}
```

程序的运行结果：

```
对象 a 的数组长度为: 10
对象 b 的数组长度为: 20
对象 c 的数组长度为: 30
对象 a 的数组中第 5 个元素为: 100
对象 b 的数组中第 10 个元素为: 12.5
对象 c 的数组中第 20 个元素为: w
```

说明：

◆ 类模板函数成员本身也是一个模板,类模板被实例化时并不是自动被实例化,只有当它被调用时才被实例化。

◆ 目前大部分编译系统不支持将类模板的声明和类模板成员函数的定义放在不同文件中。所以,一般在定义类模板时,要将类模板的声明和类模板成员函数的定义放在同一个头文件中。

10.2.3 类模板的静态成员和友元

1. 类模板的静态成员

类模板也允许有静态成员。静态成员将会是类模板实例化类的静态成员,即对于一个模板类的每一个实例化类,它的所有对象共享类中的静态成员。

```
template <typename T>class TA
{
    ⋮
    static T m_t;              //类模板的静态成员 m_t
    ⋮
};
```

类模板的静态成员在定义类模板时不会被创建,在创建类模板的实例化类后,在模板类中才会产生所有对象共享的静态成员。例如:

```
TA<int>iobj1,iobj2;
TA<double>dobj1,dobj2;
```

实例化模板类 TA<int>的两个对象 iobj1 和 iobj2 将共享 TA<int>的静态成员 int m_t;实例化模板类 TA<double>的两个对象 dobj1 和 dobj2 将共享 TA<double>的静态成员 double m_t。

由于静态数据成员不属于任何对象,所以在创建对象时也不会为该类的静态数据成员分配存储空间。所以,类设计者需要在类外对静态数据成员进行定义。静态数据成员的定义形式如下:

<类型><类名>::<静态数据成员名>[=<初值>];

例如:

```
int TA<int>::m_t=100;
double TA<double>::m_t=123.45;
```

2. 类模板的友元

在类模板的定义中同样可以包含友元。模板类可以包含如下几种友元:
- 友元为一般函数,它将是该类模板所有实例化模板类的友元函数。
- 友元是一个函数模板,它的类型参数与类模板的类型参数无关,则该函数模板的所有实例化模板函数都是类模板的所有实例化模板类的友元函数。
- 友元是一个函数模板,但它的类型参数与类模板的类型参数有关,该友元函数模板的实例有可能只是该类模板的某些特定实例化模板类的友元。

类模板的使用非常广泛,后面将要学习的数据结构部分采用的都是与数据类型无关的类模板。关于用户自定义类模板的应用实例以及用户可以直接使用 C++ 已经提供的标准模板库(STL)的内容,还有一些可以直接使用的排序和查找算法的函数模板,请参阅拓展学习。

利用 MFC(Microsoft Foundation Classes),程序员可以高效地开发出基于 Windows 操作系统的各种应用程序。例如,界面化应用程序、数据库应用程序、Web 应用程序等。关于 MFC 入门的内容,请参阅拓展学习。

Qt 是一个跨平台的 C++ 图形用户界面(GUI)应用程序框架,它为应用程序开发者提供建立艺术级图形界面所需的所有功能。它是完全面向对象的,很容易扩展,并且允许真正的组件编程。关于 Qt 编程入门的内容,请参阅拓展学习。

拓展学习

用户自定义类模板实例、排序算法函数模板、查找算法函数模板、STL 及使用示例、
MFC 编程入门和 Qt 编程入门

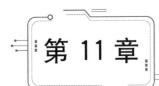

第 11 章 数据结构和算法的基本概念

◎ 导 学

【主要内容】

数据结构是一门研究程序设计问题中计算机的操作对象（数据元素）以及它们之间的关系和操作的学科,包含数据的逻辑结构、物理结构和操作等内容。常常用抽象数据类型来描述一种具体的数据结构。算法是对计算机执行的操作对象的计算过程的具体描述。本章主要介绍数据结构的基本概念和研究的基本问题,并简要介绍算法设计与分析基础知识,给出算法分析实例。

【重点】

● 数据结构的基本概念和要研究的问题。
● 算法设计与分析的基本概念。

【难点】

● 理解数据结构要研究的基本问题。
● 逻辑结构和物理结构之间的关系。
● 算法分析方法。

在计算机科学与工程领域中,数据结构和算法是基础性学科,是开发高效计算机程序以解决各领域应用问题的核心。针对非数值计算的程序设计问题,数据结构研究的是计算机的操作对象（数据元素）以及它们之间的关系和运算;计算机算法则是对计算机上执行的计算过程的具体描述。寻求和实现数学模型的过程使计算机算法与数据的结构密切相关,算法依赖于具体的数据结构,数据结构也直接关系到算法的选择和效率。

📊 11.1 数据结构的基本概念

信息是对现实世界中事物的存在方式或运动状态的反映,在计算机中以数据的形式存储。如何表示和处理信息是计算机科学研究的主要问题。信息的表示和组织直接关系到处理信息的程序的效率。随着应用问题的复杂程度的不断增加,信息量剧增,信息范围不断拓宽,导致程序的规模越来越大,程序的结构也更加复杂。因此,必须要面向所处理的问题,分析所包含对象的特征以及各对象之间的关系。

11.1.1　基本术语

1. 数据

数据结构中的数据是指所有能输入到计算机中并能被计算机识别、存储和加工处理的符号,是计算机处理的信息的符号化表示形式。例如,整数、实数、字符、声音、图形和图像等都可以用数据来表示。

2. 数据元素

数据元素是数据的基本单位,也是数据结构中讨论的基本单位,简称元素。一个数据元素可以仅包含一个简单的数据项,例如一个实数;也可以包含多个数据项,例如一名教师的信息、一本图书的信息、一件商品的信息等都会包括多个数据项。每一个客观存在的事件也都可以作为数据元素,例如一次旅游、一次考试、一次借书等。

3. 数据项

数据项是数据的不可分割的最小单位,又称数据域。数据项是数据结构中讨论的最小单位,数据元素是数据项的集合。例如,一名教师的信息是一个数据元素,由教师编号、姓名、性别、年龄和职称等数据项组成。所有教师的信息构成了教师信息表,如表 11-1 所示。

表 11-1　教师信息表

教师编号	姓名	性别	年龄	职称
900149	张向军	男	50	教授
980221	王芳	女	36	副教授
000108	李冰	女	34	副教授
080105	赵鹏	男	30	讲师
070108	刘小萍	女	31	讲师
…	…	…	…	…

4. 数据对象

数据对象指具有相同性质的数据元素的集合。例如,表 11-1 所示的教师信息表是教师数据对象;$I=\{0,\pm1,\pm2,\cdots\}$ 是整数数据对象;$C=\{'a','b',\cdots,'z','A','B',\cdots,'Z'\}$ 是英文字母数据对象。数据对象可以是无穷集,也可以是有穷集。

5. 数据结构

结构是把成员组织在一起的方式。数据结构就是以数据为成员的结构,是带结构的数据元素的集合,数据元素之间存在着一种或多种特定的关系。例如,在银行办理业务的队列中,每名顾客不仅有个人信息,还有相互之间的顺序关系;在地图上,每个城市除了有名称等数据信息外,还有城市与城市之间相互的的位置关系。

将具体的数据结构按照特性可分为不同的类型。例如,本书后面将要介绍的线性表、队列、树、图等。计算机中的数据结构就是研究各种类型数据结构的本质特性。

6. 结点

数据结构中的数据元素称为结点。在研究实际问题时,一个结点可以是用高级语言的基本数据类型就能表示的信息,例如一个字符、一个整数、一个实数、一个逻辑值;还可以是需要由基本数据类型的某种组成方式(如数组、结构或类等)构成的复杂信息,例如学生的基本信息、道路交通信息等。数据结构将结点看成一个整体,本章重点讨论结点之间的关系。

7. 数据处理

数据处理是指对数据元素进行操作的方式,包括数据的插入、删除、查找、更新、排序等基本操作,也包括对数据元素进行分析的操作。

11.1.2 数据的逻辑结构

数据结构是研究计算机的操作对象(数据)以及它们之间的关系和操作等的学科,目的是提高计算机的数据处理效率并节省存储空间。数据结构主要研究下面 3 个方面的问题。

(1) 数据的逻辑结构:在数据集合中,各种数据元素之间固有的逻辑关系。

(2) 数据的存储结构:在对数据进行存储时,各数据元素在计算机中的存储关系。

(3) 数据结构的操作:各种数据结构要进行的操作以及基于计算机中的存储方式如何实现这些操作。各种数据结构的操作有所不同,但一般都包含插入、删除、查找、更新、排序等常用的基本操作。

一般情况下,在具有相同特征的数据元素集合中,各个数据元素之间存在某种关系,这种关系反映了该集合中的数据元素所固有的一种结构。通常把数据元素之间的这种固有的关系简单地用前驱与后继关系来描述。前驱与后继关系所表示的实际意义会随具体对象的不同而不同。一般来说,数据元素之间的任何关系都可以用前驱与后继关系来描述。

数据的逻辑结构定义了数据结构中数据元素之间的相互逻辑关系。数据的逻辑结构包含两个方面的信息:数据元素的信息;各数据元素之间的关系。因此,将数据的逻辑结构定义如下。

数据结构是一个二元组:

```
Data_Structures=(D, R)
```

其中,D 是数据元素的有限集,R 是 D 上关系的有限集。

一般以二元组的形式来表示 D 中各数据元素之间的关系。例如,假设 a 与 b 是 D 中的两个数据元素,则二元组＜a,b＞表示 a 是 b 的前驱、b 是 a 的后继,D 中每两个相邻元素之间的关系都可以用这种二元组来表示。

例如,n 维向量$(x_1, x_2, \cdots, x_n)$是一种数据结构,即 $X=(D, R)$,其中:

$$D=\{x_1,x_2,\cdots,x_n\},R=\{<x_1,x_2>,<x_2,x_3>,\cdots,<x_{n-1},x_n>\}$$

根据数据结构中各数据元素之间前驱与后继关系的复杂程度,数据的逻辑结构可分为线性结构与非线性结构两大类,非线性结构又可以进一步细分为若干子类。下面介绍基本的逻辑结构。

1. 线性结构

线性结构的特征是数据元素之间存在着"一对一"的线性关系。若一个非空的数据结构满足以下 3 个条件:

(1) 有且仅有一个没有前驱的结点,通常将该结点称为根结点。

(2) 除了根结点没有前驱、最后一个结点没有后继之外,其他每一个结点都有一个前驱和一个后继。

(3) 线性结构在插入或删除任何一个结点后还是线性结构。

一种数据结构,除了可以用二元关系表示外,还可以直观地用图形来表示。在数据结构的图形表示中,对于数据集合 D 中的每一个数据元素(结点)用中间标有元素值的方框或圆表示;为了进一步表示各数据元素之间的前驱、后继关系,对于关系 R 中的每一个二元组,用一条有向线段从前驱结点指向后继结点。

例如,n 维向量 $(x_1,x_2,\cdots,x_n)$,x_1 为第一个元素,x_n 为最后一个元素,此数据结构就是一个线性结构。图 11-1 是线性结构示意图。

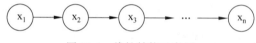

图 11-1　线性结构示意图

2. 非线性结构

非线性的特征是一个结点可能有多个前驱和后继结点。下面的数据结构均为非线性结构。

1) 树状结构

树状结构指的是数据元素之间存在着"一对多"关系的数据结构。在树状结构中,除树根结点没有前驱结点外,其余每个结点有且只有一个前驱结点。除叶子结点没有后继结点,其余每个结点的后继结点数可以是一个或多个。

例如,家族的血统关系、行政人事组织结构、计算机的文件系统等问题都可以归结为树状结构。图 11-2 是树状结构的示意图。

2) 网状结构

在网状结构中,数据元素之间的关系是任意的,任意两个数据元素之间均可相关联,即一个结点可以有一个或多个前驱结点,也可以有一个或多个后继结点。

例如,城市道路交通、施工计划、各种网络建设等问题都可以归为网状结构。图 11-3 是网状结构的示意图。

3) 集合结构

集合结构是指数据元素之间除了"同属于一个集合"外没有其他关系,即结点之间不存

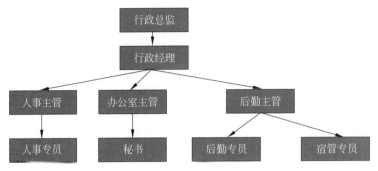

图 11-2　树状结构示意图

在前驱和后继的关系。

例如,整数集合、实数集合、学生集合等。图 11-4 是集合结构的示意图。

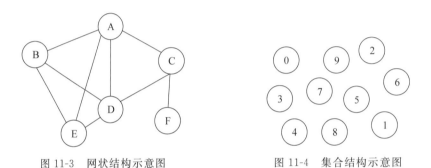

图 11-3　网状结构示意图　　　　　　图 11-4　集合结构示意图

11.1.3　数据的存储结构

数据的存储结构又称数据的物理结构,是指逻辑结构的存储表示,即数据的逻辑结构在计算机存储空间中的存放形式,包括结点的数据和结点间关系的存储表示。数据的存储结构依赖于具体的计算机程序,我们只在高级语言的层次上来讨论数据的存储结构。

同一种逻辑结构往往可以采用不同的存储方式,数据元素在计算机实际存储空间中的位置关系可能与它们的逻辑关系不同。因此,为了表示存放在计算机存储空间中的各数据元素之间的逻辑关系,在数据的存储结构中,不仅要存放数据元素的数据信息,还需要存放各数据元素之间的关系信息。

下面是 4 种常见的存储结构。

1. 顺序存储结构

把逻辑上相邻的数据元素存储在物理位置也相邻的存储单元里,数据元素之间的逻辑关系由存储单元的邻接关系来体现,这样的存储结构称为顺序存储结构。这种存储方法主要应用于线性的数据结构,非线性的数据结构也可以通过某种线性化的方法来实现顺序存储。由于顺序存储方法只需存储结点的数据,不需要存储结点之间相互关系的附加信息,所以顺序存储结构一般也被称为紧凑存储结构。

2. 链式存储结构

各个数据元素的存储位置可以随意,不要求逻辑上相邻的数据元素在物理位置上也相邻,结点间的逻辑关系由附加的指针域来表示,这样的存储结构称为链式存储结构。这种存储方法既可用于线性的数据结构,也可用于非线性的数据结构。链式存储结构适合于表示因经常进行插入、删除等操作而频繁发生动态变化的数据结构。

3. 索引存储结构

索引存储结构是顺序存储结构的一种推广,用于大小不等的数据结点的顺序存储。所有数据元素按顺序存储方式存放,此外增设一个索引表,表中的索引项的一般形式是(关键字,地址)。其中,关键字是能唯一标识一个结点的那个(些)数据项,地址是该结点的存储位置。

4. 散列存储结构

散列存储结构的基本思想是根据结点的关键字通过散列函数直接计算出该结点的存储地址。各数据元素均匀地分布在存储区里,用散列函数指示各数据元素的存储位置。

本书将要介绍的线性结构包括线性表、栈、队列,非线性结构包括树、二叉树和图。

11.1.4　数据的操作

数据结构与施加于数据结构上的操作密切相关。数据按一定的逻辑结构组织起来,再用适当的方式存储到计算机中,其目的是提高数据的运算效率,从而更有效地处理数据。每种逻辑结构都有一个操作的集合。数据的操作是定义在数据的逻辑结构上的,操作的具体实现则要在存储结构上进行。对于各种数据结构而言,它们的基本操作是相似的,下面是最常用的操作。

（1）创建：建立一个数据结构。

（2）清除：除去一个数据结构。

（3）插入：在数据结构中增加新的结点。

（4）删除：把指定的结点从数据结构中清除。

（5）访问：对数据结构中的结点进行读取。

（6）更新：改变指定结点的值或改变指定的某些结点之间的关系。

（7）查找：在数据结构中查询满足一定条件的结点。

（8）排序：对数据结构中各个结点按指定数据项的值,以升序或降序重新排列。

说明：其他复杂的操作过程一般可以通过上述基本操作的组合实现。

数据的逻辑结构和存储结构是密不可分的,一个操作算法的设计取决于所选定的逻辑结构,而算法的实现则依赖于所采用的存储结构。采用不同的存储结构,其数据处理的效率不同。因此,在进行数据处理时,针对不同问题,选择合理的逻辑结构和存储结构非常重要。

11.2 抽象数据类型

高级程序语言中的基本数据类型,包括一个取值的集合和一个定义在此取值集合上的操作的集合,即数据类型显式或隐式地规定了变量或表达式所有可能的取值范围,以及允许进行的操作。在编写程序时,必须对程序中出现的每个变量、常量或表达式明确说明它们所属的数据类型。

数据结构和数据类型密切相关,但数据结构又不同于数据类型,它不仅要描述数据对象的数据类型,而且要描述数据对象各元素之间的相互关系。

抽象数据类型(Abstract Data Type,ADT),是指一个数学模型以及定义在此数学模型上的一组操作。ADT 是与具体的物理存储无关的数据类型,因此,不论 ADT 的内部结构如何变化,只要其数据结构的特性不变,都不影响其外部使用。

说明:抽象数据类型可以使我们更容易地描述现实世界。数据结构的本质就是抽象数据类型的物理实现。

对抽象数据类型的描述一般用(D,R,P)三元组表示,抽象数据类型的定义格式如下:

ADT <抽象数据类型名>

{

  数据对象 D: <数据对象的定义>

  数据关系 R: <数据关系的定义>

  基本操作 P: <基本操作的定义>

} ADT <抽象数据类型名>

其中,D 是数据对象,R 是 D 上的关系集,P 是对 D 的基本操作集。

数据对象和数据关系的定义用伪码来描述。

基本操作的定义格式如下:

基本操作名 (参数表)

初始条件: <初始条件描述>

操作结果: <操作结果描述>

其中,初始条件说明操作执行之前数据结构和参数应满足的条件;操作结果说明操作完成后,数据结构的变化状况和应返回的结果。

抽象数据类型是一种十分有效的对问题进行抽象和分解的思维工具,是面向对象技术和方法的主要理论基础。抽象数据类型抽象出数据结构本质的特征、所能完成的功能以及它和外部用户的接口。同时,将实体的外部特性和其内部实现细节分离,并且对外部用户隐藏其内部实现细节。因此,抽象数据类型可以直接通过 C++ 语言中的类类型来实现,其数据部分通常定义为类的私有或保护的数据成员,它只允许该类或派生类直接使用,操作部分通常定义为类的公有成员函数,它既可以提供给该类或派生类使用,也可以提供给外部的类和函数使用。

说明:前面学习了 C++ 语言,因此下面采用 C++ 的类(类模板)来实现 ADT。由于实现时采用不同的存储结构,对同一种数据结构的 ADT 给出了不同的类(类模板)名。例如,在第 12 章将介绍的线性表中,在用线性存储结构实现线性表 List 时给出的类模板名是 LinearList,在用链式存储结构实现线性表 List 时给出的类模板名是 LinkList。

【例 11-1】　根据下面的描述对复数进行抽象,给出复数的抽象数据类型,并用 C++ 的类来实现复数的抽象数据类型。

复数可抽象为:

(1) 在复数内部有两个实数,分别表示复数的实部和虚部。

(2) 创建复数的 3 种操作:

① 默认参数,复数的实部和虚部默认为 0。

② 第一个参数赋值给复数的实部,虚部设置为 0。

③ 将两个参数分别赋给复数的实部和虚部。

(3) 获取和修改复数的实部和虚部,以及 = 、+ 、− 、∗ 、/等运算。

(4) 定义重载<<运算符来输出一个复数。

根据对复数的抽象,可将复数的抽象数据类型定义如下:

```
ADT Complex
{
    数据对象 D: double Re,Im
    数据关系 R: Re 和 Im 分别是复数的实部与虚部
    基本操作 P:
        Create(){Re=Im=0;}                 //创建实部和虚部都为 0 的复数
        Create(double r) {Re=r;Im=0;}      //创建根据给出的参数设置实部而虚部为 0 的复数
        Create(double r,double i) {Re=r;Im=i;}
                                           //创建根据给出的参数设置实部和虚部的复数
        double getReal() {return Re;}       //取复数实部
        double getImage() {return Im;}      //取复数虚部
        void setReal(double r) {Re=r;}      //修改复数实部
        void setImage(double i) {Im=i;}    //修改复数虚部
        Complex& operator=(Complex & ob) {Re=ob.Re;Im=ob.Im;}     //复数赋值
        Complex& operator+(Complex& ob);//重载函数:复数四则运算
        Complex& operator - (Complex& ob);
        Complex& operator * (Complex& ob);
        Complex& operator/(Complex& ob);
        friend ostream& operator<<(ostream& os, Complex& c); //友元函数:重载<<
} ADT Complex
```

相应地,实现复数抽象数据类型的 C++ 的类声明如下:

```
class Complex
{
public:
    Complex (){ Re=Im=0; }                      //无参数的构造函数
    Complex (double r) { Re=r; Im=0; }          //只设置实部的构造函数
```

```
        Complex (double r, double i) { Re=r; Im=i; }              //分别设置实部、虚部的构造函数
        double getReal () { return Re; }                          //取复数实部
        double getImage () { return Im; }                         //取复数虚部
        void setReal (double r) { Re=r; }                         //修改复数实部
        void setImage (double i) { Im=i; }                        //修改复数虚部
        Complex& operator= (Complex& ob) { Re=ob.Re; Im=ob.Im; }     //复数赋值
        Complex& operator+ (Complex& ob);                         //重载函数：复数四则运算
        Complex& operator - (Complex& ob);
        Complex& operator * (Complex& ob);
        Complex& operator /(Complex& ob);
        friend ostream& operator<< (ostream& os, Complex& c);        //友元函数：重载<<
private:
        double Re, Im;                                            //复数的实部与虚部
};
```

说明：例 11-1 中只给出了复数类的声明，省略了几个具体操作函数的定义部分，感兴趣的读者可自行完成这些操作。在实现创建复数的操作时使用了 C++ 类的构造函数。由于有了抽象数据类型，可以很容易地使用 C++ 面向对象程序设计的方法来实现抽象数据类型。

11.3　算法设计与算法分析基础

计算机技术的每一个进步都与算法研究的突破有关。例如，多媒体技术的发展与数据压缩算法的研究密切相关，电子政务、电子商务、网上银行的发展离不开数据加密算法的研究。在计算机性能不断提高的同时，人类使用计算机解决的问题也在不断变化，应用范围和规模不断增大，应用问题本身也越来越复杂。算法与计算复杂性理论表明，当问题的复杂度较高时，单纯地提高计算机性能是不能解决问题的。因此，在计算机的速度不断提高的同时，仍然需要研究算法。

11.3.1　算法的基本概念

1. 算法

算法是在有限的步骤内解决问题的过程，是以一步接一步的方式来详细描述计算机如何将输入转化为所要求的输出的过程，即算法是对计算机上执行的计算过程的具体描述。D. E. Knuthgei 给出了一个有效的算法必须满足以下 5 个重要特性。

（1）有穷性：算法必须能在有限的时间内做完，即在任何情况下，算法必须能在执行有限个步骤之后终止，不能陷入无穷循环中。

（2）确定性：算法中的每一个步骤，必须经过明确的定义，并且能够被计算机所理解和执行，而不能是抽象和模糊的概念，更不允许有二义性。

（3）输入：算法有 0 个或多个输入值，用来描述算法开始前运算对象的初始情况，这是

算法执行的起点或是依据。0 个输入是指算法本身给出了运算对象的初始条件。

（4）输出：算法至少有一个或多个输出值，以反映对运算对象的处理结果，没有输出的算法没有任何意义。

（5）可行性：算法中要做的运算都是基本运算，能够被精确地进行。即算法中执行的任何计算都可以被分解为基本的运算步骤，每个基本的运算步骤都可以在有限的时间内完成。

2. 算法与算法程序

算法与计算机算法程序关系密切，但概念却不同。一个计算机程序是算法的一个具体描述，同一个算法可以用不同语言编写的程序来描述。实现算法的程序应该具备以下特性。

（1）正确性：一个正确的算法程序能够实现算法问题求解的功能，即算法程序对于一切合法的输入数据都能得出正确的结果。

（2）可读性：算法程序应该是易于理解的，可读性差的程序容易隐藏较多错误且难以发现。

（3）健壮性：当输入的数据非法时，算法程序应当能进行相应处理，而不是出现无法预知的输出结果。算法程序处理出错的方法不是中断程序的执行，而是应该返回一个表示错误性质的值，以便上一级程序根据错误信息进行相应处理。

11.3.2　算法分析

计算机科学就是用计算机来解决问题，它把问题作为自己的研究对象。世界是一个个需要解决的问题的集合，每一个问题又都是该问题集合中的一个实例。因此，算法的研究与实际问题直接相关。用来解一个问题可以有许多不同的算法，这些算法之间的效果可能会有很大差别。算法设计者最关心的就是什么是有效的算法，如何评价一个算法的优劣，如何从多种算法中选择好的算法。除了要首先考虑算法的正确性外，还要分析和评价算法的性能。分析和评价算法的性能主要要考虑以下两个方面。

（1）时间代价：执行算法所耗费的时间。一个好的算法首先应该比其他算法的运行时间代价要小。算法时间代价的大小用算法的时间复杂度来度量。

（2）空间代价：执行算法所耗费的存储空间，主要是辅助空间。算法运行所需要的空间消耗是衡量算法优劣的另一个重要因素。算法的空间代价的大小用算法的空间复杂度来度量。

算法的性能评价是指算法程序在计算机上运行，测量它所耗费的时间和存储空间。由于运行算法程序的计算机性能的差别以及软件平台和描述语言的差别，无法用算法的实际时间消耗和空间消耗来度量算法的时间复杂度和空间复杂度。所以，算法的性能分析就是指对算法的时间复杂度和空间复杂度进行事前估计，与具体的计算机、软件平台、程序语言和编译器无关。

说明：面对自然界和人类社会的各种问题，计算速度的挑战是第一位的。所以，算法的时间复杂度的分析常常比空间复杂度的分析要重要。在许多应用问题中，往往会适当地增加空间代价来减少时间代价。例如，下面将要介绍的动态规划策略就是一种以空间换时间的算法设计策略。

1. 时间复杂度

一个算法所耗费的时间,应该是该算法中每条语句的执行时间之和,而每条语句的执行时间就是该语句的执行次数(又称频度)与该语句执行一次所需时间的乘积。一个算法的时间耗费就是该算法中所有语句的频度之和。

由于算法时间复杂度的度量不依赖于算法程序运行的软硬件平台,统一的方法是用执行的基本操作的次数来度量算法时间复杂度。算法运行的时间代价和空间代价都与问题的规模有关。

(1) 基本操作:是指算法运行中起主要作用且花费最多时间的操作。对于基本操作的概念没有精确定义。在实际算法分析时,可以自由决定算法运行的基本操作。例如,在比较排序算法的分析中,基本操作可以是数据之间的比较操作,也可以是数据元素的移动操作,还可以是比较和移动的次数之和。

(2) 问题规模:是指该问题一个实例的输入规模的大小。同样,问题规模的概念也没有精确定义,根据问题的不同而不同。例如,对于排序问题,问题规模是待排序元素序列的长度 n。

因此,一个算法的时间复杂度可由问题规模的函数来表示,即一个算法的时间代价是由该算法用于问题规模为 n 的实例所需的基本操作次数来确定。一般用 T(n) 来表示算法的基本计算次数,即算法的时间复杂度。

【例 11-2】 分析两个 n 阶矩阵 A 和 B 相乘(C=A×B)所需要的基本运算次数 T(n)。用 C++ 描述的算法如下:

```
for(i=0; i<n; i++)                        //运算 n+1 次
for(j=0; j<n; j++)                        //运算 n(n+1)次
{
    c[i][j]=0;                            //运算 n² 次
    for(k=0; k<n; k++)                    //运算 n²(n+1)次
        c[i][j]=c[i][j]+a[i][k]*b[k][j];  //运算 n³ 次
}
```

分析两个 n 阶矩阵相乘的算法可知,外层循环的控制变量 i 从 0 增加到 n 时,循环才会终止,故 i<n 的运算次数为 n+1;第二层循环,是外循环的循环体,应该运算 n 次,而第二层循环本身要运算 n+1 次,故第二层循环的 j<n 的运算次数为 n(n+1),语句 c[i][j]=0 的运算次数为 n^2;内循环又是第二层循环的循环体,应该运算 n^2 次,而内循环 k<n 要运算 n+1 次,故内循环的运算次数是 $n^2(n+1)$;语句 c[i][j]=c[i][j]+a[i][k]*b[k][j] 的运算次数为 n^3。因此,该算法主要语句的运算次数之和 $T(n)=2n^3+3n^2+2n+1$。

在算法分析时,一般采用大 O 表示法:一般来说,计算机算法的时间复杂度是问题规模 n 的函数 f(n),如果存在正的常数 c 和 n_0,当问题的规模 $n \geq n_0$ 后,算法的时间(或空间)复杂度 $T(n) \leq c \cdot f(n)$,则该算法的时间(或空间)复杂度为 O(f(n)),记为:

$$T(n)=O(f(n))$$

对于比较复杂的程序,往往无法精确地计算算法的复杂度,因此一般是根据复杂度函数的渐近性质来比较算法优劣。当问题的规模 n 趋向无穷大时,时间复杂度 T(n) 的量级(阶)称为算法渐近时间复杂度,简称**时间复杂度**。在例 11-2 中,当 n 趋于无穷大时,T(n) 与 n^3 之比是一个不等于零的常数,$T(n)/n^3 \to 2$　(当 $n \to \infty$ 时),则 T(n) 和 n^3 是同阶的。所以,两个 n 阶矩阵相乘算法的时间复杂度 T(n) 的量级为 $O(n^3)$,记为:

$$T(n) = O(n^3)$$

时间复杂度 T(n) 的量级,实际上是由 f(n) 的最高次项决定的。因此,在具体分析算法的时间复杂度时,可采用如下方法:

(1) 一般可只考虑与程序规模有关的运行次数最多的语句,如循环语句的循环体、多重循环中的内循环等。

(2) 若语句很少执行且与规模 n 无关,则可忽略不计。

(3) 若所有语句都与规模 n 无关,则即使有上千条语句,其执行时间也仅仅是一个较大的常数,故时间复杂度的量级是 $O(n^0) = O(1)$。

(4) 对于较复杂的算法,可以将它分成几个容易估算的部分,然后利用量级加法规则或乘法规则计算整个算法的时间复杂度。

① 加法规则:若算法的两部分的时间复杂度分别为 $T_1(n) = O(f_1(n))$ 和 $T_2(n) = O(f_2(n))$,且这两部分是顺序执行的,则算法的时间复杂度 T(n) 为:

$$T(n) = T_1(n) + T_2(n) = O(\max(f_1(n), f_2(n)))$$

② 乘法规则:若算法的两部分的时间复杂度为 $T_1(n) = O(f_1(n))$ 和 $T_2(n) = O(f_2(n))$,如果第一部分的时间代价 $T_1(n) = O(f_1(n))$ 的时间单位不是最基本的,而是以第二部分的时间代价 $T_2(n) = O(f_2(n))$ 为基础来考虑的,则算法的时间复杂度 T(n) 为:

$$T(n) = T_1(n) \times T_2(n) = O(f_1(n) \times f_2(n))$$

按数量级递增排列,常见的时间复杂度有:常数阶 $O(1)$、对数阶 $O(\log_2 n)$、线性阶 $O(n)$、线性对数阶 $O(n\log_2 n)$、平方阶 $O(n^2)$、立方阶 $O(n^3)$ 等。

说明:一般情况下,讨论算法的时间复杂度时,没有必要精确计算出算法的执行次数(即频度),只要计算出算法时间复杂度的量级就可以了。通常认为,具有指数阶量级的算法实际是不可计算的,而量级低于平方阶的算法是高效率的。

【例 11-3】　分析下面程序段的时间复杂度。

```
//交换 a 和 b 的内容
t=a;
a=b;
b=a;
```

分析:上述 3 条语句的执行次数均为 1,与规模 n 无关,故可知其时间复杂度为 $O(1)$。

【例 11-4】　分析下面程序段的时间复杂度。

```
//求 n 以内所有 2 的幂次数的和,即 1+2^1+2^2+…+2^k,2^k≤n
sum=0;
for (i=1; i<=n; i*=2)
    sum+=i;
```

分析:执行次数最多的语句是循环体 sum+=i,它执行的次数与 n 有关,但不是 n 次,若设为 m 次,由于 $2^m \leqslant n$,所以有 $m \leqslant \log_2 n$,故时间复杂度为 $O(\log_2 n)$。

【例 11-5】 分析下面程序段的时间复杂度。

```
//给二维数组 a[][]赋值 i+j
  for(i=0; i<n; i++)
  for (j=0; j<n; j++)
    a[i][j]=i+j;
```

分析:执行次数最多的语句是内循环的循环体 $a[i][j]=i+j$,该语句执行了 n^2 次,所以时间复杂度为 $O(n^2)$。

在具体分析一个算法的时间复杂度时,还会存在这样的问题:对于规模为 n 的问题,算法所执行的基本运算次数还可能与特定的输入有关,但又不可能将算法所有可能的基本运算次数都列举出来。例如,在长度为 n 的一维数组中查找值为 x 的元素,若采用顺序查找算法,即从数组的第一个元素开始,逐个与被查找值 x 进行比较。显然,如果第一个元素值恰好等于 x,则只需比较一次,就得到结果;如果最后一个元素值等于 x,或所有元素的值都不等于 x,则需要比较 n 次,才能得到结果。因此,在这个问题的算法中,其基本运算(即比较)的次数与具体的被查找(输入)值 x 有关。

由于算法的复杂度常常与输入有关,所以通常采用平均时间复杂度和最坏时间复杂度来衡量一个算法的复杂度。

(1) 平均时间复杂度:是指在问题规模为 n 时,用各种特定输入条件下的基本运算次数的加权平均值来衡量算法的复杂度。

设 x 是所有可能输入中的某个特定输入,$p(x)$ 是 x 出现的概率(即输入为 x 的概率),$t(x)$ 是算法在输入为 x 时所执行的基本运算次数,则算法的平均运算次数为:

$$A(n) = \sum_{x \in D_n} p(x)t(x)$$

其中,D_n 表示当问题规模为 n 时,算法所有可能的输入组成的集合。通过分析算法可以确定上式中的 $t(x)$。上式中的 $p(x)$ 需要根据经验或用算法中有关的一些特定信息来确定。若 $p(x)$ 比较难确定,则分析算法的平均时间复杂度也会比较困难。

(2) 最坏时间复杂度:是指在问题规模为 n 时,用算法所执行的基本运算的最大次数来衡量算法的时间复杂度。

设 x 是所有可能输入中的某个特定输入,$t(x)$ 是算法在输入为 x 时所执行的基本运算次数,则算法最多的运算次数为:

$$W(n) = \max_{x \in D_n} \{t(x)\}$$

显然,$W(n)$ 的计算要比 $A(n)$ 的计算方便得多。由于最坏时间复杂度给出了算法时间复杂度的一个上界,即对于任何输入,算法的时间复杂度都不会大于 $W(n)$。因此,最坏时间复杂度往往比平均时间复杂度更具有参考价值。

说明:如果不特别说明,当某个算法的时间复杂度为 $T(n)$ 时,指的就是其最坏时间复杂度,即 $T(n)=W(n)$。由于最好时间复杂度的意义不大,因此一般不进行最好时间复杂度的分析。

2. 空间复杂度

算法的空间复杂度是指算法在计算机内执行时所需存储空间的度量。一般来说,计算

机算法的空间复杂度也是问题规模 n 的函数 f(n),算法的空间复杂度记为:

$$S(n) = O(f(n))$$

同时间复杂度相比,空间复杂度的分析要简单得多,其计算和表示方法与时间复杂度类似,一般都用复杂度的渐近性来表示。今后若无特别说明,就将算法的空间复杂度量级近似地看作算法的空间复杂度。

一个程序所占用的存储空间由以下几部分构成。

- 指令空间:是指用来存储经过编译后的程序指令所需要的存储空间。程序所需的指令空间与所使用的编译器、所设置的编译器选项以及目标计算机等因素有关。
- 数据空间:是指程序中数据所占用的存储空间。数据空间包括常量和简单变量所占据的空间,以及存储数据结构所需的空间和通过动态分配申请到的空间。
- 环境栈空间:用来保存函数调用返回时所需的信息。

可将上述程序所需的存储空间划分为以下两部分。

① 固定部分:是指与问题实例特性无关的那部分空间。例如,指令空间,数据空间中常量、简单变量和结构或对象的定长成员变量所占的空间。

② 变化部分:是指依赖于问题实例特性的那部分空间。例如,与实际问题实例规模有关的输入输出和中间处理所需的空间、递归栈空间,等等。

程序所需的空间由多种因素决定,有些因素与编译器和程序运行的计算机有关。所以,在进行算法的空间复杂度分析时,一般主要考虑依赖于问题特征、决定问题规模的那些因素——实例特性。

在具体分析算法的空间复杂度时,可采用如下方法:

(1) 若输入数据所占空间只与问题有关,和算法无关,则只需要分析除输入和程序之外需要的额外空间。

(2) 若额外空间量相对于问题规模来说是常数,则称该算法是原地工作的。

(3) 若所需存储量依赖于特定的输入,则通常按最坏情况考虑。

【例 11-6】 下面的函数模板 Sum 的功能是计算数组元素的和,分析该算法的空间复杂度。

```
template<class T>
T Sum(T a[],int n)              //计算数组 a 所有元素的和
{
    T sum=0;
    for (int i=0;i<n;i++)
        sum+=a[i];
    return sum;
}
```

空间复杂度分析:对于 Sum 函数,设数组 a 的元素个数为 n,即此问题的规模为 n。Sum 函数只需要给参数 a、n 以及函数体中声明的变量 i 和 sum 分配存储空间。由于算法所需的空间与规模 n 无关,所以 S(n)=O(1)。

【例 11-7】 下面的函数模板 Rsum 的功能是用递归法计算数组元素的和,分析它的空间复杂度。

```
template<class T>
T Rsum(T a[],int n)            //计算数组 a 所有元素的和
{
    if (n>0)
        return Rsum(a,n-1)+a[n-1];
    else
        return 0;
}
```

空间复杂度分析：对于 Rsum 函数，设数组 a 的元素个数为 n，即此问题的规模为 n。采用递归算法，递归栈空间需要存储参数 a 和参数 n 以及返回地址等信息。对于参数 a，需要存储一个指针，假设占 4 个字节。对于参数 n 需要分配一个 int 型的空间，假设占 4 个字节。如果返回地址也占 4 个字节，这样每调用一次 Rsum 函数需要 12 个字节的空间，由于递归深度为 n+1，共需要 12(n+1)字节的递归栈空间，所以 S(n)=12(n+1)=O(n)。

11.3.3 算法分析实例

1. 多项式求值问题

【**例 11-8**】 多项式 $P(x) = \sum_{i=0}^{n} c_i x^i$，当 $c_n \neq 0$ 时，P 是一个 n 次多项式。下面的代码是对于给定的 x，计算多项式 P(x)的值。其中，coeff 存储多项式的系数。

```
template<class T>
T PolyEval(T coeff[], int n, const T& x)
{
    T y=1,value=coeff[0];
    for (int i=1;i<=n;i++)
    {
        y*=x;
        value+=y*coeff[i];
    }
    return value;
}
```

1) 时间复杂度分析

对于上面的代码，可以根据 for 循环内部所执行的加法和乘法次数来估计时间复杂度。假设 n 表示问题的规模，由于进入 for 循环的总次数为 n，每次循环执行两次乘法和一次加法（不包括循环控制变量 i 每次递增所执行的加法），即加法的次数为 n，乘法的次数为 2n，所以 T(n)=O(n)。

2) 空间复杂度分析

对于 PolyEval 函数而言，只需要存储参数 coeff 和 n 以及变量 i、y 和 value，即算法的空间复杂度 S(n)=O(1)。可见，多项式求值算法的输入数据所占空间只与问题规模有关，和算法无关。所以，只需要分析除数据空间和指令空间之外的环境栈空间。该函数不是递归

函数,调用该函数所需的环境栈空间也是常数。因此,实现多项式求值需要的存储空间可用存储问题数据(系数)的空间来近似,即空间复杂度为 $O(ns)$,其中 s 是每个数据元素(系数)空间的大小。

2. 查找问题

【例 11-9】　下面代码是顺序查找算法,从数组 a 的第一个元素开始,逐个与被查找值 x 进行比较。如果找到一个元素与 x 相等,则函数返回第一次出现 x 的数组下标;如果在数组中没有找到这个元素,函数返回 -1。分析顺序查找法在长度为 n 的一维数组中查找值为 x 的元素的平均时间复杂度、最坏时间复杂度和空间复杂度。

```
template<class T>
int SeqSearch(T a[],int n,constT& x)
{
    for (int i=0;i<n;i++)
        if (a[i]==x)
            return i;
    return -1;
}
```

1) 时间复杂度分析

当需要查找的 x 为数组中第 i 个元素时,则在查找过程中需要 i 次比较;当需要查找的 x 不在数组中时,则需要进行 n 次比较。即比较次数为:

$$t_i = \begin{cases} i, & 1 \leqslant i \leqslant n \\ n, & i = n+1 \end{cases}$$

其中,$i=n+1$ 表示 x 不在数组中的情况。

假设被查找项 x 在数组中出现的概率为 q,且要查找的 x 出现在数组中每个位置上的可能性一样,则 x 出现在数组中每一个位置上的概率为 q/n,而 x 不在数组中的概率为 $1-q$。

$$p_i = \begin{cases} q/n & 1 \leqslant i \leqslant n \\ 1-q, & i = n+1 \end{cases}$$

其中,$i=n+1$ 表示 x 不在数组中的情况。

因此,用顺序查找法在长度为 n 的一维数组中查找值为 x 的元素,平均需要进行的比较次数为:

$$A(n) = \sum_{i=1}^{n+1} p_i t_i = \sum_{i=1}^{n} \frac{q}{n}i + (1-q)n = \frac{(n+1)q}{2} + (1-q)n$$

如果已知需要查找的 x 一定在数组中,即 $q=1$,则

$$A(n) = \frac{n+1}{2}$$

在这种情况下,用顺序查找法在长度为 n 的一维数组中查找值为 x 的元素,平均情况下需要检查数组中一半的元素。

如果已知需要查找的 x 有一半的机会在数组中,即 $q=1/2$,则

$$A(n) = \frac{n+1}{4} + \frac{n}{2} \approx \frac{3n}{4}$$

在这种情况下,用顺序查找法在长度为 n 的一维数组中查找值为 x 的元素,平均情况下需要检查数组中 3/4 的元素。

最坏情况发生在需要查找的 x 是数组中的最后一个元素或者 x 不在数组中的时候,此时有

$$W(n) = \max\{t_i \mid 1 \leqslant i \leqslant n+1\} = n$$

可见,顺序查找算法的时间复杂度在平均情况和最坏情况下均为 O(n)。

2) 空间复杂度分析

对于 SeqSearch 函数而言,只需要存储参数 a、n 及变量 i,即算法的空间复杂度 S(n) = O(1)。可见,顺序查找算法的输入数据所占空间只与问题规模有关,和算法无关。所以,只需要分析除数据空间和指令空间之外的环境栈空间。调用该函数所需的环境栈空间也是常数。因此,实现顺序查找算法需要的存储空间可用存储问题数据的空间来近似,即空间复杂度为 O(ns),其中 s 是每个数据元素空间的大小。

说明:例 11-9 的算法复杂度与具体输入有关,A(n) 只是它的加权平均值,此时 A(n) 会小于或等于 W(n)。在另外一些情况下,算法的计算工作量与输入无关,即当规模为 n 时,在所有可能的输入下,算法所执行的基本运算次数是一定的,此时 A(n) = W(n),如例 11-8。再如,两个 n 阶的矩阵相乘,都需要做 n^3 次实数乘法,而与输入矩阵的具体元素无关。

📊 11.4 算法设计基本方法与策略基础

本节概括地介绍算法设计的基本方法和策略,以便读者对常用的算法设计方法和策略有初步的认识,便于在以后的学习中对算法进行归类整理和梳理,并使用这些基本的方法和策略来设计自己的算法。

11.4.1 算法设计的方法

1. 递推法

递推法是利用问题本身所具有的一种递推关系求解问题的一种方法。它把问题求解分成若干步,找出相邻几步的关系,从而达到求解问题的目的。

具有如下性质的问题可以采用递推法:当得到问题规模为 i−1 的解后,由问题的递推性质能构造出问题规模为 i 的解。因此,程序可以从 i=0 或 i=1 出发,由已知 i−1 规模的解,通过递推,获得问题规模为 i 的解,直至得到问题规模为 n 的解。

【例 11-10】 使用递推策略计算 n!(假设 n≤10)。

问题求解思路:计算 n! 的问题可以写成递推公式的形式:n! = (n−1)! * n。可以看到,n! 是前一项的阶乘再乘以问题规模 n。所以,可以从 1 的阶乘出发,分别求出 2!,3!,…,(n−1)!,最后求出 n!。

```
//chap11-1.cpp
#include<iostream>
using namespace std;
int fac(int);
int main()
{
    int n, c;
    cout<<"请输入 n 的值: ";
    cin>>n;
    c=fac(n);
    cout<<n<<"的阶乘为"<<c<<endl;
    return 0;
}
int fac(int n)
{
    int result=1;
    for(int i=2;i<=n;i++)
        result=result * i;
    return result;
}
```

说明：递推法是一种简单有效的方法，一般用这种方法编写的程序执行效率很高，可以解决具有递推性质、个数不多、个数为定数的问题。

2. 递归法

递归法是利用函数直接或间接地调用自身来完成某个计算过程。

能采用递归描述的算法通常有这样的特征：为求解规模为 n 的问题，设法将它分解成规模较小的问题，然后从这些小问题的解方便地构造出大问题的解，并且这些规模较小的问题也能采用同样的分解和综合方法分解成规模更小的问题，并从这些更小问题的解构造出规模较大问题的解。特别地，当规模 n＝1 时，能直接得解。

递归法具有代码简洁、可读性强的优点。递归法的缺点是运行效率较低，递归调用会由于需要频繁保存运行状态而消耗额外的时间、占用额外的空间，递归次数过多容易造成栈溢出。

在使用递归策略时，要注意以下两个条件：

① 确定递归公式。在函数里直接或间接调用自己。

② 确定终止条件。必须有一个明确的递归结束条件，即递归出口。

递归法一般用于解决 3 类问题：

① 数据的定义是按递归定义的。例如，Fibonacci 数列、n!等。

② 问题解法按递归算法实现。例如，八皇后问题、背包问题等。

③ 数据的结构形式是按递归定义的。如树的遍历、图的搜索等。

【例 11-11】　使用递归策略计算 n!（假设 n≤10）。

问题求解思路：对于计算 n!的问题，可以将其分解为：n!＝n＊(n−1)!。可以看到，分解之后的子问题(n-1)!与原问题 n!的计算方法完全一样,只是规模有所减小。同样, (n-1)!这个子问题又可以进一步分解为(n-1)*(n-2)!,(n-2)!可以进一步分解为 (n-2)*(n-3)!……直到要计算 1!时,直接返回 1。

```cpp
//Chap11-2.cpp
#include<iostream>
using namespace std;
int fac(int);
int main()
{
    int n, c;
    cout<<"请输入 n 的值: ";
    cin>>n;
    c=fac(n);
    cout<<n<<"的阶乘为"<<c<<endl;
    return 0;
}
int fac(int n)
{
    if(n==1 || n==0)
        return 1;
    else
        return n * fac(n-1);
}
```

说明:任何可以用递推法解决的问题,都可以很方便地利用递归法解决;反之,并非所有能用递归法解决的问题都能用递推法解决。

3. 穷举法

穷举法是对可能是解的众多候选解按某种顺序进行逐一枚举和检验,并从中找出那些符合要求的候选解作为问题的解。

【例 11-12】 "水仙花数"是指一个 3 位整数,其各位数字立方和等于该数本身。例如, $153=1^3+5^3+3^3$,所以 153 是水仙花数。设计算法,求所有水仙花数。

问题求解思路:因为水仙花数是 3 位整数,所以一定都在范围 100~999 内。依次搜索 100~999 内的所有整数,找到水仙花数。搜索方法利用 3 重循环,外循环变量 i 控制百位数字从 1 变化到 9,中层循环变量 j 控制十位数字从 0 变化到 9,内循环变量 k 控制个位数字从 0 变化到 9。

```cpp
//chap11-3.cpp
#include<iostream>
using namespace std;
int main()
{
    int i, j, k, m, n;
```

```
for(i=1; i<=9; i++)                    //外循环,搜索百位
for(j=0; j<=9; j++)                    //中层循环,搜索十位
for(k=0; k<=9; k++)                    //内循环,搜索个位
{
    m=i*i*i+j*j*j+k*k*k;
    n=100*i+10*j+k;
    if(m==n)
        cout<<m<<endl;                 //输出找到的水仙花数
}
return 0;
}
```

说明：穷举法的核心是要采用某种方法来确定所有的候选解。

4. 迭代法

迭代法是数值分析中通过从一个初始估计出发寻找一系列近似解来解决问题（一般是解方程或者方程组）的过程,为实现这一过程所使用的方法统称为迭代法。利用迭代法需要解决以下 3 个问题。

（1）确定迭代变量。在可以用迭代算法解决的问题中,至少存在一个直接或间接地不断由旧值递推出新值的变量,这个变量就是迭代变量。

（2）建立迭代关系式。所谓迭代关系式,是指如何从变量的前一个值推出其下一个值的公式（或关系）。迭代关系式的建立是解决迭代问题的关键,通常可以使用递推或倒推的方法来完成。

（3）对迭代过程进行控制。何时结束迭代过程是编写迭代程序必须考虑的问题。不能让迭代过程无休止地重复执行下去。迭代过程的控制通常可分为两种情况：一是所需的迭代次数是个确定的值,可以计算出来;二是所需的迭代次数无法确定。对于第一种情况,可以构建一个固定次数的循环来实现对迭代过程的控制;对于第二种情况,需要进一步分析出用来结束迭代过程的条件。

【例 11-13】　用牛顿迭代法求一元方程 $2x^3 - 4x^2 + 3x - 6 = 0$ 在 $x = 1.5$ 附近的根,要求精度为 10^{-6}。

牛顿迭代法算法描述：先给根一个初值 x_1,过 x_1 做垂线交曲线于 A 点,再过 A 点做切线交 x 轴于 x_2,曲线在 A 点的斜率为：

$$f'(x_1) = f(x_1)/(x_1 - x_2)$$

由此式得出：

$$x_2 = x_1 - f(x_1)/f'(x_1)$$

重复上述过程,一次比一次接近方程的根。当两次求得的根相差很小时,就认为 x_{n+1} 是方程的近似根。如图 11-5 所示,于是得到牛顿迭代公式：

$$x_{n+1} = x_n - f(x_n)/f'(x_n)$$

本例中,用 f 表示 $f(x_n)$,用 f1 表示 $f'(x_n)$,可得：

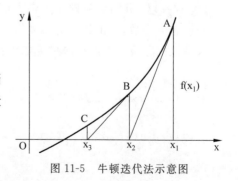

图 11-5　牛顿迭代法示意图

$$f = 2x_n^3 - 4x_n^2 + 3x_n - 6 = ((2x_n - 4)x_n + 3)x_n - 6$$

$$f1 = 6x_n^2 - 8x_n + 3 = (6x_n - 8)x_n + 3$$

```
//chap11-4.cpp
#include<iostream>
#include<cmath>
using namespace std;
int main()
{
    float xn, xn1, t, f1;
    cout<<"请输入 x 的初值: ";
    cin>>xn1;
    do
    {
        xn=xn1;
        f=((2*xn-4)*xn+3)*xn-6;
        f1=(6*xn-8)*xn+3;
        xn1=xn-f/f1;
    } while(fabs(xn1-xn)>=1e-6);
    cout<<"方程的一个根为: "<<xn1<<endl;
    return 0;
}
```

11.4.2 算法设计策略

在计算机科学中,还有一些很重要的、被广泛采用的设计算法的策略,包括分治策略、贪心策略、动态规划策略、回溯策略和分支限界策略。下面简单介绍这些策略的基本思想,第 16 章将继续讨论这些策略及其应用实例。

1. 分治策略

分治策略的基本思想是把一个规模为 n 的问题划分为若干个规模较小且与原问题相似的子问题,然后分别求解这些子问题,最后把各子结果合并得到整个问题的解。分解的子问题通常与原问题相似,所以可以递归地使用分治策略来求解。

【例 11-14】 用分治策略求解最大值和最小值问题。

假设有 n 个数,找出其中的最大值和最小值。

求解该问题最基本的算法描述如下:

```
#include<iostream>
using namespace std;
Template<class T>
void MaxMin(T a[],int n,T max,T min)
{
    max=min=0;
```

260

```
for (int i=0;i<n;i++)
{
    if(a[max]<a[i])
        max=i;
    if(a[min]>a[i])
        min=i;
}
}
```

分析上面的算法,是通过 n−1 次比较找出最大值或最小值,共需要 2n−2 次比较运算。

下面采用分治策略对这个问题进行求解。当 n≤2 时,识别出最大值和最小值只需要一次比较就可以解决问题。当 n>2 时,分治策略的解题步骤如下:

① 将这 n 个数平分成两部分 A 和 B。

② 分别找出 A 和 B 中的最大值和最小值,设 A 中的最大值和最小值为 MaxA 和 MinA,B 中的最大值和最小值为 MaxB 和 MinB。

③ 比较 MaxA 和 MaxB,找出 n 个数中的最大值;比较 MinA 和 MinB,找出 n 个数中的最小值。

采用分治策略求解该问题的算法描述如下:

```
#include<iostream>
using namespace std;
Template<class T>
void MaxMin(T a[],int n,T max,T min)
{
    if(n==2)
    {
        if(a[0]>a[1])
        {
            max=a[0];
            min=a[1];
        }
        else
        {
            max=a[1];
            min=a[0];
        }
    }
    else
    {
        //把 a 划分成长为 2/n 的两部分 A 和 B
        MaxMin(A,n/2,maxA,minA);
        MaxMin(B,n/2,maxB,minB);
        max=Max(maxA,maxB);
        min=Min(minA,minB);
    }
}
```

下面分析递归策略求解最大值和最小值问题的时间代价。算法的时间代价可表示为：

$$T(n) = \begin{cases} 0 & n = 1 \\ 1 & n = 2 \\ T(n/2) + T(n/2) + 2 & n > 2 \end{cases}$$

式中，$T(n) = 2T(n/2) + 2$ 称为递归方程。

由于 n 是 2 的 k 次幂，所以设 $n = 2^k$，直接迭代可得：

$$\begin{aligned} T(n) &= 2T(n/2) + 2 = 2[2T(n/4) + 2] + 2 \\ &= 2^2 T(n/2^2) + 2^2 + 2^1 \\ &= 2^2[2T(n/2^3) + 2] + 2^2 + 2^1 \\ &= 2^3 T(n/2^3) + 2^3 + 2^2 + 2^1 \\ &\cdots \\ &= 2^{k-1} T(n/2^{k-1}) + \sum_{i=1}^{k-1} 2^i \\ &= 2^{k-1} + (2^k - 2) - 3n/2 - 2 \end{aligned}$$

采用分治策略的算法比直接比较法的比较次数约减少 1/3。可见，当 n 比较大时，分治策略的算法具有明显的性能优势。

2. 贪心策略

贪心策略的基本思想是把一个整体最优问题分解为一系列的最优选择问题，决策一旦做出，就不能再更改。它是通过若干次的贪心选择而得出最优解（或较优解）的一种解题策略。

【例 11-15】 用贪心策略求解找零钱问题。

自动售货机要找给顾客零钱，并且希望付出的货币的数量最少。对于这个找零钱问题，可以使用穷举法编写程序，穷举在所有的可行解中，找出最优解。但一般采用的是贪心策略，即尽量给顾客大面值的货币，同时希望付出的货币数量最少。事实上，普通人在付款时都会自然而然地采用贪心策略。

已知应付款额和现有货币的面值，应付款额放在 int v 中；假设有 9 种面值的货币（100 元、20 元、10 元、5 元、1 元、1 角、5 分、2 分、1 分）存在在数组 m 中，即 int m[9] = {10000, 2000, 1000, 500, 100, 10, 5, 2, 1}。

采用贪心策略求解找零钱问题的算法描述如下：

```cpp
#include<iostream>
using namespace std;
void pay(int m[],int v)
{
    int i,r,n[9];
    for (i=0;i<9;i++)
        n[i]=0;
    r=v;
```

```
    i=0;
    while(r>0)
    {
        if(m[i]<r)
        {
            r=r-m[i];
            n[i]++;
        }
        else
            i++;
    }
    for (i=0;i<9;i++)
        cout<<"支付"<<m[i]/100.0<<"元的货币"<<n[i]<<"个";
}
```

在找零钱这个问题上,贪心策略能否得到最优解与货币面值的集合有关。例如,要付 8 元钱,如果货币面值集合为 5 元、4 元和 1 元,按贪心策略付出的货币是一个 5 元和三个 1 元共 4 个货币,而最优解是两个 4 元货币。如果货币面值集合为 5 元、2 元和 1 元,按贪心策略付出的货币是一个 5 元、两个 4 元和一个 1 元共 3 个货币,此时就是最优解。

说明:如果一个问题的最优解只能通过穷举法得到,则使用贪心策略是寻找问题近似最优解的一个较好办法,它省去了为查找最优解而去穷举所有可能解所耗费的大量时间。在有些问题中,近似最优解是可以接受的。

3. 动态规划策略

动态规划策略与贪心策略类似,将一个问题划分为重复的子问题,通过对相同子问题的求解来解决较大问题,即将一个问题的解决方案视为一系列决策的结果。不同的是,在贪心策略中,每采用一次贪心准则便做出一个不可撤回的决策,可能得不到问题的最优解。而在动态规划中,处理要按照某种规则进行选择,还要考查每个最优决策序列中是否包含一个最优子序列,目的是得到问题的最优解。

【例 11-16】 用递归法求 Fibonacci 数列中第 n 个数。

用递归法求 Fibonacci 数列的算法描述如下:

```
int fib(int n)
{
    if(n==1 || n=2)
        return 1;
    else
        return fib(n-1)+fib(n-2);
}
```

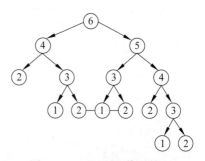

图 11-6　Fibonacci 数列的 fib 函数调用关系

在计算 Fibonacci 数列过程中,fib 函数调用关系如图 11-6 所示。

采用递归算法求解,程序看起来非常简单。但当问题的规模 n 比较大时,计算量就非常大。假设 n=6,

fib 函数被调用了 15 次。在调用 fib(6) 时，同一值会被重复计算多次，其中 fib(4) 被调用 2 次，fib(3) 被调用 3 次，fib(2) 被调用 5 次，fib(1) 被调用 3 次。在更大规模的例子中，还有更多 fib 的值被重复计算，将消耗指数级时间。

动态规划策略的基本思想是：如果能够保存已解决的子问题的答案，就可以避免大量重复计算，当要解决相同的子问题时，重用已保存的结果即可，从而得到多项式时间算法。

动态规划通常采用以下两种方式之一。

(1) 自下而上：先行求解所有可能用到的子问题，然后用其构造更大问题的解。该方法在节省堆栈空间和减少函数调用数量上略有优势，但有时想找出给定问题的所有子问题并不那么直观。

仍以计算 Fibonacci 数列问题为例，采用自下而上的方法。先计算较小的 fib，然后基于其计算更大的 fib。这种方法只花费线性($O(n)$)时间代价，因为它包含一个 $n-1$ 次的循环，而且这一方法只需要常数($O(1)$)的空间。下面是采用动态规划策略自下而上的方法改进后的 fib() 函数。

```c
int fib(int n)
{
    int i,f1=f2=1;
    for(i=3;i<=n;i++)
    {
        f=f2;
        f2=f+f1;
        f1=f;
    }
}
```

(2) 自顶向下：将问题划分为若干子问题，求解这些子问题并保存结果以避免重复计算。该方法将递归和缓存结合在一起。

自顶向下的递归方法也称为备忘录(memorization)方法。下面采用自顶而下的方法来改进计算 Fibonacci 数列的函数。在程序中先设置一个备忘录，每计算出一个新的子问题的解时，就保存起来。到递归调用函数时，首先判断是否已计算过，如果已计算过，则直接取出保存的结果，否则调用函数计算该子问题。这种方法只需 $O(n)$ 的时间，同时需要 $O(n)$ 的空间来储存子问题的计算结果。

下面是采用动态规划策略自顶而下的方法改进后的 fib() 函数。

```c
int fib(int n)
{
    int memo[n+1];
    for(int i=1;i++;i<n+1)
        memo[i]=0;
    int f1,f2;
    if(n==1 || n==2)
        return 1;
    if(memo[n-2]==0)
```

```
        f1=fib(n-2);
    else
        f1=memo[n-2];
    if(memo[n-1]==0)
        f2=fib(n-1);
    else
        f2=memo[n-1];
    memo[n]=f1+f2;
    return f1+f2;
}
```

这个递归程序当 n＝6 时，只需要调用 4 次 fib 函数，远远小于前面的 15 次调用，重复调用部分用对数组 memo[]的判断与读取代替。可见，当 n 较大时，算法的效率会有非常明显的提高。

4. 回溯策略

穷举法使用的手段就是搜索，列出问题的所有候选解，然后依次检查它们直到找到问题的解。当候选解数量有限并且能够通过检查所有候选解得到问题的解时，穷举法是可行的。但实际问题中候选解的数量往往很大，即使使用最快的计算机也不能在可接受的时间内得到问题的解。回溯策略和即将介绍的分支限界策略就是既带有系统性又带有跳跃性的两种搜索控制策略，是对候选解进行系统搜索并使问题的求解时间大大减少的方法，它们可以避免对很大的候选解集合进行穷举式的盲目搜索，同时还能保证可以找到问题的解。所以，回溯策略和分支限界策略一般用来求解规模很大的问题。

回溯策略（回溯法）又称试探法，它的基本思想是：在一些问题求解进程中，先选择某一种可能情况向前探索，当发现所选用的试探性操作不是最佳选择，则退回一步（回溯），重新选择继续进行试探，直到找到问题的解或证明问题无解。例如迷宫问题：进入迷宫后，先随意选择一个前进方向，一步步向前探索前进。如果碰到死胡同，说明前进方向已无路可走，这时首先看其他方向是否还有路可走；如果有路可走则沿该方向再向前试探；如果已无路可走，则返回一步，再看其他方向是否还有路可走，如果有路可走则沿该方向再向前试探。按此原则，不断搜索、回溯、再搜索，直到找到新的出路或者从原路返回入口处无解为止。

【例 11-17】 输出自然数 1～n 所有不重复的排列，即 n 的全排列。

图 11-7 是用一个树状结构来形象地描述 n（此处 n＝3）个自然数的所有候选解的情况，该树称为解空间树。第 1 层斜线上的值为排列在第 1 个位置上的自然数，第 2 层斜线上的取值为排列在第 2 个位置上的自然数，第 3 层斜线上的取值排列在第 3 个位置上的自然数。从根结点到叶子结点的连线上的数值的排列就是一个候选解。例如，叶子结点 4 对应

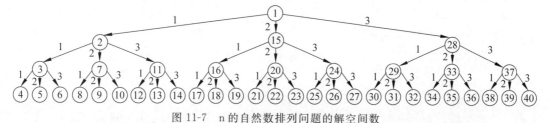

图 11-7   n 的自然数排列问题的解空间数

的候选解是 111,叶子结点 10 对应的候选解是 123。如果用穷举法,需要穷举所有的候选解,即搜索整个解空间树上的每一个解,判断其是否满足条件自然数排列的条件(不能有重复),找到问题的解。

说明:解空间树是虚拟的,并不需要在算法开始运行时构造一棵解空间树。

下面,用回溯策略求解 n 个自然数的排列问题。在解空间树上进行系统地向下搜索时,当发现不可能的结点时,就停止这一步搜索,退回一步,重新选择一个结点继续搜索。例如,当前搜索处于结点 2,选择(试探)结点 3,发现对应的排列在第 2 个位置上的数是 1,而 1 已经使用过。所以,不再对结点 3 及以下结点进行搜索,而是退回到结点 2,重新选择(试探)一个新的结点 7 继续进行搜索操作。

假设 m_n 用来存放自然数 n,数组 m_p 用来存放排列的自然数,数组 m_used 用来存放是自然数否被使用过,采用回溯策略的 compute 函数求解 n 个自然数的排列问题步骤如下:

① 在 1~n 中选择一个数,只要这个数不重复,就选中放入 m_p 数组中,并在 m_used 数组中作一个被使用的标记(将数组元素置 1)。

② 如果已经选择了 n 个自然数,则找到了一个解,将该解输出。

③ 如果所选中的数已被使用(做了标记),就另选一个数进行试探。

④ 如果未作标记的数都已试探完毕,那就取消最后那个数的使用标记,退回一步,并取消这一步的选数标记,换下一个数继续进行试探,即转步骤①。

⑤ 完成全部数据的试探,结束。

```cpp
//permutation.h
#ifndef PERMUTATION
#define PERMUTATION
class permutation
{
public:
    permutation(int n);
    void compute(int count);        //计算所有 n 个自然数的排列并输出
    ~permutation();
private:
    int m_n;                        //自然数 n
    int * m_p;                      //存放排列结果
    int * m_used;                   //存放使用过的标记
};
#endif
//permutation.cpp
#include<iostream>
#include"permutation.h"
using namespace std;
permutation::permutation(int n)
{
    m_n=n;
    m_p=new int[n+1];               //为了程序易读性,m_p[0]空闲
```

266

```
    m_used=new int[n+1];                    //为了程序易读性,m_used[0]空闲
    for(int i=1;i<=n;i++)                    //初始化数组 m_p 和数组 m_used
    {
        m_p[i]=0;
        m_used[i]=0;
    }
}
void permutation::compute(int count)
{
    int i;
    if(count==m_n+1)                         //已经选出了 n 个元素,输出这个排列
    {
        for(i=1; i<=m_n; i++)
            cout<<m_p[i]<<" ";
        cout<<endl;
        return;
    }
    for(i=1; i<=m_n; i++)                     //发现第 count 个自然数
        if(!m_used[i])
        {
            m_p[count]=i;                    //把它放置在排列中
            m_used[i]++;                     //标记该元素已被使用
            compute(count+1);                //搜索第 count+1 个自然数
            m_used[i]=0;                     //没有成功则恢复递归前的值
        }
}
permutation::~permutation()
{
    delete []m_p;
    delete []m_used;
}
//chap11-5.cpp
#include<iostream>
#include"permutation.h"
using namespace std;
int main()
{
    int n;
    cout<<"请输入 n: ";
    cin>>n;
    permutation p(n);
    p.compute(1);
    return 0;
}
```

图 11-8 是 n(n=3) 个自然数全排列问题一次执行过程的搜索路径示意图。有阴影的

结点都是在试探过程中发现相应的自然数已经使用过了,不需要再搜索它们下面的结点了。可见,当 n＝3 时,n 个自然数全排列问题比穷举法对候选解的搜索减少了 1/3。

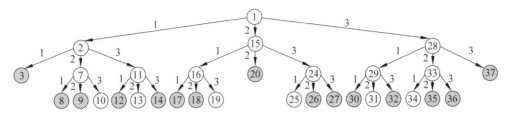

图 11-8　n(n＝3)个自然数全排列问题一次执行过程的搜索路径

说明：回溯策略是一种深度优先的搜索策略。所谓深度优先探索,是指在解空间树上进行搜索时,从根结点尽可能地向叶子结点的方向进行。还有一种广度优先搜索的策略,是指在解空间树上按层进行搜索。在图 11-8 中,用深度优先搜索,搜索的结点顺序是就是图中的结点号,如果进行广度优先搜索,搜索的结点顺序变为：1、2、15、28、3、7、11、16、20、24、29、33、37、4、5、6、8、9、10、12、13、14、17、18、19、21、22、23、25、26、27、30、31、32、34、35、36、38、39、40。

5. 分支限界策略

分支限界策略也称为分支定界策略,它的基本思想是：首先确定目标值的上下界,然后一边搜索一边剪掉解空间树的某些不可能产生最优解的分支,提高搜索效率。

分支限界策略与回溯策略都可以避免对很大的候选解集合进行检查,并且能够保证找到问题的解。但回溯策略求解目标是找出解空间树中所有满足约束条件的解,分支限界策略的求解目标与回溯策略有所不同,它是找出满足约束条件的一个解,或者在满足约束条件的解中找出在某种含义下的最优解。回溯策略在搜索解空间树时采用的是深度优先方式,而分支限界策略采用的是广度优先方式。

常用的分支限界策略有两种方法：一种是队列式(FIFO)分支限界法,另一种是优先队列式分支限界法。

在学习了后面的队列等数据结构章节后,将在第 16 章再详细讨论分支限界策略及其具体实例。

拓展学习

本章源代码

第 12 章　线　性　表

🎯 导 学

【主要内容】

本章主要介绍线性表的特点,实现线性表的顺序存储结构和链式存储结构,并且给出这些存储结构完整的 C++ 实现代码,以及如何复用这些代码解决实际应用问题的示例和方法。通过学习,应对线性表这种最常用的数据结构有全面的认识,掌握线性表的顺序结构及其链式结构的实现方法,能熟练地使用线性表解决实际问题。

【重点】

- 线性表的基本结构。
- 线性表的顺序表示方法。
- 线性表的链式表示方法。
- 复用线性表代码解决实际问题。

【难点】

链表的实现。

💻 12.1　线性表及其抽象数据类型

线性表(linear list)是一种最常用、最简单的典型线性数据结构,应用非常广泛。线性表是由 n(n≥0)个数据元素组成的一个有限序列,线性表中数据元素的个数 n 称为线性表的长度,当 n=0 时称为空表。

对于非空线性表,数据元素之间存在一对一的关系,具体特性如下:

- 第一个数据元素没有前驱。
- 最后一个数据元素没有后继。
- 其他数据元素都是首尾相接、有且只有一个前驱和后继。

线性表的数据元素可以是由一个数据项组成的简单数据元素,也可以是由若干个数据项组成的复杂数据元素。线性表逻辑结构简单,便于实现和操作,因此在实际中得到广泛使用。线性表常常是以栈、队列、字符串、数组等特殊的形式来使用的。

对于一种数据结构,首先要抽象出该数据结构的基本特点和基本操作,然后以抽象数据类型的形式描述出来。本节首先介绍线性表的基本概念和一般需要进行的基本操作,然后根据对线性表的特点及其基本操作的抽象给出线性表的抽象数据类型。

12.1.1　线性表的基本概念

下面的现实问题都可以归为线性表:
■ 按学号排序的学生基本情况表。
■ 按成绩排序的学生成绩表。
■ 按年收入排序的世界首富名单。

线性表是一种线性结构,数据元素在线性表中的位置只取决于它们自己的序号,即数据元素之间的关系是线性的。线性表可以表示如下:

$$(e_1, e_2, \cdots, e_i, \cdots, e_n)$$

其中,$e_i(i=1,2,\cdots,n)$是线性表中的数据元素,通常称为线性表中的一个结点。e_1 称为线性表的首结点,e_n 称为线性表的尾结点。

线性表中的数据元素 e_i 所代表的具体含义随着具体应用问题的不同而不同,在此仅是一个抽象的表示符号。e_i 可以是单值元素,即每个元素只有一个数据项,如表示一个整数、一个字符等;也可以是记录型元素,即每个数据元素含有多个数据项,可以唯一标识每个结点的数据项或数据项的组合称为关键字。例如,学生信息,每一个数据元素由多个数据项(包括学号、姓名、性别、出生日期、专业、通信地址、联系电话等)组成,并且需要以学号为关键字标识出每一个学生。再如,图书信息,每一个数据元素也需要由多个数据项(包括书号、书名、作者、出版社、出版日期、单价等)组成,书号是标识每一本图书的关键字。

对于线性表,一般有以下基本操作:
(1) 创建一个线性表。
(2) 删除一个线性表。
(3) 在第 k 个位置插入一个新元素 x。
(4) 判断线性表是否为空。
(5) 计算线性表的长度。
(6) 取第 k 个元素。
(7) 修改第 k 个元素。
(8) 按关键字 x 查找指定元素。
(9) 删除第 k 个元素。
(10) 删除由关键字 x 指定的元素。
(11) 输出线性表。

12.1.2　线性表的抽象数据类型

根据 12.1.1 中对线性表及其基本操作的描述,由于抽象数据类型与线性表的元素类型无关,所以下面的元素类型用 T 来表示。线性表的抽象数据类型 List 可以定义如下:

```
ADT List
{
    数据对象 D={eᵢ | eᵢ∈T,   i=1,2,…,n,n≥0}
    数据关系 R={<eᵢ₋₁, eᵢ>|eᵢ₋₁,eᵢ∈D,   i=2,3,…,n}
    基本操作 P:
        Create()                     //创建空表
        Destroy()                    //删除表
        List& Insert(int k,const T& x) //在第 k 个位置插入元素 x,返回插入后的线性表
        bool IsEmpty() const       //判断表是否为空,表空则返回 true,表非空则返回 false
        int GetLength() const      //返回表中数据元素的个数
        bool GetData(int k,T& x)   //将表中第 k 个元素保存到 x 中,不存在则返回 false
        bool ModifyData(int k,T& x)  //将表中第 k 个元素修改为 x,不存在则返回 false
        int Find(T& x)               //返回 x 在表中的位置,如果 x 不在表中则返回 0
        List& DeleteByIndex(int k, T& x)
                    //删除表中第 k 个元素,并把它保存到 x 中,返回删除后的线性表
        List& DeleteByKey(const T& x,T& y)
                    //删除表中关键字为 x 的元素,并把它保存到 y 中,返回删除后的线性表
        void OutPut() const          //输出线性表
} ADT List
```

说明：对于任何一种数据结构的抽象,都是根据最基本的常识进行的,不可能解决该数据结构的所有问题。例如,上面对线性表基本操作的抽象,还可能有清空整个线性表中所有元素使其成为空表等其他操作。所以,在面对具体应用问题时,可根据实际情况增加、删除或修改本书给出的操作。

12.2　线性表的顺序存储结构及其实现

一种在计算机中存放线性表的最简单的方法是顺序存储。由于高级程序设计语言中的一维数组与线性表的逻辑结构类似,并且用高级语言对数组进行各种操作处理比较方便,所以通常通过定义一个一维数组来实现线性表的顺序存储。

12.2.1　线性表的顺序表示

把线性表的结点按逻辑顺序依次存放在一组地址连续的存储单元里就构成了线性表的顺序存储,采用顺序存储结构的线性表简称顺序表。线性表的顺序存储结构有如下特点：

- 线性表中所有元素所占的存储空间是连续的。
- 线性表的逻辑顺序与物理顺序一致。
- 数组中的每一个元素的位置可以用公式来确定。假设线性表中的第一个数据元素的存储地址(指第一个字节的地址,即首地址)为 $LOC(e_1)$,每一个数据元素占 k 个字节,则线性表中第 i 个元素 e_i 在计算机存储空间中的存储地址为：

$$LOC(e_i) = LOC(e_1) + (i-1)k$$

下面将顺序表类模板命名为 LinearList。

【描述 12-1】 顺序表类模板的 C++ 描述。

```
template<class T>
class LinearList
{
public:
    LinearList(int LLMaxSize);                    //构造函数,创建空表
    ~LinearList();                                //析构函数,删除表
    LinearList<T>& Insert(int k,const T& x);      //在第 k 个位置插入 x,返回插入后的线性表
    bool IsEmpty() const;
                                //判断表是否为空,表空则返回 true,表非空则返回 false
    int GetLength() const;                        //返回表中数据元素的个数
    bool GetData(int k,T& x);         //将表中第 k 个元素保存到 x 中,不存在则返回 false
    bool ModifyData(int k,const T& x); //将表中第 k 个元素修改为 x,不成功则返回 false
    int Find(const T& x);             //返回 x 在表中的位置,如果 x 不在表中则返回 0
    LinearList<T>& DeleteByIndex(int k, T& x);
                //删除表中第 k 个元素,并把它保存到 x 中,返回删除后的线性表
    LinearList<T>& DeleteByKey(const T& x,T& y);
                //删除表中关键字为 x 元素,并把它保存到 y 中,返回删除后的线性表
    void OutPut(ostream& out) const;//将线性表放到输出流 out 中输出
private:
    int length;                       //当前数组元素个数
    int MaxSize;                      //线性表中最大元素个数
    T * element;                      //一维动态数组
};
```

由于线性表可能有 n 个数据元素,也可能是空表。所以,在顺序表类模板的数据成员中,除了用来实现顺序表的动态数组,还有两个 int 型数据成员 MaxSize 和 length。MaxSize 用来标识线性表的最大长度,length 用来标识当前线性表的长度。图 12-1(a)是线性表的顺序存储结构的示意图,每一个数据元素占 k 个字节;图 12-1(b)是 C++ 模板类中实现的线性表顺序存储结构示意图。

数据元素	存储地址
e_1	$LOC(e_1)$
e_2	$LOC(e_1)+k$
e_3	$LOC(e_1)+2k$
$\vdots$	
e_i	$LOC(e_1)+(i-1)k$
$\vdots$	$\vdots$
e_n	$LOC(e_1)+(MaxSize-1)k$

（a）线性表的顺序存储结构

数据元素	内存变量	内存地址
e_1	element[0]	element
e_2	element[1]	element+1
e_3	element[2]	element+2
$\vdots$	$\vdots$	$\vdots$
e_i	element[i-1]	element+i-1
$\vdots$	$\vdots$	$\vdots$
e_n	element[MaxSize-1]	element+MaxSiz-1

（b）C++ 模板类中实现的线性表顺序存储结构

图 12-1 线性表的顺序存储结构及其实现

12.2.2　顺序表的实现

对于顺序表的 Create(创建)操作和 Destroy(删除)操作,使用 C++类的构造函数和析构函数来实现。顺序表在插入和删除元素时需要移动元素,下面介绍实现插入和删除元素的算法。

1. 顺序表的插入算法

图 12-2 是在顺序表表中第 i 个位置插入新元素 x 时操作前后元素结构示意图。

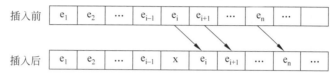

图 12-2　顺序表插入操作示意图

顺序表插入算法实现步骤如下:

(1) 判断插入位置的合理性以及表是否已满。

(2) 从最后一个元素开始,将每个元素向后移动一个位置,直到第 i 个位置空闲为止。

(3) 在第 i 个位置放入新元素 x。

(4) 将线性表长度加 1。

2. 顺序表的删除算法

图 12-3 是顺序表删除第 i 个元素时操作前后元素结构示意图。

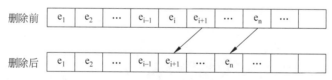

图 12-3　顺序表删除操作示意图

顺序表删除算法实现步骤如下:

(1) 判断删除位置的合理性。

(2) 从第 i+1 个元素开始,依次向后直到最后一个元素,将每个元素向前移动一个位置。

(3) 将线性表长度减 1。

3. 顺序表的其他算法

为了将顺序表对象直接插入输出流中,可以重载 ostream 类的<<运算符。关于其他操作的实现,由于主要是进行数组的操作,对于学习过 C++语言的人来说已经非常熟悉了,在此不再具体给出每一个操作的算法说明。

说明:对于不同数据结构的不同存储结构,都可以分析实现各种操作的时间复杂度,分析方法请参考第 11 章中给出的算法复杂度分析实例。在本章的拓展学习中仅给出顺序表插入和删除算法的时间复杂度分析。在以后出现的算法中,本书将直接给出算法的复杂度,供读者在选择具体算法时参考。

4. 顺序表基本操作的 C++ 实现

【描述 12-2】 顺序表基本操作的实现。

```
//实现构造函数
template<class T>
LinearList<T>::LinearList(int LLMaxSize)
{
    MaxSize=LLMaxSize;
    element=new T[LLMaxSize];
    length=0;
}
//实现析构函数
template<class T>
LinearList<T>::~ LinearList()
{
    delete []element;
}
//实现插入新数据元素
template<class T>
LinearList<T>& LinearList<T>::Insert(int k,const T& x)
{
    if(k<1||k>length+1)
        cout<<"元素下标越界,添加元素失败";
    else
        if(length==MaxSize)
            cout<<"此表已满,无法添加新元素";
        else
        {
            for(int i=length;i>k-1;i--)
                element[i]=element[i-1];        //移动元素
            element[k-1]=x;                     //插入元素
            length++;                           //表长+1
        }
    return * this;
}
//实现判断是否为空表
template<class T>
bool LinearList<T>::IsEmpty() const
{
    return length==0;
}
```

```
//实现求当前表的长度
template<class T>
int LinearList<T>::GetLength() const
{
    return length;
}
//实现按位置取元素
template<class T>
bool  LinearList<T>::GetData(int k,T& x)
{
    if(k<1 || k>length)
        return false;
    else
    {
        x=element[k-1];
        return true;
    }
}
```

//实现按位置修改元素

```
template<class T>
bool  LinearList<T>::ModifyData(int k,const T& x)
{
    if(k<1 || k>length)
        return false;
    else
    {
        element[k-1]=x;
        return true;
    }
}
```

//实现按关键字查找

```
template<class T>
int LinearList<T>::Find(const T& x)
{
    for(int i=0; i<length; i++)
        if(element[i]==x)
            return i+1;
    return 0;
}
```

//实现按位置删除

```
template<class T>
LinearList<T>& LinearList<T>::DeleteByIndex(int k, T& x)
{
    if(GetData(k,x))
    {
```

```
        for(int i=k-1;i<length-1;i++)
            element[i]=element[i+1];            //移动元素
        length--;                              //表长-1
    }
    else
        cout<<"元素下标越界,删除失败";
    return *this;
}
//实现按关键字删除
template<class T>
LinearList<T>& LinearList<T>::DeleteByKey(const T& x,T& y)
{
    int index=Find(x);//得到要删除元素的位置
    if(index!=0)
        return DeleteByIndex(index, y);
    else
    {
        cout<<"没有此元素,删除失败";
        return *this;
    }
}
//实现顺序表的输出
template<class T>
void LinearList<T>::OutPut(ostream& out) const
{
    for(int i=0;i<length;i++)
        out<<element[i]<<endl;
}
//重载插入运算符<<
template<class T>
ostream& operator<<(ostream& out,const LinearList<T>& x)
{
    x.OutPut(out);
    return out;
}
```

说明:

◆ C++ 语言实现的顺序表,一个顺序表就是一个对象,该对象将顺序表中的数据元素和相关操作封装在一起。由于现在大部分的编译器要求将类模板的声明和实现放在一个文件中,所以本书对每一种的类模板声明及其实现都存储在一个头文件中。

◆ 将描述 12-1 中关于顺序表类模板的声明代码和描述 12-2 中关于顺序表类模板的实现代码一起存储在 LinearList.h 文件中,以后就可以基于该类模板快速完成顺序表相关应用问题的求解。

12.2.3 顺序表代码复用实例

【例 12-1】 基于顺序表的 C++ 实现代码,解决由简单数据元素构成的顺序表的应用问题。对于一个最多由 10 个整数构成的线性表,采用顺序存储结构,完成如下操作:

(1) 依次插入 100、200、300、400,显示当前表的相关信息。

(2) 读取并输出表中第 3 个元素的值,判断元素 100 在表中的位置。

(3) 将 100 修改为 150,删除 200 和 400 后,显示当前表的相关信息。

问题求解思路:对于由简单数据元素构成的线性表,一般可以直接使用 C++ 语言提供的基本数据类型来描述数据元素,本例中可直接使用 int 类型。由于要求采用顺序存储结构,下面只需要基于 LinearList 类模板生成数据类型为 int 类的模板类对象,就可以直接使用类中提供的相应成员函数解决问题了。

```cpp
/* Chap12-1.cpp: 简单线性表顺序存储结构的应用问题 */
#include<iostream>
using namespace std;
#include "LinearList.h"
int main()
{
    LinearList<int> IntegerLList(10); //声明最多有 10 个以 int 为数据元素的顺序表对象
    int x,y;
    //依次插入 100、200、300、400,显示当前表的相关信息
    IntegerLList.Insert(1,100);
    IntegerLList.Insert(2,200);
    IntegerLList.Insert(3,300);
    IntegerLList.Insert(4,400);
    cout<<"当前表的长度为: "<<IntegerLList.GetLength()<<endl;
    cout<<"当前表的元素为: \n"<<IntegerLList<<endl;
    //读取并输出表中第 3 个元素的值,判断元素 100 在表中的位置
    if(IntegerLList.GetData(3,x))
        cout<<"表中第 3 个元素为: "<<x<<endl;
    x=100;
    cout<<"元素 100 在表中的位置为: "<<IntegerLList.Find(x)<<endl;
    //将 100 修改为 150,删除 200 和 400 后,显示当前表的相关信息
    x=150;
    IntegerLList.ModifyData(1,x);
    IntegerLList.DeleteByIndex(2,x);
    x=400;
    IntegerLList.DeleteByKey(x,y);
    cout<<"当前表的长度为: "<<IntegerLList.GetLength()<<endl;
    cout<<"当前表的元素为: \n"<<IntegerLList<<endl;
    return 0;
}
```

程序的运行结果：

当前表的长度为：4
当前表的元素为：
100
200
300
400

表中第 3 个元素：100
元素 100 在表中的位置为：1
当前表的长度为：2
当前表的元素为：
150
300

【例 12-2】 基于顺序表的 C++ 实现代码，解决由较为复杂的数据元素构成的顺序表应用问题。线性表中每一个数据元素表示一名学生的信息，包括学号、姓名和 3 门课程（语文、数学、英语）的成绩。对于一个最多由 10 个数据元素构成的线性表，采用顺序存储结构，进行如下操作：

（1）将两个结点插入表中。
（2）显示当前表的状态。
（3）将表中的第 2 个元素输出。
（4）删除表中的第 2 个元素，修改表中第 1 个元素的信息，显示当前表的状态。

问题求解思路：根据问题对数据元素的描述，将线性表中的数据元素抽象为一个结点类 Node，并定义取数据 GetNode() 函数和输出数据函数 OutPutNode(ostream& out)。将关于结点的 Node 类的实现代码存储在 Node.h 文件中。由于问题要求采用顺序存储结构，下面只需要基于 LinearList 类模板生成数据类型为 Node 类的顺序表对象，就可以直接使用 LinearList 类中提供的相应成员函数解决问题了。

```cpp
/* Node.h: 数据元素 Node 类 */
#ifndef NODE
#define NODE
#include<iostream>
#include<string>
using namespace std;
class Node
{
public:
    Node(char * NumberOfStudent,char * NameOfStudent,int grade[]);    //构造函数
    Node(){};                                                         //无参构造函数
    Node& GetNode();                                                  //得到结点数据
    void OutPutNode(ostream& out) const;                             //输出结点数据
private:
    string StdNumber;
```

278

```
    string StdName;
    int Score[3];
};
//实现构造函数
Node::Node(char * NumberOfStudent,char * NameOfStudent,int grade[])
{
    StdNumber=NumberOfStudent;
    StdName=NameOfStudent;
    for (int i=0;i<3;i++)
        Score[i]=grade[i];
}
//实现得到结点数据函数
Node& Node::GetNode()
{
    return * this;
}
//实现输出结点数据函数
void Node::OutPutNode(ostream& out) const
{
    out<<StdNumber<<" "<<StdName<<endl;
    out<<"语文: "<<Score[0];
    out<<"数学: "<<Score[1];
    out<<"英语: "<<Score[2];
}
//重载插入运算符<<
ostream& operator<<(ostream& out,const Node& x)
{
    x.OutPutNode(out);
    return out;
}
#endif
/**************************************************/
/* Chap12-2.cpp: 较为复杂线性表顺序存储结构的应用 */
#include<iostream>
using namespace std;
#include "LinearList.h"
#include "Node.h"
int main()
{
    LinearList<Node>NodeLList(10);      //声明最多有 10 个以 Node 类对象为数据
                                        //元素的顺序表

    //将两个结点插入表中
    int grade1[3]={99,100,95};
    int grade2[3]={95,98,88};
    int grade3[3]={90,90,90};
```

```
    Node Node1("1010001","穆桂英",grade1);
    Node Node2("1010002","杨宗保",grade2);
    Node Node3("1010003","杨六郎",grade3);
    Node x;
    NodeLList.Insert(1,Node1);
    NodeLList.Insert(2,Node2);
    //显示当前表的状态
    cout<<"当前表的长度为: "<<NodeLList.GetLength()<<endl;
    cout<<"当前表的元素为: \n"<<NodeLList<<endl;
    //将表中第 2 个元素输出
    NodeLList.GetData(2,x);
    cout<<"表中第 2 个元素为: \n"<<x<<endl;
    //删除表中第 2 个元素,修改第 1 个元素的信息,显示当前表的状态
    NodeLList.DeleteByIndex(2,x);
    cout<<"刚刚删除的元素为: \n"<<x<<endl;
    NodeLList.ModifyData(1,Node3);
    cout<<"当前表的长度为: "<<NodeLList.GetLength()<<endl;
    cout<<"当前表的元素为: \n"<<NodeLList<<endl;
    return 0;
}
```

程序的运行结果:

当前表的长度为: 2
当前表的元素为:
1010001 穆桂英
语文: 99 数学: 100 英语: 95
1010002 杨宗保
语文: 95 数学: 98 英语: 88

表中的第 2 个元素为:
1010002 杨宗保
语文: 95 数学: 98 英语: 88
刚刚删除的元素为:
1010002 杨宗保
语文: 95 数学: 98 英语: 88
当前表的长度为: 1
当前表的元素为:
1010001 杨六郎
语文: 90 数学: 90 英语: 90

说明: 面对较为复杂的顺序表应用问题,首先根据数据元素的特点将其抽象成类(如上面的 Node 类),然后就可以复用 LinearList.h 文件,实现以复杂数据类型为元素的线性表对应用问题的求解。

顺序表具有简单、存储密度大、空间利用率高、存储效率高等优点。但是,在顺序表中进行插入与删除操作时,往往需要移动大量的数据元素,浪费时间;另外,在实际应用中由于顺

序表的长度不好估计,往往需要为顺序表分配足够大的内存空间,造成空间浪费。所以,对于元素变动频繁、长度变化较大的线性表,不宜采用顺序存储结构,而适合采用链式存储结构。

12.3 线性表的链式表示方法及实现

线性表的链式存储结构是用一组任意的存储单元存储线性表中的数据元素,称为线性链表。线性链表中的结点可以是连续的,也可以是不连续的,甚至是零散分布在内存中的任意位置上的。所以,在线性表的链式表示方法中,线性表数据元素的逻辑顺序和物理顺序不一定相同。

线性链表又包括单向链表、循环链表和双向链表。链式存储结构需要借助 C++ 语言中的指针类型来实现。

12.3.1 链式存储结构

链式存储结构中的每一个数据元素对应于一个存储单元,这种存储单元称为存储结点,简称结点。每个结点分为两部分:一部分用于存放数据元素的值(称为数据域);另一部分是指针,用于指向与该结点在逻辑上相连的其他结点(称为指针域)。对于线性表,指针域用于指向该结点的前一个或后一个结点(即前驱结点或后继结点)。这种通过结点的指针域将 n 个结点按其逻辑结构连接在一起的数据存储结构称为链式存储结构。

12.3.2 单向链表及其基本操作

在线性链表中,用一个专门的指针指向线性表中第一个结点,每一个结点的指针都指向它的下一个逻辑结点,线性链表的最后一个结点的指针为空(用 NULL 或 0 表示)表示链表终止,这样的线性链表称为单向链表。图 12-4 是线性表的单向链式存储示意图。

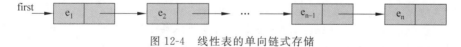

图 12-4 线性表的单向链式存储

对于链式结构,在第一个结点前面如果增加一个头结点,程序代码会变得简洁,程序运行速度也会提高。所以,单向链式存储结构一般都采用带有头结点的结构,如图 12-5 所示。

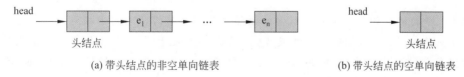

(a) 带头结点的非空单向链表   (b) 带头结点的空单向链表

图 12-5 带头结点的单向链式存储结构

说明:头结点的数据域可为任意值,也可根据需要来设置。

由于链式结构的结点包含了两个域——数据域和指针域,所以需要设计描述结点的类。下面将结点类模板命名为 LinkNode,将单向链表类模板命名为 LinkList。

【描述 12-3】 单向链表结点类模板和单向链表类模板的 C++ 描述。

```cpp
//存储结点类
template<class T>
class LinkNode
{
    template<class T>
    friend class LinkList;          //将单向链表类声明为友类
public:
    LinkNode()                      //构造函数
    {
        next=NULL;
    }
private:
    T data;                         //结点元素
    LinkNode<T> * next;             //指向下一个结点的指针
};
//单向链表类
template<class T>
class LinkList
{
    public:
        LinkList();                     //构造函数
        ~ LinkList();                   //析构函数
        LinkList<T>& Insert(int k,const T& x);
        bool IsEmpty() const;
        int GetLength() const;
        bool GetData(int k,T& x);
        bool ModifyData(int k,const T& x);
        int Find(const T& x);
        LinkList<T>& DeleteByIndex(int k, T& x);
        LinkList<T>& DeleteByKey(const T& x,T& y);
        void OutPut(ostream& out);
    private:
        LinkNode<T> * head;             //指向链表的头结点的指针
};
```

说明:单向链表的基本操作与前面的顺序表基本操作的含义完全相同。将单向链表类 LinkList 声明为结点类 LinkNode 的友类,以便在单向链表类中可以直接访问结点对象的私有数据成员。LinkNode 类中的 next 为指向下一个逻辑结点的指针。LinkList 类中的 head 为指向链表表头结点的指针。

由于线性链表和顺序表是线性表的不同存储结构,所以单向链表的基本操作与顺序表的基本操作一致。线性链表在插入和删除元素时不需要移动元素,只需修改指针指向即可。

下面介绍实现线性链表插入和删除操作的算法。

1. 单向链表的插入算法

对于插入元素的 Insert 操作，假设当前表中已有 n 个元素，当在第 k 个位置之前插入结点 newNode 时，需要分 4 种情况进行处理：

（1）当 k＞n＋1 或 k＜1 时，插入位置不正确，报错。

（2）当是空表且 k＝1 时，只需要将 head－＞next 指向新结点即可。

（3）当不是空表且 k＝1 时，需要将新结点的 next 指针指向第 1 个元素结点，再将头结点的指针域指向 newNode 结点即可。

（4）当 1＜k≤n 时，将 newNode 的 next 指针指向第 k 个元素结点，将第 k－1 个元素结点的 next 指针指向 newNode 即可。图 12-6 是单向链表进行插入操作时，各种情况插入操作示意图。

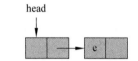

(a) 在空表第1个元素位置插入新元素

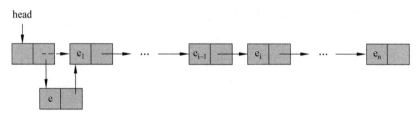

(b) 非空表在第1个元素位置插入新元素

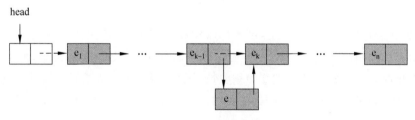

(c) 非空表在中间插入新元素

图 12-6　单向链表插入新元素

由于在构造每一个结点对象时，指针域都是 NULL。所以，对于上面（2）～（4）这 3 种插入情况可以采用统一的代码。假设要在第 k 个位置上插入元素值为 e 的新结点 newNode，p 是一个结点指针，则这 3 种插入情况的统一代码如下：

```
p=head;
for(int i=1;i<k;i++)
    p=p->next;                 //将 p 指针移动到第 k-1 个结点
newNode->next=p->next;         //将新结点 newNode 插入链表中
p->next=newNode;
```

2. 单向链表的删除算法

1) DeleteByIndex 删除操作

对于删除某一位置上的元素的 DeleteByIndex 操作,假设当前表中已有 n 个元素,要删除第 k 个位置上的元素,需要分以下 4 种情况处理:

(1) 当 k>n 或 k<1 时,由于没有第 n+1 个或第 0 个元素,报错。

(2) 当 k=1 时,只需将头结点的指针域指向第 2 个结点,然后释放第 k 个结点即可。

(3) 当 1<k<n 时,只需将第 k−1 个元素结点的 next 指针指向第 k+1 个元素结点,然后释放第 k 个结点即可。

(4) 当 k=n 时,将第 n−1 个元素结点的 next 指针赋值为 NULL,然后释放第 k 个结点即可。图 12-7 是单向链表删除操作示意图。

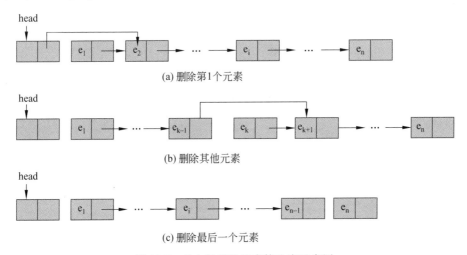

(a) 删除第1个元素

(b) 删除其他元素

(c) 删除最后一个元素

图 12-7　单向链删除元素算法表示意图

图 12-7 显示的是在逻辑上删除一个结点,在具体实现时,还需要将该结点从物理内存中删除。由于单向链表最后一个元素的指针域存储的是 NULL,表示链尾,所以在删除操作的具体实现时,对于(2)～(4)这 3 种删除情况的处理方法完全相同。假设要删除位置为 k 的元素,p 和 q 是两个结点指针,则这 3 种情况的删除操作可用下面统一的代码完成:

```
p=head;
for (int i=1;i<k;i++)
    p=p->next;                  //将 p 指针移动到第 k-1 个结点
q=p->next;                      //q 指向待删除的第 k 个结点
p->next=q->next;                //将第 k 个结点从链表中逻辑删除
delete q;                       //物理删除该结点
```

2) DeleteByKey 删除操作

对于删除链表中某一元素 x 的操作 DeleteByKey,先判断该元素在链表中的位置 Find(x),如果该元素存在,则使用上面的删除某一位置上的元素的操作即可,否则删除失败。

【描述 12-4】 单向链表基本操作的实现。

```cpp
//构造函数的实现
template<class T>
LinkList<T>::LinkList()
{   //创建空单向链表
    head=new LinkNode<T>();                          //创建头结点
}
//析构函数的实现
template<class T>
LinkList<T>::~LinkList()
{   清空单向链表
    T x;
    int len=GetLength();
    for(int i=len;i>=1;i--)
        DeleteByIndex(i,x);                          //释放所有结点
    delete head;                                     //释放头结点
}
//实现插入新数据元素
template<class T>
LinkList<T>& LinkList<T>::Insert(int k,const T& x)
{
    LinkNode<T> * p=head;                            //p 指向头结点
    LinkNode<T> * newNode=new LinkNode<T>;           //创建待插入的新结点
    newNode->data=x;
    int len=GetLength();
    if(k<1 || k>len+1)                               //插入新元素的位置错误
        cout<<"元素下标越界,添加元素失败";
    else
    {
        for(int i=1;i<k;i++)
            p=p->next;                               //将 p 移动到第 n-1 个结点
        newNode->next=p->next;                       //在 n 处插入新结点
        p->next=newNode;
    }
    return * this;
}
//实现判断是否为空表
template<class T>
bool LinkList<T>::IsEmpty() const
{
    return head->next==NULL;
}
//实现求当前表的长度
template<class T>
int LinkList<T>::GetLength() const
```

```
{
    int length=0;
    LinkNode<T> * p=head->next;
    while(p)
    {
        length++;
        p=p->next;
    }
    return length;
}
//实现按位置取元素
template<class T>
bool LinkList<T>::GetData(int k,T& x)
{
    LinkNode<T> * p=head->next;
    int index=1;
    if (k<1||k>GetLength())
        return false;
    while (p!=NULL && index<k)
    {
        index++;
        p=p->next;
    }
    if (p==NULL)
        return false;
    else
    {
        x=p->data;
        return true;
    };
}
//实现按位置修改元素
template<class T>
bool LinkList<T>::ModifyData(int k,const T& x)
{
    LinkNode<T> * p=head->next;
    int index=1;
    if (k<1||k>GetLength())
        return false;
    while (p!=NULL && index<k)
    {
        index++;
        p=p->next;
    }
    if (p==NULL)
```

```
            return false;
        else
        {
            p->data=x;
            return true;
        };
    }
//实现按关键字查找
template<class T>
int LinkList<T>::Find(const T& x)
{
    LinkNode<T> *  p=head->next;
    int index=1;
    while (p!=NULL && p->data !=x)
    {
        p=p->next   ;
        index++;
    }
    if(p!=NULL)
        return index;
    else
        return 0;
}
//实现按位置删除
template<class T>
LinkList<T>& LinkList<T>::DeleteByIndex(int k, T& x)
{
    if (GetData(k,x))   //判断是否有此元素,如果存在,则将该元素值放入 x 中,并返回 true
    {
        LinkNode<T> * p=head;          //p 指向头结点
        LinkNode<T> * q=NULL;          //q 指向空地址
        //删除中间或最后的结点
        for (int i=1;i<k;i++)
                p=p->next;             //将 p 指针移动到第 k-1 个结点
        q=p->next;                     //q 指向待删除的第 k 个结点
        p->next=q->next;               //将第 k 个结点从链表中移出
        delete q;                      //物理删除该结点
    }
    else                               //没有第 k 个结点,删除失败
        cout<<"元素下标越界,删除失败\n";
    return * this;
}
//实现按关键字删除
template<class T>
LinkList<T>& LinkList<T>::DeleteByKey(const T& x,T& y)
```

```
    {
        int index=Find(x);                    //得到要删除元素的位置
        if (index!=0)
            return DeleteByIndex(index, y);
        else
        {
            cout<<"没有此元素,删除失败\n";
            return * this;
        }
    }
//实现单向链表的输出
template<class T>
void LinkList<T>:: OutPut(ostream& out)
{
    LinkNode<T> *  p=head->next;
    while(p!=NULL)
    {
        out<<p->data<<endl;
        p=p->next;
    }
}
//重载插入运算符<<
template<class T>
ostream& operator<<(ostream& out, LinkList<T>& x)
{
    x.OutPut(out);
    return out;
}
```

说明：将描述 12-3 和描述 12-4 的代码存储放到 C++ 的 LinkList.h 文件中,以后就可以基于该 LinkNode 和 LinkList 两个类模板快速完成单向链表的相关应用问题的求解。

12.3.3　单向链表代码复用实例

【**例 12-3**】　基于单向链表的 C++ 实现代码,解决求解简单数据元素构成的单向链表应用问题。对于一个由整数构成的线性表,采用单向链表存储结构,完成与例 12-1 完全相同的操作:

(1) 依次插入 100、200、300、400,显示当前表的相关信息。

(2) 读取并输出表中第 3 个元素的值,判断元素 100 在表中的位置。

(3) 删除 200 和 400 后,显示当前表的相关信息。

(4) 删除表中第 2 个元素,修改表中第 1 个元素的信息,显示当前表的状态。

问题求解思路：问题要求采用单向链表存储结构,只需要基于 LinkList.h 中的结点类模板和单向链表类模板,生成数据类型为 int 类的结点类对象和单向链表对象,就可以直接使用类中提供的相应成员函数解决问题了。

```
/* Chap12-3.cpp: 简单线性表单向链表存储结构的应用问题 */
#include<iostream>
using namespace std;
#include "LinkList.h"
int main()
{
    LinkList<int>IntegerLList;        //声明以 int 为数据元素的单向链表对象
    int x,y;
    //插入 100、200、300、400,显示当前表的相关信息
    IntegerLList.Insert(1,100);
    IntegerLList.Insert(2,200);
    IntegerLList.Insert(3,300);
    IntegerLList.Insert(4,400);
    cout<<"当前表的长度为: "<<IntegerLList.GetLength()<<endl;
    cout<<"当前表的元素为: \n"<<IntegerLList<<endl;
    //读取并输出表中第 3 个元素的值,判断元素在表中的位置
    if(IntegerLList.GetData(3,x))
        cout<<"表中第 3 个元素为: "<<x<<endl;
    x=100;
    cout<<"元素在表中的位置为: "<<IntegerLList.Find(x)<<endl;
    //将 100 修改为 150,删除 200 和 400 后,显示当前表的相关信息
    x=150;
    IntegerLList.ModifyData(1,x);
    IntegerLList.DeleteByIndex(2,x);
    x=400;
    IntegerLList.DeleteByKey(x,y);
    cout<<"当前表的长度为: "<<IntegerLList.GetLength()<<endl;
    cout<<"当前表的元素为: \n"<<IntegerLList<<endl;
    return 0;
}
```

说明：对比例 12-1 和例 12-3 的程序代码可以发现,在对相同问题进行求解时,虽然采用不同的存储结构,但只要在类中声明一样的接口,实现具体应用的程序代码也几乎一样。例 12-1 和例 12-3 中唯一不同的是主函数中声明顺序表对象或单向链表对象的第一条语句,它们的运行结果完全相同。

【例 12-4】　基于单向链表的 C++ 实现代码,解决由较为复杂的数据元素构成的单向链表应用问题。线性表中每一个数据元素表示学生的信息,包括学号、姓名和 3 门课程(语文、数学、英语)的成绩。对于由这样的数据元素构成的线性表,采用单向链表存储结构,并进行与例 12-2 完全相同的操作:

（1）将两个结点插入表中。

（2）显示当前表的状态。

（3）将表中第 2 个元素输出。

（4）删除表中第 2 个元素，修改第 1 个元素的信息，显示当前表的状态。

问题求解思路：根据对数据元素的描述，可以直接使用例 12-2 中的结点类 Node。由于问题要求采用单向链表，下面只需要基于 LinkList 类模板生成数据类型为 Node 类的单向链表对象，就可以直接使用 LinkList 类中提供的相应成员函数解决问题了。

```cpp
/* Chap12-4.cpp：较为复杂线性表单向链表存储结构的应用 */
#include<iostream>
using namespace std;
#include "LinkList.h"
#include "Node.h"
int main()
{
    LinkList<Node>NodeLLList;          //声明以 Node 为数据元素的单向链表对象
    int grade1[3]={99,100,95};
    int grade2[3]={95,98,88};
    int grade3[3]={90,90,90};
    Node Node1("1010001","穆桂英",grade1);
    Node Node2("1010002","杨宗保",grade2);
    Node Node3("1010003","杨六郎",grade3);
    Node x;
    //将两个结点插入表中
    NodeLLList.Insert(1,Node1);
    NodeLLList.Insert(2,Node2);
    //显示当前表的状态
    cout<<"当前表的长度为："<<NodeLLList.GetLength()<<endl;
    cout<<"当前表的元素为：\n"<<NodeLLList<<endl;
    //将表中第 2 个元素输出
    NodeLLList.GetData(2,x);
    cout<<"表中第 2 个元素为：\n"<<x<<endl;
    //删除表中第 2 个元素，修改第 1 个元素的信息，显示当前表的状态
    NodeLLList.DeleteByIndex(2,x);
    cout<<"刚刚删除的元素为：\n"<<x<<endl;
    NodeLLList.ModifyData(1,Node3);
    cout<<"当前表的长度为："<<NodeLLList.GetLength()<<endl;
    cout<<"当前表的元素为：\n"<<NodeLLList<<endl;
    return 0;
}
```

例 12-4 的程序运行结果与例 12-2 的程序运行结果完全一致。

对于任何一种数据结构，最基本的操作就是插入、删除、修改和查询元素。前面描述的顺序表或单向链表的实现代码，都是最基本的操作和为了实现相应存储结构或基本操作需要的辅助操作，这里无法穷举具体应用问题可能涉及的所有操作。针对应用问题的某个具体功能，可以通过已有操作或它们的组合来实现。如果这个操作使用频繁，也可以单独抽象为数据结构的一个行为。例如，假设在例 12-4 中需要将整个链表清空，可以采用两种方式实现该功能。

方式 1：在主函数中，调用已有操作实现此功能。

```
Node x;
int len=NodeLList.GetLength();
for(int i=len;i>=1;i--)
        NodeLList.DeleteByIndex(i,x);
```

方式 2：作为单向链表类中一个成员函数，主函数直接调用该函数实现此功能。
（1）在类中定义行为。

```
template<class T>
void LinkList<T>::DeleteAll()            //清空单向链表
{
    T x;
    int len=GetLength();
    for(int i=len;i>=1;i--)
        DeleteByIndex(i,x);              //释放所有结点
}
```

（2）在主函数中直接调用。

```
NodeLList.DeleteAll();
```

若在实际问题中需要经常进行单向链表的清空操作，则建议使用方式 2。

12.3.4　线性表的顺序存储与链式存储的比较

表 12-1 给出了线性表的顺序存储与链式存储两种存储结构的对比，从中可以看出两种存储结构的优缺点。

表 12-1　线性表的顺序存储与链式存储比较

比 较 内 容	顺 序 存 储	链 式 存 储
结点存储空间	少（不需要为表示结点的逻辑关系增加开销）	多（需要增加指针域来表示结点之间的逻辑关系）
空间利用率	低（采用数组，按表的最大长度静态分配存储空间）	高（根据表的实际长度动态分配存储空间）
插入、删除操作	慢（需要大量移动元素）	快（仅更改指针指向，不需要移动元素）
访问元素	快（直接访问）	慢（通过指针移动才能访问）
实现难易程度	相对容易（基于数组操作，一般高级语言都提供数组类型）	相对困难（基于指针操作）

表 12-2 是顺序存储与链式存储两种存储结构主要操作的时间复杂度比较。其中，n 是表长，s 是线性表每个元素的大小。

表 12-2　线性表的顺序存储与链式存储主要操作的时间复杂度比较

操　作	顺序存储复杂度	链式存储复杂度
创建一个线性表	O(1)	O(1)
删除一个线性表	O(1)	O(n)
在第 k 个元素位置插入一个新元素	O((n−k)s)	O(k)
判断线性表是否为空	O(1)	O(1)
计算线性表的长度	O(1)	O(n)
取第 k 个元素	O(1)	O(k)
修改第 k 个元素	O(1)	O(k)
按关键字查找指定元素	O(n)	O(n)
删除第 k 个元素	O((n−k)s)	O(k)
删除由关键字指定元素	O(ns)	O(n)
输出线性表	O(n)	O(n)

在解决实际线性表的问题时,根据具体问题的性质,结合各操作的使用情况,可以参考表 12-1 和表 12-2 来选择适合的存储结构。

12.3.5　循环链表及其基本操作

单向链表的指针是单方向的,很容易从一个结点出发查找它后面的结点。如果想从某一结点出发查找它前面的结点就比较麻烦了。为了克服单向链表的这一缺点,将单向链表最后一个结点的指针指向头结点,这样整个链表就构成一个循环,这种链式存储结构称为单向循环链表,简称**循环链表**。头结点的指针域指向线性表的第一个元素的结点;循环链表中最后一个结点的指针域不再是 NULL,而是指向头结点。只有头结点的循环链表称为**空循环链表**。

图 12-8 是带头结点的非空循环链表和空循环链表示意图。

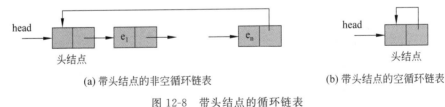

（a）带头结点的非空循环链表　　　　　　　（b）带头结点的空循环链表

图 12-8　带头结点的循环链表

由于在循环链表中设置了一个头结点,因此在任何情况下,循环链表中至少有一个结点存在,从而使空表与非空表的运算统一,程序简洁,并能提高程序的运行速度。

表 12-3 列出了循环链表和单向链表的几个操作代码的对比。通过表 12-3 可以看出,两种链表结构主要的不同是,在循环链表的结构中,空表的条件是 head->next==head;而在单向链表结构中,空表的条件是 head->next==NULL。

表 12-3 循环链表和单向链表几个操作代码对比

操 作	循 环 链 表	单 向 链 表
LinkList() []//构造函数	head＝new LinkNode<T>(); head->next＝head;	head＝new LinkNode<T>();

int GetLength() const	int length＝0;
	LinkNode<T> * p＝head->next;
	while(p!＝head)
	{
	    length++;
	    p＝p->next;
	}
	return length;
		int length＝0;
		LinkNode<T> * p＝head->next;
		while(p)
		{
		    length++;
		    p＝p->next;
		}
		return length;

bool IsEmpty() const	return head->next＝＝head;	return head->next＝＝NULL;

循环链表和单向链表基本操作的实现只有很小的差别,主要是将＝＝NULL 和!＝NULL 相应地替换为＝＝head 和!＝head 即可。根据表 12-3 循环链表实现各操作的特点,对前面的 LinkLish.h 文件进行修改实现循环链表类模板的定义,并将其存储在 CircularList.h 文件中。以后就可以基于 LinkNode 和 CircularList 两个类模板快速完成循环链表相关应用问题的求解。

下面根据循环链表和单向链表的特点,针对从任意一个结点出发访问所有结点的问题,给出相应的算法,从中可以看出,在解决此类问题时循环链表比单向链表更有优势。

【例 12-5】 单向链表和循环链表从任一结点出发遍历所有结点的算法比较。从第 i 结点出发,按照 $e_i, e_{i+1}, \cdots, e_n, e_1, e_2, \cdots, e_{i-1}$ 的顺序依次输出各结点的元素值。

单向链表算法如下:

```
template<class T>
void LinkList<T>::Traverse(int i)
{
    LinkNode<T> * p=head;
    int j;
    for(j=0;j<i;j++)
        p=p->next;                    //将指针指向第 i 个元素
    for(j=i;j<=GetLength();j++)        //输出 ei,ei+1,…,en
    {
        cout<<p->data;
        p=p->next;
    }
    p=head->next;                     //将指针指向第 1 个元素
    for(j=1;j<i;j++)                   //再输出 e1,e2,…,ei-1
    {
        cout<<p->data;
        p=p->next;
    }
}
```

293

循环链表算法如下：

```
template<class T>
void CircularList<T>::Traverse(int i)
{
    LinkNode<T> * p=head;
    int j;
    for(j=0;j<i;j++)
        p=p->next;                    //将指针指向第 i 个元素
    for(j=1;j<=GetLength();j++)        //直接输出 ei,ei+1,…,en,e1,e2,…,ei-1
    {
        cout<<p->data;
        if(p->next!=head)
            p=p->next;
        else
            p=p->next->next;
    }
}
```

12.3.6　双向链表及其基本操作

对于大多数线性表的应用问题,采用单向链表或循环链表已经足够了。但有的应用问题需要经常访问一个结点的前驱结点,虽然循环链表通过首尾相连,从某一结点出发能够找到它前面的结点,但要找一个结点的直接前驱结点仍然很不方便,需要转一圈才行。此时,如果采用双向链表结构,代码将变得简单方便。

双向链表的每个结点含有两个指针域,一个指针指向其前驱结点,另一个指针指向其后继结点。双向链表结点的结构如图 12-9(a)所示。如果将双向链表第一个结点的 prev 指针指向最后一个结点,将最后一个结点的 next 指针指向第一个结点,就构成了双向循环链表。图 12-9(b)和图 12-9(c)是双向链表和双向循环链表的逻辑结构示意图。

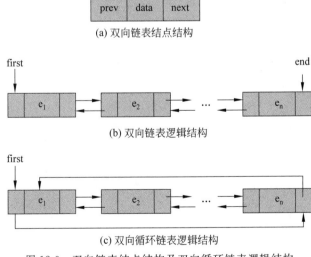

(a) 双向链表结点结构

(b) 双向链表逻辑结构

(c) 双向循环链表逻辑结构

图 12-9　双向链表结点结构及双向循环链表逻辑结构

下面将双向链表结点的类模板命名为 DoubleLinkNode,双向链表结点类模板命名为 DoubleLinkList。

【描述 12-5】　双向链表类定义的 C++ 描述。

```
//双向链表结点类
template<class T>
class DoubleLinkNode
{
    template<class T>
    friend class DoubleLinkList;
    private:
        T data;
        DoubleLinkNode<T> * prev, * next;
};
//双向链表类
template<class T>
class DoubleLinkList
{
    public:
        DoubleLinkList();                       //构造函数
        ~DoubleLinkList();                      //析构函数
        DoubleLinkList<T>& Insert(int k,const T& x);
        bool IsEmpty() const;
        int GetLength() const;
        bool GetData(int k,T& x);
        bool ModifyData(int k,T& x);
        int Find(T& x);
        DoubleLinkList<T>& DeleteByIndex(int k, T& x);
        DoubleLinkList<T>& DeleteByKey(T& x,T& y);
        void OutPut(ostream& out);
    private:
        DoubleLinkNode<T> * first, * end;      //双向循环链表可省去 end
};
```

上面关于双向链表类模板定义中的函数是基于单向链表。例如:

DeleteByIndex(int k, T& x)是删除从链表左边开始的第 k 个元素。由于是双向链表,还可以在类中对相关的操作声明为基于链表右边的函数。

双向链表类中的指针 first 用来指向链表的第一个结点,end 用来指向链表的最后一个结点。在双向循环链表中,由于最后一个结点的 next 指针直接指向 first,first->prev 指针指向最后一个结点,所以可以只使用 first 指针即可。

由于双向链表有了两个方向的链指针,在链表上进行访问非常方便。但在双向链表上进行插入和删除操作时,由于涉及两个指针的重新链接问题,因此要比单向链表的插入与删除操作复杂些。双向链表具体操作的实现与前面的单向链表和循环链表非常类似,主要的不同之处是要考虑两个指针的指向问题。实现双向链表的 C++ 描述不再赘述,读者可作为上机实习内容。

拓展学习

源代码、线性表应用实例及部分算法的复杂度分析

第13章　栈和队列

导学

【主要内容】

本章主要介绍栈和队列的特点和抽象数据类型,并给出实现顺序栈、链接栈、顺序队列和链接队列完整的 C++ 程序代码,以及如何复用这些代码解决实际应用问题的实例和方法。通过学习,应对栈和队列这两种被广泛用于日常生活和计算机领域的数据结构有全面的认识,掌握栈和队列的顺序结构及其链式结构的表示和实现方法,能逐渐熟练地复用书中的代码解决实际问题。

【重点】

- 栈的顺序结构及其链式结构的表示和实现方法。
- 栈的顺序结构及其链式结构的表示和实现方法。

【难点】

- 链接栈的实现。
- 循环队列和链接队列的实现。
- 复用栈和队列代码解决实际问题。

在日常生活中,很多问题都可以归结为栈(stack)和队列(queue)的应用问题。在计算机学科的应用中,栈和队列的应用更加广泛。

栈和队列是两种典型的线性数据结构,它们的逻辑结构和线性表相同,主要区别是它们的插入和删除操作的规则与线性表不同,受到某些限制。因此,栈和队列也被称为**操作受限的线性表**,或者是限制存取点的线性表。

📊 13.1　栈的基本概念

13.1.1　栈的基本概念

关于栈的例子,在日常生活中经常能看到。例如,自动步枪的子弹夹就是一种栈的结构,射击时最后压入子弹夹的子弹总是最先被打出,而最后打出的却是最先压入的子弹。再如,计算机程序运行过程中,子程序的调用和返回也用到了栈的思想。当一个函数在运行期间调用另一个函数时,系统要保存一些信息,供调用返回时恢复调用现场使用。当多个函数构成嵌套调用时,按照后调用先返回的原则,函数之间的信息传递可以通过栈来实现。系统将整个程序运行时所需的数据空间存放到一个栈中,每当调用一个函数时就为它在栈顶分配一个存储区,每当退出一个函数时就释放它所占用的存储区,这样就保证了当前正在运行的函数的数据区总是在栈顶。

栈是一种插入和删除操作都只能在表的同一端进行的线性表。允许进行插入和删除操作的一端称为**栈顶**(top),也称为**表尾**;另一端称为**栈底**(bottom),也称为**表头**。当栈中没有元素时称为**空栈**。

向栈中插入元素的操作称为**进栈**或**入栈**(push),从栈中删除元素的操作称为**退栈**或**出栈**(pop)。

设栈 $S=(e_1,e_2,\cdots,e_n)$,则称 e_1 为栈底元素,e_n 为栈顶元素。图 13-1 所示的是栈的示意图。

栈中元素是以 $e_1,e_2,\cdots,e_n$ 的顺序进栈,而出栈的顺序却是 $e_n,\cdots,e_2,e_1$。也就是说,栈是按照"先进后出"(first in last out,FILO)或"后进先出"(last in first out,LIFO)的原则组织数据的。所以,栈也被称为后进先出 LIFO、先进后出 FILO 线性表或下推表。

栈一般需要进行以下的基本操作:

(1) 创建一个空栈。
(2) 删除一个栈。
(3) 判断栈是否为空。
(4) 判断栈是否为满。
(5) 栈顶插入一个元素。
(6) 求栈顶元素的值。
(7) 删除栈顶的一个元素。
(8) 输出栈。

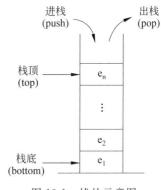

图 13-1 栈的示意图

13.1.2 栈的抽象数据类型

根据 13.1.1 节中对栈及其基本操作的抽象,由于抽象数据类型与栈中的元素类型无关,所以下面的元素类型用 T 来表示。栈的抽象数据类型 Stack 定义如下:

```
ADT Stack{
    数据对象 D={ eᵢ|eᵢ∈T, i=1,2,…,n,n≥0 }
    数据关系 R={<eᵢ₋₁, eᵢ>|eᵢ₋₁,eᵢ∈T,  i=2,3,…,n }
    基本操作 P:
        Create()              //创建空栈
        Destroy()             //删除栈
        bool IsEmpty()        //判断栈是否为空,空则返回 true,非空则返回 false
        bool IsFull()         //判断栈是否为满,满则返回 true,不满则返回 false
        bool Push(const T& x) //在栈顶插入元素 x,插入成功返回 true,失败则返回 false
        bool Top(T& x)        //求栈顶元素的值放入 x 中,成功返回 true,失败则返回 false
```

```
    bool Pop(T& x)              //从栈顶删除一个元素,并将该元素的值放入 x 中
    void OutPut()              //输出栈
} ADT Stack
```

13.2 栈的表示及实现

栈是一种线性表,因此,将线性表的顺序和链式存储结构应用于栈时,就建立了顺序栈和链式栈。

13.2.1 栈的顺序表示及实现

采用顺序存储结构表示的栈称为**顺序栈**。顺序栈需要分配一块连续的存储区域来存放栈中的元素。顺序栈可以用一维数组实现。因为栈底位置是固定不变的,所以可把栈底设置在一维数组的任意一端。栈顶位置会随着进栈和出栈操作而不断变化,因此用一个变量来指示当前栈顶位置。

假设栈中的最大元素个数为 MaxSize,下面将顺序栈类模板命名为 LinearStack。

【描述 13-1】 顺序栈类模板的 C++ 描述。

```
#include<iostream>
using namespace std;
template<class T>
class LinearStack
{
public:
    LinearStack(int LSMaxSize);    //构造函数,创建空栈
    ~ LinearStack();               //析构函数,删除栈
    bool IsEmpty();                //判断栈是否为空,空则返回 true,非空则返回 false
    bool IsFull();                 //判断栈是否为满,满则返回 true,不满则返回 false
    int  GetElementNumber();       //求栈中元素的个数
    bool Push(const T& x);   //在栈顶插入元素 x,插入成功则返回 true,不成功则返回 false
    bool Top(T& x);          //求栈顶元素的值放入 x 中,成功则返回 true,失败则返回 false
    bool Pop(T& x);                //从栈顶删除一个元素,并将该元素的值放入 x 中
    void OutPut(ostream& out)const;//将顺序栈放到输出流 out 中输出
private:
    int top;                      //用来表示栈顶
    int MaxSize;                  //栈中最大元素个数
    T * element;                  //一维动态数组
};
```

由于一个栈可能有 n 个数据元素,也可能是空栈。所以,在顺序栈类模板的数据成员中,除了用来实现顺序栈的动态数组 element 外,还有两个 int 型数据成员 MaxSize 和 top。MaxSize 用来标识栈的最大长度,top 用来标识当前顺序栈的栈顶。

顺序栈的 Create 创建操作和 Destroy 删除操作,是使用类的构造函数和析构函数来实现的。使用构造函数 LinearStack(int LSMaxSize)创建一个空栈时,首先根据参数 LSMaxSize,为栈申请一个用指针 element 指向长度为 LSMaxSize * sizeof(T)个字节的连续空间;然后将栈顶 top 赋值为 −1,表示空栈。析构函数～LinearStack()负责回收申请的栈空间。

假设一个空的顺序栈,元素 A、B、C、D、E、F 依次进栈,然后元素再出栈,则该顺序栈的进栈和出栈动态变化如图 13-2 所示。

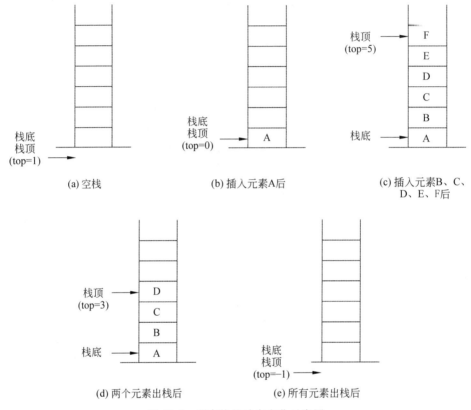

图 13-2　顺序栈的动态变化示意图

当栈中已有 MaxSize 个元素时,如果再进行进栈操作,则会产生溢出,此时称为**上溢**(overflow);而对空栈进行出栈操作时也会产生溢出,此时称为**下溢**(underflow)。因此,在进行进栈或出栈操作时,应首先检查栈是否为满(IsFull)或是否为空(IsEmpty)。

(1) IsEmpty()的算法如下:

```
return top==-1;
```

(2) IsFull()的算法如下:

```
return top==MaxSize;
```

(3) 求栈中元素的个数 GetElementNumber()的算法如下:

```
return top+1;
```

（4）进栈操作 Push(const T& x)是向栈顶插入一个值为 x 的元素，进栈操作算法如下：

```
if(IsFull())
    return false;
else
{
    top++;
    element[top]=x;
    return true;
}
```

（5）出栈操作 Pop(T& x)是将栈顶元素放到 x 中，然后栈顶下移。出栈操作的算法如下：

```
if(IsEmpty())
    return false;
else
{
    x=element[top];
    top--;
    return true;
}
```

上述算法都是在栈顶进行的，因此算法的复杂度为 O(1)。

【描述 13-2】　顺序栈基本操作的实现。

```
//实现构造函数
template<class T>
LinearStack<T>::LinearStack(int LSMaxSize)
{
    MaxSize=LSMaxSize;
    element=new T[LSMaxSize];
    top=-1;
}
//实现析构函数
template<class T>
LinearStack<T>::~ LinearStack()
{
    delete []element;
}
//实现判断栈是否为空
template<class T>
bool LinearStack<T>::IsEmpty()
{
    return top==-1;
}
```

```
//实现判断栈是否为满
template<class T>
bool LinearStack<T>::IsFull()
{
    return top==MaxSize;
}
//实现进栈
template<class T>
bool LinearStack<T>::Push(const T& x)
{
    if(IsFull())
        return false;
    else
    {
        top++;
        element[top]=x;
        return true;
    }
}
//实现求栈顶元素
template<class T>
bool LinearStack<T>::Top(T& x)
{
    if(IsEmpty())
        return false;
    else
    {
        x=element[top];
        return true;
    }
}
//实现出栈
template<class T>
bool LinearStack<T>::Pop(T& x)
{
    if(IsEmpty())
        return false;
    else
    {
        x=element[top];
        top--;
        return true;
    }
}
//实现顺序栈的输出,按栈底到栈顶的顺序输出
```

```
template<class T>
void LinearStack<T>:: OutPut(ostream& out) const
{
    for(int i=0;i<top;i++)
        out<<element[i]<<endl;
}
//重载插入运算符<<
template<class T>
ostream& operator<<(ostream& out,const LinearStack<T>& x)
{
    x.OutPut(out);
    return out;
}
```

说明：将描述 13-1 中关于顺序栈类模板的声明代码和描述 13-2 中关于顺序栈类模板的实现代码一起存储在 LinearStack.h 文件中，以后就可以基于该类模板快速完成顺序栈的相关应用问题的求解。

13.2.2　顺序栈代码复用实例

【例 13-1】　将十进制整数转换为其他各种进制（如二进制、八进制、十六进制）数。

问题求解思路：将一个给定的十进制整数 n 转化成基数为 base 的进制数，可以采用"除基取余法"。由于该方法最早除得的余数最后使用，所以可以使用栈。将每一次除得的余数进栈，等到所有除法结束后，再将栈中元素依次出栈即可得到转换后的结果。下面只需要基于 LinearStack 类模板生成数据类型为 int 类的模板类对象，就可以直接使用类中提供的相应成员函数解决问题了。

```
/* Chap13-1.cpp:顺序栈的简单应用问题 */
#include<iostream>
using namespace std;
#include "LinearStack.h"
void conversion(int,int);              //转换函数
int main()
{
    int n,base;
    cout<<"请输入十进制数和要转换的进制的基数:\n ";
    cin>>n>>base;
    conversion(n,base);
    cout<<endl;
    return 0;
}
void conversion(int n,int base)
{
    int x,y;
    y=n;
```

```
LinearStack<int>s(100);
while(y)
{
    s.Push(y% base);
    y=y/base;
}
cout<<"十进制数"<<n<<"转换为"<<base<<"进制为:\n";
while(!s.IsEmpty())
{
    s.Pop(x);
    cout<<x;
}
}
```

假设将 100 转换成二进制数,程序的运行结果如下:

请输入十进制数和要转换的进制的基数:
100 2
十进制数 100 转换为二进制为:
1100100

13.2.3　栈的链式表示及实现

把栈组织成一个单链表,即采用链接结构来表示栈,这样的数据结构称为**链接栈**。

栈的链式存储结构一般是通过单链表来实现的。在单链表中,每一个结点表示栈中的一个元素。由于栈是在链表头部进行插入和删除操作,所以链接栈不需要再设置表头结点。栈顶指针 top 就是链接栈的头指针,它可以唯一地确定一个栈。

假设元素 $e_1,e_2,\cdots,e_n$ 依次进栈,则会有如图 13-3 所示的该链接栈的示意图。

由于链接栈具有动态分配元素结点的特点,所以在内存足够大的情况下,可以认为链接栈中最大元素的个数没有限制。因此,在下面的单向链接栈类模板描述中去掉了判断栈

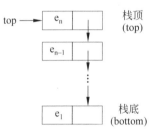

图 13-3　链接栈示意图

满的操作 IsFull。其他基本操作与前面的顺序栈基本操作的含义完全相同。下面将链接栈存储结点的类模板命名为 LinkNode,将单向链接栈的类模板命名为 LinkStack。

【描述 13-3】　链接栈存储结点类模板和单向链接栈类模板的 C++ 描述。

```
//存储结点类
template<class T>
class LinkNode                  //结点类
{
    template<class T>
    friend class LinkStack;     //将链接栈类声明为友类
    public:
        LinkNode()              //构造函数
```

```
        {
            next=NULL;
        }
    private:
        T data;                         //结点元素
        LinkNode<T> * next;             //指向下一个结点的指针
};
//单向链接栈类
template<class T>
class LinkStack
{
public:
        LinkStack ();                   //构造函数,创建空栈
        ~LinkStack();                   //析构函数,删除栈
        bool IsEmpty() const;           //判断栈是否为空,空则返回 true,非空则返回 false
        bool Push(const T& x);          //在栈顶插入元素 x,成功则返回 true,失败则返回 false
        bool Top(T& x);                 //求栈顶元素的值放入 x 中,成功则返回 true,失败则返回 false
        bool Pop(T& x);                 //从栈顶删除一个元素,并将该元素的值放入 x 中
        void OutPut(ostream& out) const;        //将顺序栈放到输出流 out 中输出
private:
        LinkNode<T> * top;              //指向链接链的栈顶结点的指针
        int size;                       //栈中元素个数
};
```

说明：将单向链接栈类 LinkStack 声明为存储结点类 LinkNode 的友类,使链接栈类中的成员函数可以直接访问 LinkNode 对象的私有数据成员。LinkNode 类中的 next 为指向下一个逻辑结点的指针。LinkStack 类中的数据成员 top 为指向链接栈栈顶的指针,size 是记录栈中元素个数的数据成员。

在对链接栈的基本操作中,使用较多的是进栈和出栈操作。进栈 Push 就是向链接栈的栈顶插入一个元素结点,先将待进栈结点的指针域指向原来的栈顶结点,然后将栈顶指针 top 指向该结点,使进栈元素结点成为新的栈顶结点。出栈 Pop 就是从链接栈的栈顶删除一个元素结点,先将栈顶元素取出放到 x 中,然后使栈顶指针 top 指向原栈顶结点的后继结点,然后物理上删除该结点。当 top 为空时,链接栈为空。删除链接栈时使用析构函数～LinkStack 来完成,～LinkStack 的工作是将所有元素出栈。

【描述 13-4】　链接栈基本操作的实现。

```
//实现构造函数
template<class T>
LinkStack<T>::LinkStack()
{
    top=NULL;
    size=0;
}
//实现析构函数
template<class T>
LinkStack<T>::~LinkStack()
{
```

```
        T x;
        while(top!=NULL)                    //栈非空则元素依次出栈
            Pop(x);
}
//实现判断栈是否为空
template<class T>
bool LinkStack<T>::IsEmpty() const
{
    return top==NULL;
}
//实现进栈
template<class T>
bool LinkStack<T>::Push(const T& x)
{
    LinkNode<T> * p=new LinkNode<T>;
    if(p==NULL)
        return false;
    else
    {
        p->data=x;                          //为元素赋值
        p->next=top;                        //将新结点插入栈顶
        top=p;                              //top 指向栈顶
        size++;
        return true;
    }
}
//实现求栈顶元素
template<class T>
bool LinkStack<T>::Top(T& x)
{
    if(IsEmpty())
        return false;
    else
    {
        x=top->data;
        return true;
    }
}
//实现出栈
template<class T>
bool LinkStack<T>::Pop(T& x)
{
    LinkNode<T> * p;
    if(IsEmpty())
        return false;
    else
    {
        x=top->data;                        //删除元素的值放入 x 中
```

```
        p=top;                    //得到待删除结点的指针
        top=top->next;            //top 指向新的栈顶
        delete p;                 //元素出栈
        size--;
        return 0;
    }
}
//实现链接栈的输出
template<class T>
void LinkStack<T>::OutPut(ostream& out) const
{
    LinkNode<T> * p;
    p=top;
    for(int i=0;i<size;i++)
    {
        out<<p->data<<endl;
        p=p->next;
    }
}
//重载插入运算符<<
template<class T>
ostream& operator<<(ostream& out,const LinkStack<T>& x)
{
    x.OutPut(out);
    return out;
}
```

说明：将描述 13-3 中关于链接栈类模板的声明代码和描述 13-4 中关于链接栈类模板的实现代码一起存储在 LinkStack.h 文件中，以后就可以基于该类模板快速完成链接栈的相关应用问题的求解。例如，可以使用链接栈实现例 13-1 的数值转换问题，读者可自己上机练习。

📊 13.3 队列的基本概念

13.3.1 队列的基本概念

排队是日常生活中最常见的现象，在车站买票、在银行办理业务等许多场合都需要排队。排队的特点是新来的人要站在队尾，而队首的人先离开。这种"先来先服务"的办事方式就可以抽象成队列这种数据结构。

队列是一种只允许在表的一端进行插入操作，而在表的另一端进行删除操作的线性表。队列的插入操作也称为**入队**，允许入队的一端称为**队尾**（rear）；队列的删除操作也称为**出队**，允许出队的一端称为**队头**（front）。不含元素的队列称为**空队列**。因此，队列又称为"先进先出"（first in first out，FIFO）或"后进后出"（last in last out，LILO）线性表。

设队列 $Q=(e_1,e_2,\cdots,e_n)$，队列中的元素是按 $e_1,e_2,e_3,\cdots,e_n$ 的顺序进入队列，则 e_1 为

队头元素,e_n 为队尾元素。图 13-4 是队列的示意图。在元素退出队列时,只能按 e_1,e_2, e_3,…,e_n 的顺序进行。

图 13-4　队列的示意图

队列一般需要进行以下基本操作:

(1) 创建一个队列。

(2) 删除一个队列。

(3) 判断队列是否为空。

(4) 判断队列是否为满。

(5) 在队尾插入一个元素。

(6) 取队头元素的值。

(7) 队头元素出队。

(8) 输出队列。

13.3.2　队列的抽象数据类型

根据 13.3.1 中对队列及其基本操作的抽象,抽象数据类型中的元素类型用 T 来表示, 则队列的抽象数据类型 Queue 定义如下:

```
ADT Queue{
    数据对象 D={ e_i|e_i∈T,   i=1,2,…,n,n≥0 }
    数据关系 R={<e_(i-1), e_i>|e_(i-1),e_i∈D,   i=2,3,…,n }
    基本操作 P:
        Create()                  //创建空队列
        Destroy()                 //删除队列
        bool IsEmpty()            //判断队列是否为空,空则返回 true,非空则返回 false
        bool IsFull()             //判断队列是否为满,满则返回 true,不满则返回 false
        bool Insert(const T& x)   //入队,在队列尾部插入元素 x
        bool GetElement(T& x)     //取队头元素的值放入 x 中
        bool Delete(T& x)         //出队,从队头删除一个元素,并将该元素的值放入 x 中
        void OutPut()             //输出队列
} ADT Queue
```

13.4　队列的表示及实现

队列的表示与栈和一般线性表一样,通常也可以采用顺序表示和链式表示。

13.4.1 队列的顺序表示及实现

1. 顺序队列

采用顺序存储结构的队列称为**顺序队列**。顺序队列通常用一个一维数组来存放队列中的数据元素。此外,还需设置两个整型变量 front 和 rear,分别指示队头和队尾,称为头指针和尾指针。**为了运算的方便,在此约定,在非空队列里,front 始终指向队头元素,而 rear 始终指向队尾元素的下一位置**。初始化队列时,front 和 rear 均置为 0。在队列中,由 front 和 rear 共同反映队列中元素动态变化的情况。

队列元素的入队和出队操作是最基本的操作。顺序队列入队时,将新元素插入 rear 所指位置后,再将 rear 的值加 1;顺序队列出队时,删除 front 所指位置的元素后,再将 front 的值加 1 并返回被删元素。可见,队列为空的条件是:

`front==rear`

假设当前给队列分配的最大存储空间为 5,元素 A、B、C、D、E 分别进入队列,图 13-5 是顺序队列的元素动态变化示意图。

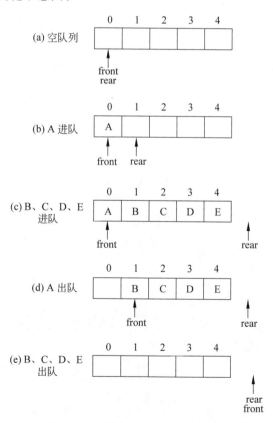

图 13-5 顺序队列元素变化示意图

在顺序队列中,同顺序栈一样,也存在队列溢出的问题。当队列满时,再做入队操作,这种现象称为**上溢**。例如,在图 13-5(c)所示状态下,再做入队操作,就会产生上溢。当队列空时,再做出队操作,这种现象称为**下溢**。例如,在图 13-5(e)所示状态下,再做出队操作,就会产生下溢。

由于队列经常要做插入或删除操作,front 和 rear 会随着插入或删除操作进行变化。在图 13-5(d)所示状态下,当还有新元素请求入队时,虽然队列的实际可用空间并没有占满,但由于尾指针已超越存储空间的上界,也不能做入队操作,这种现象称为**假上溢**。

2. 循环队列

为避免发生顺序队列的假上溢现象,充分利用队列的存储空间,可以将顺序队列存储空间的最后一个位置和第一个位置逻辑上连接在一起。这样的队列称为**循环队列**。假设当前循环队列最多能容纳 MaxSize 个元素,逻辑上的循环是通过头、尾指针的加 1 操作实现的:

front= (front+1)%MaxSize
rear=(rear+1)%MaxSize

在循环队列中进行入队、出队操作时,头、尾指针仍然加 1,但当头或尾指针已经指向了存储空间的上界时,通过上面逻辑上的循环方法,再加 1 的操作结果是指向下界 0。

图 13-6 是对图 13-5 中的队列采用循环队列后的示意图。在图 13-6(d)状态时,当还有新元素请求入队时,由于 rear 循环指向了 0,所以能够进行入队操作,解决了假上溢的问题。但是,在队列满的图 13-5(c)状态和队列空的图 13-6(a)或图 13-6(e)状态,都有相同的 front==rear 关系。因此,在循环队列中,仅依据头尾指针相等是无法判断队列是空还是满的。

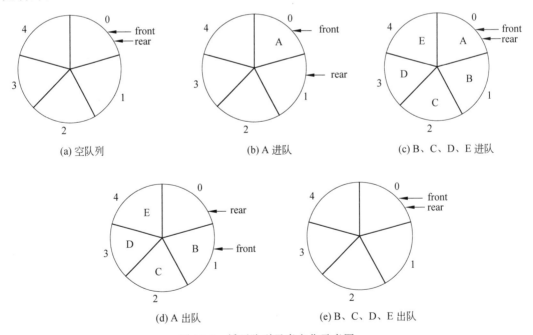

(a) 空队列   (b) A 进队   (c) B、C、D、E 进队

(d) A 出队   (e) B、C、D、E 出队

图 13-6　循环队列元素变化示意图

要解决判断循环队列是空还是满的问题,可以采用以下两种方法:

（1）约定少用一个元素空间。入队前，如果关系（rear＋1）％MaxSize＝＝front 存在，就认为队列已满，再要插入就会发生溢出。可见，这种方法 rear 始终指向空闲的元素空间。

（2）使用一个计数器 size 记录当前队列的实际长度。如果 size＝0，则当 front＝＝rear 时，当前队列空，可以进行入队操作；否则，当前队列满，不能进行入队操作。

下面用第二种方法实现循环队列的基本操作，将顺序循环队列的类模板命名为 LinearQueue。第一种方法供读者上机练习。

【描述 13-5】　顺序循环队列类模板的 C++ 描述。

```
template<class T>
class LinearQueue
{
public:
    LinearQueue(int LQMaxSize);     //创建空队列
    ~LinearQueue();                 //删除队列
    bool IsEmpty();                 //判断队列是否为空,空则返回 true,非空则返回 false
    bool IsFull();                  //判断队列是否为满,满则返回 true,不满则返回 false
    bool Insert(const T& x);        //入队,在队列尾部插入元素 x
    bool GetElement(T& x);          //求队头元素的值放入 x 中
    bool Delete(T& x);              //出队,从队头删除一个元素,并将该元素的值放入 x 中
    void OutPut(ostream& out) const; //输出队列
private:
    int size;                       //队列实际元素个数
    int MaxSize;                    //队列中最大元素个数
    int front,rear;                 //队列的队头和队尾指针
    T * element;                    //指向一维动态数组的指针
};
```

【描述 13-6】　顺序循环队列基本操作的实现。

```
//实现构造函数
template<class T>
LinearQueue<T>::LinearQueue(int LQMaxSize)
{
    MaxSize=LQMaxSize;
    element=new T[MaxSize];
    size=0;
    front=0;
    rear=0;
}
//实现析构函数
template<class T>
LinearQueue<T>::~LinearQueue()
{
    delete []element;
}
```

```
//实现判断队列是否为空
template<class T>
bool LinearQueue<T>::IsEmpty()
{
    return size==0;
}
//实现判断队列是否为满
template<class T>
bool LinearQueue<T>::IsFull()
{
    return size==MaxSize;
}
//实现入队
template<class T>
bool LinearQueue<T>::Insert(const T& x)
{
    if(IsFull())
        return false;
    else
    {
        element[rear]=x;
        rear=(rear+1)%(MaxSize);
        size++;
        return true;
    }
}
//实行求队头元素
template<class T>
bool LinearQueue<T>::GetElement(T& x)
{
    if(IsEmpty())
        return false;
    else
    {
        x=element[front];
        return true;
    }
}
//实现出队
template<class T>
bool LinearQueue<T>::Delete(T& x)
{
    if(IsEmpty())
        return false;
    else
```

```
    {
        x=element[front];
        front=(front+1)%(MaxSize);
        size--;
        return true;
    }
}
//实现顺序队列的输出
template<class T>
void LinearQueue<T>::OutPut(ostream& out) const
{   int index;
    index=front;
    for(int i=0;i<size;i++)
    {
        out<<element[index]<<endl;
        index=(index+1)%MaxSize;
    }
}
//重载插入运算符<<
template<class T>
ostream& operator<<(ostream& out,const LinearQueue<T>& x)
{
    x.OutPut(out);
    return out;
}
```

说明：将描述 13-5 中关于顺序循环队列类模板的声明代码和描述 13-6 中关于顺序循环队列类模板的实现代码一起存储在 LinearQueue.h 文件中，以后就可以基于该类模板快速完成顺序队列的相关应用问题的求解。

13.4.2　循环队列代码复用实例

【例 13-2】　在屏幕上显示杨辉三角。杨辉三角的特点是第 n 行有 n 个数,除了第一个数和最后一个数是 1 外,其他数是上一行中位其左右的两个数之和。如图 13-7 所示,即为 6 行杨辉三角的情况。

问题求解思路：根据第 i 行和第 i+1 行的变换规律,可以用循环队列来完成杨辉三角的显示任务。具体方法是先输出第 1 行,然后将第 2 行的两个 1 入队,然后循环进行如下操作：在输出第 i 行时,计算第 i+1 行的数据并将它们依次入队。为了便于计算,将队列的最大容量设置为 n+2,在相邻的两行元素之间加标识 0 来区别不同行的队列元素。通过不断地入队和出队,来完成杨辉三角的输出。下面基于 LinearStack 类模板生成数据类型为 int 类的模板类对象,直接使用类中相应的成员函数解决这个问题。

```
1
1  1
1  2  1
1  3  3  1
1  4  6  4  1
1  5  10  10  5  1
```

图 13-7　杨辉三角

```
/* Chap13-2.cpp:顺序循环队列应用问题 */
```

```
#include<iostream>
using namespace std;
#include "LinearQueue.h"
/*输出第 n 行的空格,参数 n 为要输出的杨辉三角的行数,k 为当前输出行数*/
void PrintSpace(int n,int k)
{
    for(int i=1;i<=n-k;i++)
        cout<<' ';
}
//输出杨辉三角的前 n 行(n>0)
void YangHui(int n)
{
    LinearQueue<int>Q(n+2);
    int x,y;
    PrintSpace(n,1);                    //输出第 1 行前面的空格
    cout<<'1'<<endl;                    //输出第 1 行的
    Q.Insert(0);                        //添加行开始标识
    Q.Insert(1);                        //第 2 行入队
    Q.Insert(1);                        //第 2 行入队
    for(int i=2;i<=n;i++)
    {
        Q.Insert(0);                    //添加行结束标识
        PrintSpace(n,i);                //输出第 i 行数字前面的空格
        do
        {
            Q.Delete(x);
            Q.GetElement(y);
            if(y)
                cout<<y<<' ';
            else
                cout<<endl;
            Q.Insert(x+y);
        }while(y);
    }
    cout<<endl;
}
int main()
{
    int n;
    cout<<"请输入要显示的杨辉三角的行数:";
    cin>>n;
    YangHui(n);
    return 0;
}
```

13.4.3　队列的链式表示及实现

队列的链式存储结构是仅在表头删除结点和在表尾插入结点的单链表,也称为**链接队列**。因为需要在表头进行删除操作和在表尾进行插入操作,所以在链接队列中,需要增加指向队头和队尾的两个指针 front 和 rear。这样,一个链接队列就由一个头指针 front 和一个尾指针 rear 唯一地确定了。图 13-8 是存储了 n 个元素的链接队列的示意图。

下面的描述将链接队列存储结点类模板命名为 LinkNode,将链接队列类模板命名为 LinkQueue。

【描述 13-7】　链接队列存储结点类模板和链接队列类模板的 C++ 描述。

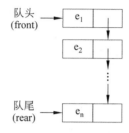

图 13-8　链接队列示意图

```cpp
//存储结点类
template<class T>
class LinkNode                  //结点类
{
    template<class T>
    friend class LinkQueue;     //将链接队列类声明为友类
public:
        LinkNode()              //构造函数
        {
            next=NULL;
        }
private:
        T data;                 //结点元素
        LinkNode<T> * next;     //指向下一个结点的指针
};
//链接队列类
template<class T>
class LinkQueue
{
public:
    LinkQueue();                //创建空队列
    ~LinkQueue();               //删除队列
    bool IsEmpty();             //判断队列是否为空,空则返回 true,非空则返回 false
    bool Insert(const T& x);    //入队,在队列尾部插入元素 x
    bool GetElement(T& x);      //求队头元素的值放入 x 中
    bool Delete(T& x);          //出队,从队头删除一个元素,并将该元素的值放入 x 中
    void OutPut(ostream& out)const;     //输出队列
private:
    int size;                   //队列实际元素个数
    LinkNode<T> * front,* rear; //队列的队头和队尾指针
};
```

说明：描述 13-7 将链接队列类 LinkQueue 声明为存储结点类 LinkNode 的友类，使链接队列类中的成员函数可以直接访问 LinkNode 对象的私有数据成员。LinkNode 类中的 next 是指向下一个逻辑结点的指针。LinkQueue 类中的数据成员 front 和 rear 分别是指向链接队列队头和队尾的 LinkNode 类型的指针，数据成员 size 用来记录队列中的元素个数。

【描述 13-8】 链接队列基本操作的实现。

```
//实现构造函数
template<class T>
LinkQueue<T>::LinkQucue()
{
    front=NULL;
    rear=NULL;
    size=0;
}
//实现析构函数
template<class T>
LinkQueue<T>::~LinkQueue()
{
    T x;
    while(front!=NULL)                    //队列非空则元素依次出队
        Delete(x);
}
//实现判断栈是否为空
template<class T>
bool LinkQueue<T>::IsEmpty()
{
    return size==0;
}
//实现入队
template<class T>
bool LinkQueue<T>::Insert(const T& x)
{
    LinkNode<T> * p=new LinkNode<T>;
    if(p==NULL)
        return false;
    else
    {
        p->data=x;                        //为元素赋值
        //将新结点插入队尾
        if(front==NULL)                   //插入前是空队列
        {
            rear=p;
            front=p;
        }
        else
```

```
        {
            rear->next=p;                    //插入新结点
            rear=p;                          //指向新队尾
        }
        size++;
        return true;
    }
}
//实现求队头元素
template<class T>
bool LinkQueue<T>::GetElement(T& x)
{
    if(IsEmpty())
        return false;
    else
    {
        x=front->data;
        return true;
    }
}
//实现出队
template<class T>
bool LinkQueue<T>::Delete(T& x)
{
    LinkNode<T> * p;
    if(IsEmpty())
        return false;
    else
    {
        p=front;
        x=front->data;
        front=front->next;
        delete p;                            //删除队头结点
        size--;
        return true;
    }
}
//实现链接队列的输出
template<class T>
void LinkQueue<T>:: OutPut(ostream& out) const
{
    LinkNode<T> * p;
    p=front;
    for(int i=0;i<size;i++)
    {
```

```
        out<<p->data<<endl;
        p=p->next;
    }
}
//重载插入运算符<<
template<class T>
ostream& operator<< (ostream& out,const LinkQueue<T>& x)
{
    x.OutPut(out);
    return out;
}
```

将描述 13-7 中关于链接队列类模板的声明代码和描述 13-8 中关于链接队列类模板的实现代码一起存储在 LinkQueue.h 文件中,以后就可以基于该类模板快速完成链接队列的相关应用问题的求解。例如可以使用链接队列实现例 13-2 中的在屏幕上显示杨辉三角问题,读者可自己上机练习。

拓展学习

源代码、栈和队列的应用实例

第 14 章　树和二叉树

导 学

【主要内容】

本章介绍树的基本概念、二叉树的基本特性；重点讲解二叉树的顺序表示、链式表示、二叉树的遍历和其他常用操作，并给出完整的 C++ 程序代码，以及如何复用这些代码解决实际应用问题的示例和方法；介绍哈夫曼树和哈夫曼码。通过学习，应该对树这种常用的非线性数据结构有一个全面的认识；掌握二叉树的顺序表示和链式表示及其实现方法；了解哈夫曼树和哈夫曼码的概念和作用，掌握哈夫曼树的构造方法和哈夫曼码的编码解码方法；能熟练地使用书中的代码解决实际问题。

【重点】

- 树和二叉树的性质。
- 二叉链表的实现。

【难点】

- 二叉树遍历的非递归算法。
- 复用二叉树代码解决实际问题。

14.1　树的基本概念

树是一种非常重要的非线性数据结构。树由 $n(n \geqslant 0)$ 个数据元素组成，数据元素之间具有明显的层次结构。图 14-1 是树的树状图表示，由于它很像自然界中倒长的树，因此被称为"树"。树的树状图表示法规定在用直线连接起来的两端结点中，处在上端的结点是前驱，处在下端的结点是后继，如 A 是 B 的前驱，B 是 A 的后继。

图 14-1 中所示树的逻辑结构可表示为 $T=(D,R)$，其中，数据元素集合 $D=\{A, B, C, D, E, F, G, H, I, J, K, L\}$，各数据元素之间的前驱和后继关系 $R=\{<A,B>, <A, C>, <A,D>, <B,E>, <B,F>, <C,G>, <D,H>, <F,I>, <H,J>, <H,K>, <H,L>\}$。

从图 14-1 可以很直观地看出树具有如下结构特性：

■ 只有最顶层的结点没有前驱,其余结点都有且只有一个前驱。

■ 一个结点可以没有后继,也可以有一个或多个后继。

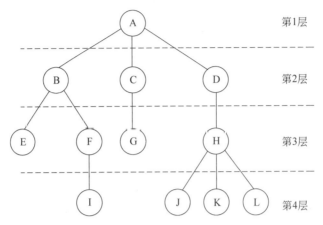

图 14-1　树的树状图表示

在客观世界中,很多事物都可以用树这种数据结构来表示,如图 14-2 所示的学校组织结构示意图。在计算机领域,树也有着非常广泛的应用。例如,用树状结构表示实体之间联系的层次模型是最早用于商业数据库管理系统的数据模型;在操作系统中用树来表示文件目录结构等。

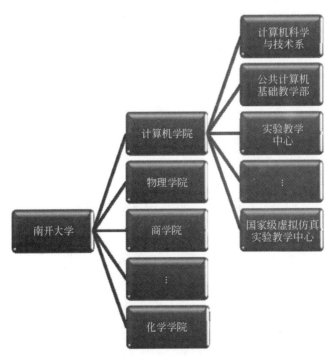

图 14-2　学校组织结构示意图

14.1.1　树的定义

树是由 n(n≥0)个结点组成的有限集 T。当 n=0 时,称为**空树**;当 n>0 时,集合 T 必须满足如下条件:

(1) 有且仅有一个没有前驱的结点,该结点称为树的根结点。

(2) 将根结点去除后,其余结点可分为 m(m≥0)个互不相交的子集 T_1,T_2,…,T_m,其中每个子集 T_i(i=1,2,…,m)又是一棵树,并称其为根的**子树**。

可以看出,树的定义采用的是递归定义方式,即一棵非空的树由根结点和去除根结点后得到的若干棵规模更小的子树构成,而每一棵子树又是由该子树的根结点和去除该子树根结点后得到的若干棵更小的子树构成。例如,图 14-1 所示的树可以看成是由根结点 A 和 3 棵子树 T_1、T_2、T_3(结点集合分别为 D_1={B, E, F, I}、D_2={C, G}和 D_3={D, H, J, K, L})构成的;子树 T_1 又可以看成是由根结点 B 和两棵子树 T_{11}、T_{12}(结点集合分别为 D_{11}={E}、D_{12}={F, I})构成的。

14.1.2　树的表示形式

树状图表示法因其直观性强而成为树的最常用的表示形式,图 14-1 即是采用树状图表示法表示的树。除树状图表示法之外,还有 3 种常用的表示形式。

1. 嵌套集合表示法

嵌套集合表示法是通过集合包含的形式体现结点之间的关系,后继结点集合包含在前驱结点集合中。例如,采用嵌套集合表示法可将图 14-1 所示的树表示为图 14-3 所示的形式。

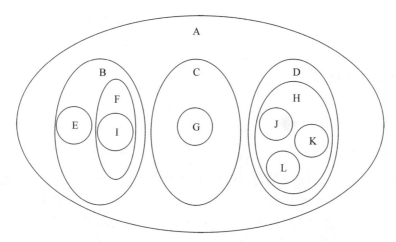

图 14-3　树的嵌套集合表示法表示图 14-1 所示的树的形式

2. 凹入表表示法

凹入表表示法是利用树的目录形式表示结点之间的关系，后继结点位于前驱结点的下一层目录中。例如，采用凹入表表示法可将图 14-1 所示的树表示为图 14-4 所示的形式。

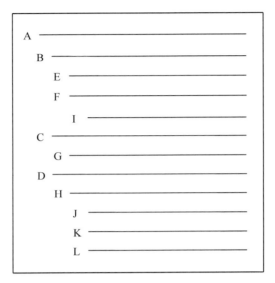

图 14-4　树的凹入表表示法表示图 14-1 所示的树的形式

3. 广义表表示法

广义表表示法是利用广义表的多层次结构来表示树，后继结点位于前驱结点的下一层次。例如，采用广义表表示法可将图 14-1 所示的树表示为图 14-5 所示的形式。

$$A(B(E, F(I)), C(G), D(H(J, K, L)))$$

图 14-5　树的广义表表示法表示图 14-1 所示的树的形式

14.1.3　树的基本术语

下面介绍树的基本术语。

1. 结点的度和树的度

一个结点的后继的数目称为**该结点的度**，树中各结点度的最大值称为**树的度**。例如，在图 14-1 中，结点 A、H 的度都为 3，结点 B 的度为 2，结点 C、D、F 的度都为 1，其余结点的度都为 0。树中所有结点度的最大值为结点 A 和结点 H 所具有的度 3，因此，该树的度为 3。

2. 结点的层和树的深度

树的根结点所在的层为第 1 层，其余结点的层等于其前驱结点的层加 1。树中各结点的层的最大值称为**树的深度**。例如，在图 14-1 中标出了各结点的层，该树的深度为 4。

3. 分支、路径、路径长度和树的路径长度

从一个结点到其后继结点之间的连线称为一个**分支**。从一个结点 X 到另一个结点 Y 所经历的所有分支构成结点 X 到结点 Y 的**路径**。一条路径上的分支数目称为**路径长度**；从树的根结点到其他各个结点的路径长度之和称为**树的路径长度**。例如，在图 14-1 中，结点 A 到结点 H 的路径为 A→D→H，路径长度为 2；结点 C 到结点 H 的路径不存在；树的路径长度为 23。

4. 叶子结点、分支结点和内部结点

树中度为 0 的结点称为**叶子结点**（或终端结点），度不为 0 的结点称为**分支结点**（或非终端结点），除根结点以外的分支结点也称为**内部结点**。例如，在图 14-1 中，结点 E、G、I、J、K、L 是叶子结点，结点 A、B、C、D、F、H 是分支结点，结点 B、C、D、F、H 是内部结点。

5. 结点间的关系

在树中，一个结点的后继结点称为该结点的**孩子**，相应地，一个结点的前驱结点称为该结点的**双亲**，即一个结点是其孩子结点的双亲或者是其双亲结点的孩子。例如，在图 14-1 中，结点 A 是结点 B、C、D 的双亲，结点 B、C、D 是结点 A 的孩子。

同一双亲的孩子结点之间互称为**兄弟**，不同双亲但在同一层的结点之间互称为**堂兄弟**。例如，在图 14-1 中，结点 B、C、D 互为兄弟，结点 E、F 也互为兄弟，结点 F、G、H 互为堂兄弟，结点 E、G、H 也互为堂兄弟。

从树的根结点到某一个结点 X 的路径上经历的所有结点（包括根结点但不包括结点 X）都称为结点 X 的**祖先**，以某一结点 X 为根的子树上的所有非根结点（即除结点 X 外）都称为结点 X 的**子孙**。例如，在图 14-1 中，结点 B 是结点 E、F、I 的祖先，结点 E 是结点 A、B 的子孙。

6. 有序树和无序树

对于树中的任一结点，如果其各棵子树的相对次序被用来表示数据之间的关系，即交换子树位置会改变树所表示的内容，则称该树为**有序树**，否则称为**无序树**。例如，对于图 14-6(a)和(b)所表示的两棵树，如果将其作为有序树，则它们会因根结点 A 的子树顺序的不同而表示不同的内容，因此它们是两棵不同的树；如果将其作为无序树，则根结点 A 的子树顺序的不同不会影响树所表示的内容，因此它们是两棵相同的树。

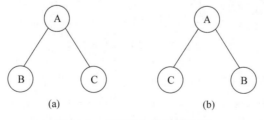

(a)　　　　　　　　　　(b)

图 14-6　有序树和无序树举例

7. 森林

m(m≥0)棵互不相交的树的集合就构成了**森林**。显然,将一棵树的根结点删除就可以得到由根结点的子树组成的森林;将森林中的树用一个根结点连起来就可以得到一棵树。例如,在图 14-1 中,将根结点 A 删除,则可以得到由根结点的 3 棵子树组成的森林;将森林中的这 3 棵树再用一个根结点重新连起来,则森林又变成了一棵树。

📊 14.2 二叉树及其基本性质

二叉树是一种特殊的树状结构,在实际应用中有着十分重要的意义。例如,在通信、数据压缩等领域有着广泛应用的哈夫曼树就是采用二叉树的结构,在数据库中可以选择使用二叉树结构管理数据等。

14.2.1 二叉树的定义

1. 二叉树

与树一样,二叉树的定义也采用递归定义方式。

二叉树是由 n(n≥0)个结点组成的有限集 T。当 n=0 时,称为**空二叉树**;当 n>0 时,集合 T 须满足如下条件:

(1) 有且仅有一个没有前驱的结点,该结点称为二叉树的**根结点**。

(2) 将根结点去除后,其余结点可分为两个互不相交的子集 T_1、T_2,其中每个子集 T_i(i=1, 2)又是一棵二叉树,并分别称为根结点的**左子树**和**右子树**。

可见,二叉树就是每个结点的度小于或等于 2 的有序树。因此,二叉树共有 5 种基本形态,如图 14-7 所示。

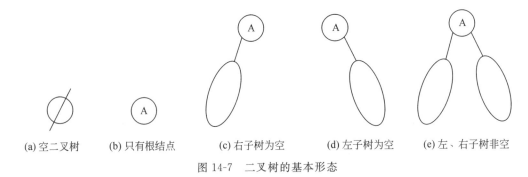

(a) 空二叉树　　　(b) 只有根结点　　　(c) 右子树为空　　　(d) 左子树为空　　　(e) 左、右子树非空

图 14-7 二叉树的基本形态

对二叉树中的结点可以按照“自上而下、自左至右”的顺序进行连续编号,这种编号方法称为**顺序编号法**,即从根结点开始将其编号为 1;除第一层外其余各层第一个结点的编号等于上一层最后一个结点的编号加 1。图 14-8 所示的就是 3 棵深度为 3、采用顺序编号法表示的二叉树。

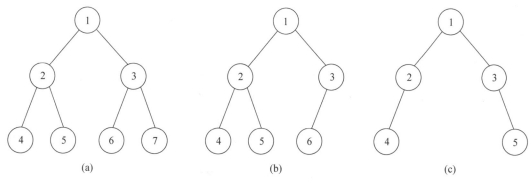

(a)   (b)   (c)

图 14-8　采用顺序编号法表示的树

2. 满二叉树和完全二叉树

满二叉树和完全二叉树是两种特殊形态的二叉树。

满二叉树是指除了最后一层的结点为叶子结点外,其他结点都有左、右两棵子树的二叉树。例如,图 14-8(a)所示的是一棵满二叉树,图 14-8(b)中所示的结点 3 缺少右子树,图 14-8(c)中所示的结点 2 缺少右子树、结点 3 缺少左子树,因此它们都不是满二叉树。

完全二叉树是指其结点与相同深度的满二叉树中的结点编号完全一致的二叉树。对于深度为 k 的完全二叉树,其前 k−1 层与深度为 k 的满二叉树的前 k−1 层完全一样,只是在第 k 层上有可能缺少右边若干个结点。显然,满二叉树必然是完全二叉树,而完全二叉树不一定是满二叉树。例如,图 14-8(a)既是满二叉树也是完全二叉树,图 14-8(b)与图 14-8(a)中的满二叉树相比只是在最后一层上缺少右边的一个结点,因此是一棵完全二叉树;而图 14-8(c)则不是完全二叉树。

14.2.2　二叉树的基本性质

二叉树具有以下几个基本性质。

性质 1:在二叉树的第 i 层上至多有 2^{i-1} 个结点($i \geqslant 1$)。

证明:

用数学归纳法证明,

(1) 当 i=1 时,第 1 层上至多有 $2^{1-1}=1$ 个结点,即根结点,命题成立。

(2) 假设"在第 j($1 \leqslant j < i$)层上至多有 2^{j-1} 个结点"成立。

(3) 根据归纳假设,第 i−1 层至多有 $2^{(i-1)-1}$ 个结点。由于二叉树中每个结点至多有两个孩子结点,因此,第 i 层上的结点数至多是第 i−1 层上最大结点数的两倍,即 $2^{(i-1)-1} \times 2 = 2^{i-1}$ 个。证毕。

性质 2:深度为 k 的二叉树至多有 2^k-1 个结点。

证明:二叉树的最大结点数即为每一层最大结点数之和。

由性质 1 可知,深度为 k 的二叉树的最大结点数为:$2^0 + 2^1 + \cdots + 2^{k-1} = 2^k - 1$。证毕。

显然,若深度为 k 的二叉树具有 2^k-1 个结点,即每一层的结点数都达到最大,则该二叉树就是一棵满二叉树。

性质 3:在二叉树中,若度为 0 的结点(即叶子结点)数为 n_0,度为 2 的结点数为 n_2,则 $n_0=n_2+1$。

证明:设二叉树的结点总数为 n,度为 1 的结点数为 n_1。

二叉树可以看成由 3 类具有不同度的结点组成,即 $n=n_2+n_1+n_0$。

另一方面,除了根结点外每一个结点都是某一结点的孩子结点,因此二叉树又可以看成由孩子结点和根结点组成,每一个度为 i(i=0,1,2) 的结点产生 i 个孩子结点,即 $n=(2n_2+1n_1+0n_0)+1=2n_2+n_1+1$。

因此,有 $n_2+n_1+n_0=2n_2+n_1+1$,即 $n_0=n_2+1$。证毕。

性质 4:具有 n 个结点的完全二叉树其深度为 $\lfloor \log_2 n \rfloor + 1$,其中 $\lfloor \log_2 n \rfloor$ 表示不大于 $\log_2 n$ 的最大整数。

证明:设完全二叉树的深度为 k,则根据完全二叉树的定义可知,其结点数 n 大于深度为 k−1 的满二叉树的结点数、小于或等于深度为 k 的满二叉树的结点数。

再由性质 2 可得 $2^{k-1}-1 < n \le 2^k-1$,即 $2^{k-1} \le n < 2^k$。

两边同时取以 2 为底的对数,可得 $k-1 \le \log_2 n < k$,即 $k-1=\lfloor \log_2 n \rfloor$ 或 $k=\lfloor \log_2 n \rfloor + 1$。证毕。

性质 5:采用顺序编号的完全二叉树具有如下性质。

(1) 若一个分支结点的编号为 i,则其左子树的根结点(即左孩子结点)编号为 $2 \times i$,右子树的根结点(即右孩子结点)编号为 $2 \times i+1$。

(2) 反之,若一个非根结点的编号为 i,则其双亲结点的编号为 $\lfloor i/2 \rfloor$,其中 $\lfloor i/2 \rfloor$ 表示不大于 i/2 的最大整数。

证明:先证明(1)。

设结点 i 位于第 k 层上,由性质 2 可知前 k−1 层上的结点总数为 $2^{k-1}-1$,因此第 k 层上位于结点 i 前的结点数为 $i-1-(2^{k-1}-1)$。

若结点 i 有孩子结点,则结点 j($1 \le j < i$)有两个孩子结点,因此在第 k+1 层上位于结点 i 的左孩子结点前的结点数为 $2 \times (i-1-(2^{k-1}-1))=2 \times (i-2^{k-1})$,位于其右孩子结点前的结点数为 $2 \times (i-1-(2^{k-1}-1))+1=2 \times (i-2^{k-1})+1$。

结点 i 的孩子结点位于第 k+1 层上,由性质 2 可知前 k 层上的结点总数为 2^k-1。因此,结点 i 的左孩子结点编号为 $2^k-1+2 \times (i-1-(2^{k-1}-1))+1=2 \times i$,右孩子结点编号为 $2^k-1+2 \times (i-1-(2^{k-1}-1))+2=2 \times i+1$。

再由(1)证明(2)。

设非根结点 i 的双亲结点编号为 j。

若结点 i 为结点 j 的左孩子结点,则由(1)有 $i=2 \times j$,即 $j=i/2=\lfloor i/2 \rfloor$。

若结点 i 为结点 j 的右孩子结点,则由(1)有 $i=2 \times j+1$,即 $j=(i-1)/2=\lfloor i/2 \rfloor$。

证毕。

14.3 二叉树的抽象数据类型和表示方式

同线性表一样,二叉树中的每个结点既可以存储单值元素,又可以存储多属性元素。二叉树一般需要进行以下基本操作:

(1) 创建一棵空二叉树。

(2) 删除一棵二叉树。

(3) 先序遍历二叉树。

(4) 中序遍历二叉树。

(5) 后序遍历二叉树。

(6) 逐层遍历二叉树。

(7) 判断二叉树是否为空。

(8) 清空二叉树。

(9) 以指定元素值创建根结点。

(10) 将一个结点作为指定结点的左孩子插入。

(11) 将一个结点作为指定结点的右孩子插入。

(12) 删除以指定结点为根的子树。

(13) 按关键字查找结点。

(14) 修改指定结点的元素值。

(15) 获取指定结点的双亲结点。

下面是二叉树的抽象数据类型描述:

```
ADT BinTree
{
    Data:
        具有二叉树型结构的 0 或多个相同类型数据元素的集合
    Operations:
        BinTree();                  //创建空二叉树
        ~BinTree();                 //删除二叉树
        PreOrderTraverse();         //先序遍历
        InOrderTraverse();          //中序遍历
        PostOrderTraverse();        //后序遍历
        LevelOrderTraverse();       //逐层遍历
        IsEmpty();                  //判断二叉树是否为空
        CreateRoot();               //以指定元素值创建根结点
        Clear();                    //清空二叉树
        InsertLeftChild();          //将一个结点作为指定结点的左孩子插入
        InsertRightChild();         //将一个结点作为指定结点的右孩子插入
        DeleteSubTree();            //删除以指定结点为根的子树
```

```
    SearchByKey();                    //按关键字查找结点
    ModifyNodeValue();                //修改指定结点的元素值
    GetParent();                      //获取指定结点的双亲结点
} ADT BinTree
```

在计算机中存储二叉树的方法主要有两种,分别是顺序表示法和链式表示法。

14.3.1　二叉树的顺序表示及实现

二叉树的顺序表示法操作方便,但缺点是容易造成存储空间的浪费。下面介绍二叉树的顺序表示及其具体实现。

1. 二叉树的顺序表示

把二叉树的结点按完全二叉树的顺序编号规则自上而下、从左至右依次存放在一组地址连续的存储单元里就构成了二叉树的顺序存储,树中结点的编号可以唯一地反映出结点之间的逻辑关系。通常通过定义一个一维数组来表示二叉树的顺序存储空间,为了使数组元素的下标值与其对应的结点编号一致,将下标为 0 的空间空闲不用或者用作其他用途。

例如,图 14-9 中给出了 3 种不同形式的二叉树,在其顺序表示中,根结点编号为 1,其余结点编号可以根据 14.2 节中的性质 5 计算得到。可以看出,在采用顺序表示时,除下标为 0 的空间外,图 14-9(a)中的完全二叉树没有其他空闲空间,空间利用率很高;图 14-9(b)和图 14-9(c)中的非完全二叉树,由于需要增添一些并不存在的空结点,所以有不同程度的空间浪费,尤其图 14-9(c)中所示的右单分支二叉树(即二叉树中每个分支结点只有右孩子、没有左孩子)空间利用率最低,可以证明深度为 k 且只有 k 个结点的右单分支二叉树需要 2^k-1 个结点的存储空间,空间利用率仅为 $k/(2^k-1)$。

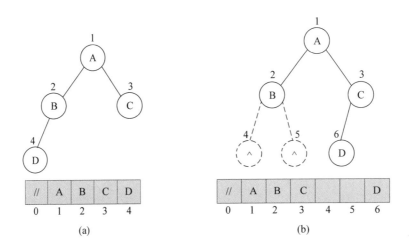

图 14-9　3 种不同形式的二叉树及其顺序表示

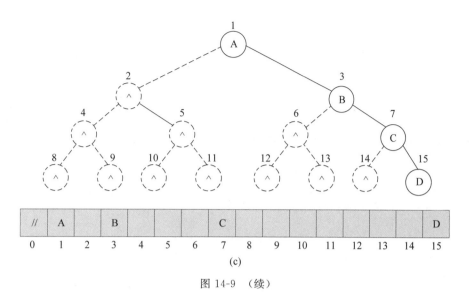

图 14-9 （续）

可见，二叉树顺序表示适用于完全二叉树而不适用于非完全二叉树。

2. 二叉树顺序表示的实现

由于顺序表示非完全二叉树时空间利用率较低，因此二叉树的顺序表示在实际中应用不多。

【描述 14-1】 二叉树顺序表示的类模板描述。

问题求解思路：在类模板中，需设置以下成员变量：一维数组 m_pElement 用于存储二叉树中各结点的值，数组类型由二叉树结点的值的类型决定；整型变量 m_nMaxSize 用于存储二叉树中的最大结点数；一个 bool 型一维数组 m_pbUsed，用于表示结点状态，若某个结点不存在（如图 14-9(b)中所示的结点 4 和结点 5），则 m_pbUsed 中相应元素的值为 false，否则相应元素的值为 true。

```cpp
#include<iostream>
#include<assert.h>
using namespace std;
template<class T>
class ArrayBinTree
{
public:
    ArrayBinTree(int nDepth);         //创建空二叉树
    ~ArrayBinTree();                  //删除二叉树
    void CreateRoot(const T &x);      //以指定元素值创建根结点
    void Clear();                     //清空二叉树
    bool InsertLeftChild(int nIndex, const T &x);
                                      //将一个结点作为指定结点的左孩子插入
    bool InsertRightChild(int nIndex, const T &x);
                                      //将一个结点作为指定结点的右孩子插入
    void DeleteSubTree(int nIndex);   //删除以指定结点为根的子树
```

```
        void LevelOrderTraverse();          //逐层遍历
private:
        bool * m_pbUsed;                    //一维动态数组,保存每个结点中是否有值状态
        int m_nMaxSize;                     //树的最大结点数
        T * m_pElement;                     //一维动态数组,保存每个结点的值
};
```

【描述 14-2】 描述 14-1 类模板中的成员函数具体实现。

```
//实现构造函数
template<class T>
ArrayBinTree<T>:: ArrayBinTree(int nDepth)
{
    int nI;
    assert(nDepth>0);                   //树的深度必须大于 0
    //根据树的深度计算最大结点数
    m_nMaxSize=1;
    for(nI=0; nI<nDepth; nI++)
        m_nMaxSize *=2;
    //根据最大结点数分配内存空间
    m_pElement=new T[m_nMaxSize];
    assert(m_pElement);
    m_pbUsed=new bool[m_nMaxSize];
    assert(m_pbUsed);
    //初始时所有结点中均没有值,即为一棵空树
    for(nI=0; nI<m_nMaxSize; nI++)
        m_pbUsed[nI]=false;
}
//实现析构函数
template<class T>
ArrayBinTree<T>::~ArrayBinTree ()
{
    //释放内存
    if(m_pElement)    delete []m_pElement;
    if(m_pbUsed)      delete []m_pbUsed;
}
//实现以指定元素值创建根结点
template<class T>
void ArrayBinTree<T>::CreateRoot(const T &x)
{
    m_pElement[1]=x;
    m_pbUsed[1]=true;
}
//实现清空二叉树
template<class T>
void ArrayBinTree<T>::Clear()
```

```
{
    int nI;
    //将所有结点设置为没有值的状态
    for(nI=1; nI<m_nMaxSize; nI++)
        m_pbUsed[nI]=false;
}
```

//实现将一个结点作为指定结点的左孩子插入
```
template<class T>
bool ArrayBinTree<T>::InsertLeftChild(int nIndex, const T &x)
{
    int nChildIndex=2 * nIndex;            //计算左孩子结点在数组中的位置
    if(nChildIndex>=m_nMaxSize)            //左孩子结点所在位置不得超过最大结点数
        return false;
    //插入左孩子结点
    m_pElement[nChildIndex]=x;
    m_pbUsed[nChildIndex]=true;
    return true;
}
```

//实现将一个结点作为指定结点的右孩子插入
```
template<class T>
bool ArrayBinTree<T>::InsertRightChild(int nIndex, const T &x)
{
    int nChildIndex=2 * nIndex+1;          //计算右孩子结点在数组中的位置
    if(nChildIndex>=m_nMaxSize)            //右孩子结点所在位置不得超过最大结点数
        return false;
    //插入右孩子结点
    m_pElement[nChildIndex]=x;
    m_pbUsed[nChildIndex]=true;
    return true;
}
```

//实现删除以指定结点为根的子树
```
template<class T>
void ArrayBinTree<T>::DeleteSubTree(int nIndex)
{
    int nLeftChildIndex=2 * nIndex;               //获取左孩子结点在数组中的位置
    int nRightChildIndex=nLeftChildIndex+1;       //获取右孩子结点在数组中的位置
    assert(nIndex>0 && nIndex<m_nMaxSize);        //待删除子树根结点存在
    m_pbUsed[nIndex]=false;                       //将根结点置为没有值的状态
    if(nLeftChildIndex<m_nMaxSize)                //递归删除左子树
        DeleteSubTree(nLeftChildIndex);
    if(nRightChildIndex<m_nMaxSize)               //递归删除右子树
        DeleteSubTree(nRightChildIndex);
}
```

//实现逐层遍历(即从根结点开始,按照自上而下、从左到右的顺序访问结点)
```
template<class T>
```

```
void ArrayBinTree<T>::LevelOrderTraverse()
{
    int nI, nNodeNum=0;
    //按照自上而下、从左到右的顺序输出各结点的值
    for(nI=1; nI<m_nMaxSize; nI++)
    {
        if(m_pbUsed[nI])
        {
            cout<<nI<<": "<<m_pElement[nI]<<endl;
            nNodeNum++;
        }
    }
    //若二叉树中没有结点,则输出"空二叉树"
    if(nNodeNum==0)
        cout<<"空二叉树"<<endl;
}
```

说明：将描述 14-1 中关于二叉树顺序表示类模板的声明代码和描述 14-2 中关于二叉树顺序表示类模板的实现代码一起存储在 ArrayBinTree.h 文件中,以后就可以基于该类模板快速完成顺序二叉树相关应用问题的求解。

3. 二叉树顺序表示代码复用示例

【例 14-1】 基于二叉树顺序表示的 C++ 实现代码,完成如下操作：

(1) 创建如图 14-9(b)所示的二叉树,其中每一个结点保存一个字符信息,并通过逐层遍历输出各结点的值。

(2) 将以结点 C 为根结点的子树删除,并通过逐层遍历输出各结点的值。

(3) 清空二叉树中的元素。

问题求解思路：对于由简单数据元素构成的二叉树,一般可以直接使用 C++ 语言提供的基本数据类型来描述数据元素,本例中可直接使用 char 类型。

```
/* Chap14_1.cpp: 二叉树顺序存储结构的应用问题 */
#include "ArrayBinTree.h"
int main()
{
    ArrayBinTree<char>btree(3);      //声明以 char 为数据元素的 3 层二叉树
    btree.CreateRoot('A');
    btree.InsertLeftChild(1, 'B');
    btree.InsertRightChild(1, 'C');
    btree.InsertLeftChild(3, 'D');
    cout<<"当前二叉树的元素为: \n";
    btree.LevelOrderTraverse();
    btree.DeleteSubTree(3);
    cout<<"当前二叉树的元素为: \n";
    btree.LevelOrderTraverse();
```

```
        btree.Clear();
        cout<<"当前二叉树的元素为：\n";
        btree.LevelOrderTraverse();
        return 0;
}
```

程序的运行结果：

当前二叉树的元素为：

1：A

2：B

3：C

6：D

当前二叉树的元素为：

1：A

2：B

当前二叉树的元素为：

空二叉树

14.3.2　二叉树的链式表示及实现

与顺序表示相比，链式表示通常具有更高的空间利用率，因此在实际应用中一般会使用链式表示来存储二叉树。

1. 二叉树的链式表示

在二叉树的链式表示中，结点之间的关系通过指针来体现。根据一个结点中指针域数量的不同，二叉树的链式表示又可以分为二叉链表表示和三叉链表表示。

图 14-10 是一个用二叉链表表示法存储二叉树的例子。在二叉链表表示中，双亲结点有指向其孩子结点的指针，而孩子结点不包含指向其双亲结点的指针。由于二叉树中每个结点最多有两个孩子，因此在一个结点中设置两个指针域 leftchild 和 rightchild 分别指向其左孩子和右孩子，数据域 data 用于存放每个结点中数据元素的值。如果一个结点没有左孩子，则其 leftchild 指针为空（用 NULL 或 0 表示）；如果一个结点没有右孩子，则其 rightchild 指针为空（用 NULL 或 0 表示）。

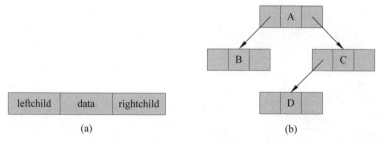

图 14-10　二叉树的二叉链表存储结构

图 14-11 是一个用三叉链表表示法存储二叉树的例子。在三叉链表表示中,双亲结点有指向其孩子结点的指针,而孩子结点也包含指向其双亲结点的指针。因此,在用三叉链表表示的二叉树的每个结点中,除了具有二叉链表中的两个指向孩子结点的指针域 leftchild和 rightchild 外,还有一个指向双亲结点的指针域 parent。根结点没有双亲,所以它的parent 指针为空(用 NULL 或 0 表示)。

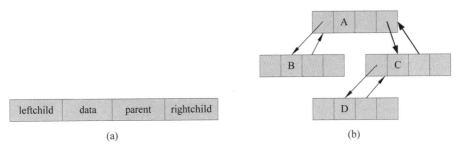

| leftchild | data | parent | rightchild |

(a)　　　　　　　　　　　　　　　　　(b)

图 14-11　二叉树的三叉链表存储结构

说明: 与顺序表示相比,链式表示需要在每个结点中增加额外的指针域来表示结点间的关系,空间利用率似乎更低。但在实际应用中,一个结点数据域所占据的空间一般要远大于指针域所占据的空间,所以即便有指针域的额外开销,链式表示通常也比顺序表示具有更高的空间利用率。

2. 二叉树链式表示的实现

二叉链表表示是二叉树最常用的存储结构。下面以二叉链表为例,围绕二叉树的创建介绍二叉树链式表示的实现,其他常用操作的实现将在 14.4 节介绍。

【描述 14-3】 二叉树二叉链表表示的类模板描述。

问题求解思路: 与 12.3 节中学习的线性表的链式表示相同,在二叉树的链式表示中,应先定义结点类模板,该结点类模板中除了要存放结点的值,还要存放指向其他结点的指针。在二叉链表表示中,每个结点中都有从双亲结点指向其孩子结点的指针,因此在二叉树类模板中只要设置一个指向根结点的指针 m_pRoot,即可从根结点出发,访问到其他结点。

```cpp
#include<iostream>
#include "LinkQueue.h"              //包含 13.4.3 节中实现的链接队列类模板
#include "LinkStack.h"              //包含 13.2.3 节中实现的链接栈类模板
#include<assert.h>
using namespace std;
//结点类模板
template<class T>
class LinkedNode
{
    template<class T>
    friend class LinkedBinTree;
public:
    LinkedNode()                    //构造函数
    {
```

```
            m_pLeftChild=m_pRightChild=NULL;
        }
        LinkedNode(const T &x)                    //构造函数
        {
            m_pLeftChild=m_pRightChild=NULL;
            m_data=x;
        }
private:
    T m_data;
    LinkedNode<T> * m_pLeftChild, * m_pRightChild;
};


//二叉树二叉链表表示类模板
template<class T>
class LinkedBinTree
{
public:
    LinkedBinTree();                          //创建空二叉树
    ~LinkedBinTree();                         //删除二叉树
    bool IsEmpty();                           //判断二叉树是否为空
    LinkedNode<T> * CreateRoot(const T &x);   //以指定元素值创建根结点
    void Clear();                             //清空二叉树
    LinkedNode<T> * GetRoot();                //获取根结点
    //将一个结点作为指定结点的左孩子插入
    LinkedNode<T> * InsertLeftChild(LinkedNode<T> * pNode, const T &x);
    //将一个结点作为指定结点的右孩子插入
    LinkedNode<T> * InsertRightChild(LinkedNode<T> * pNode, const T &x);
    //修改指定结点的元素值
    bool ModifyNodeValue(LinkedNode<T> * pNode, const T &x);
    //获取指定结点的元素值
    bool GetNodeValue(LinkedNode<T> * pNode, T &x);
    //获取指定结点的左孩子结点
    LinkedNode<T> * GetLeftChild(LinkedNode<T> * pNode);
    //获取指定结点的右孩子结点
    LinkedNode<T> * GetRightChild(LinkedNode<T> * pNode);
    void PreOrderTraverse(LinkedNode<T> * pNode);     //按递归方式先序遍历
    void InOrderTraverse(LinkedNode<T> * pNode);      //按递归方式中序遍历
    void PostOrderTraverse(LinkedNode<T> * pNode);    //按递归方式后序遍历
    void PreOrderTraverse();         //按非递归方式先序遍历
    void InOrderTraverse();          //按非递归方式中序遍历
    void PostOrderTraverse();        //按非递归方式后序遍历
    void LevelOrderTraverse();       //按非递归方式逐层遍历
    //按非递归方式获取指定结点的双亲结点
    LinkedNode<T> * GetParent(LinkedNode<T> * pNode);
    //删除以指定结点为根的子树
```

```
        void DeleteSubTree(LinkedNode<T> * pNode);
        //由 DeleteSubTree 函数调用按非递归方式物理删除以指定结点为根的子树
        void DeleteSubTreeNode(LinkedNode<T> * pNode);
        //按非递归方式根据关键字查找结点
        LinkedNode<T> * SearchByKey(const T &x);
private:
        LinkedNode<T> * m_pRoot;    //指向根结点的指针
};
```

说明：由于本程序中同时使用栈和队列，为了区分栈和队列的结点类，将栈和队列的结点类分别重新命名为 StackNode 和 QueueNode。

【描述 14-4】 描述 14-3 类模板中的部分成员函数的具体实现。

```
//实现创建空二叉树
template<class T>
LinkedBinTree<T>::LinkedBinTree()
{
    m_pRoot=NULL;                    //将指向根结点的指针置为空
}


//实现以指定元素值创建根结点
template<class T>
LinkedNode<T> * LinkedBinTree<T>::CreateRoot(const T &x)
{
    //如果二叉树中原来存在结点,则将其清空
    if(m_pRoot !=NULL)               //若原先存在根结点,则直接将根结点的值置为 x
        m_pRoot->m_data=x;
    else                             //否则,创建一个新结点作为根结点
        m_pRoot=new LinkedNode<T>(x);
    return m_pRoot;
}
//将一个结点作为指定结点的左孩子插入
template<class T>
LinkedNode<T> * LinkedBinTree<T>::InsertLeftChild(LinkedNode<T> * pNode,
const T &x)
{
    LinkedNode<T> * pNewNode;
    //对传入参数进行有效性判断
    if (pNode==NULL)
        return NULL;
    //创建一个新结点
    pNewNode=new LinkedNode<T>(x);
    if (pNewNode==NULL)              //若分配内存失败
        return NULL;
    //将新结点作为 pNode 的左孩子(即将结点中的左孩子指针指向新结点)
    pNode->m_pLeftChild=pNewNode;
```

```
        return pNewNode;
}
//将一个结点作为指定结点的右孩子插入
template<class T>
LinkedNode< T> *  LinkedBinTree< T >::InsertRightChild(LinkedNode< T > * pNode,
const T &x)
{
    LinkedNode<T> * pNewNode;
    if (pNode==NULL)               //对传入参数进行有效性判断
        return NULL;
    //创建一个新结点
    pNewNode=new LinkedNode<T>(x);
    if(pNewNode==NULL)             //若分配内存失败
        return NULL;
    //将新结点作为 pNode 的右孩子(即将结点中的右孩子指针指向新结点)
    pNode->m_pRightChild=pNewNode;
    return pNewNode;
}
```

说明：将描述 14-3 中关于二叉树二叉链表表示类模板的声明代码和描述 14-4 中关于
二叉树二叉链表表示类模板的实现代码(描述 14-4 只
给出部分成员函数的实现,暂时将那些没有给出实现的
函数声明注释以避免编译报错)一起存储在
LinkedBinTree.h 文件中。

3. 二叉树链式表示代码复用示例

【例 14-2】　基于二叉树二叉链表表示的 C++实现
代码,创建如图 14-12 所示的二叉树,其中每一个结点保
存一个字符信息。

分析：创建二叉树的方式有很多种,这里采用基于
队列的层次创建方式。其创建步骤如图 14-13 所示。

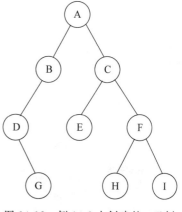

图 14-12　例 14-2 中创建的二叉树

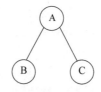

操作：创建根结点 A，并将其入队

队列元素：结点 A

(a)

操作：将队头元素结点 A 出队，创建其
孩子结点 B 和 C 并入队

队列元素：结点 B、C

(b)

图 14-13　按层次创建二叉树

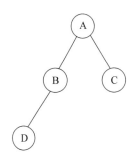

操作：将队头元素 B 出队，创建其左孩
子结点 D 并入队

队列元素：结点 C、D

(c)

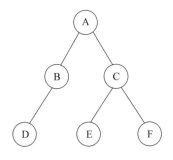

操作：将队头元素 C 出队，创建其孩子
结点 E 和 F 并入队

队列元素：结点 D、E、F

(d)

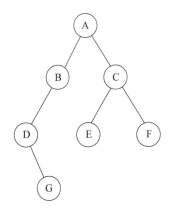

操作：将队头元素 D 出队，创建其右孩
子结点 G 并入队；将队头元素 E
出队，其无孩子结点

队列元素：结点 F、G

(e)

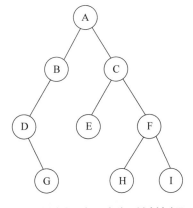

操作：将队头元素 F 出队，创建其孩子
结点 H 和 I 并入队；依次将 G、H、
I 出队，它们均无孩子结点

队列元素：空

(f)

图 14-13 （续）

```
/* Chap14_2.cpp：创建链式存储结构的二叉树 */
#include "LinkedBinTree.h"
int main()
{
    LinkedBinTree<char>btree;          //声明以 char 为数据元素的二叉树
    LinkedNode<char> * pNode=NULL, * pNewNode=NULL;
    LinkQueue<LinkedNode<char> * >q;
    //按层次创建二叉树
    //创建根结点,并将根结点入队
    pNewNode=btree.CreateRoot('A');
    q.Insert(pNewNode);
```

```
        //将队头元素 A 出队,创建 A 的孩子结点 B 和 C,并将创建的孩子结点入队
        q.Delete(pNode);
        pNewNode=btree.InsertLeftChild(pNode, 'B');
        q.Insert(pNewNode);
        pNewNode=btree.InsertRightChild(pNode, 'C');
        q.Insert(pNewNode);
        //将队头元素 B 出队,创建 B 的左孩子结点 D,并将创建的孩子结点入队
        q.Delete(pNode);
        pNewNode=btree.InsertLeftChild(pNode, 'D');
        q.Insert(pNewNode);
        //将队头元素 C 出队,创建 C 的孩子结点 E 和 F,并将创建的孩子结点入队
        q.Delete(pNode);
        pNewNode=btree.InsertLeftChild(pNode, 'E');
        q.Insert(pNewNode);
        pNewNode=btree.InsertRightChild(pNode, 'F');
        q.Insert(pNewNode);
        //将队头元素 D 出队,创建 D 的右孩子结点 G,并将创建的孩子结点入队
        q.Delete(pNode);
        pNewNode=btree.InsertRightChild(pNode, 'G');
        q.Insert(pNewNode);
        //将队头元素 E 出队,因 E 无孩子所以不创建孩子结点
        q.Delete(pNode);
        //将队头元素 F 出队,创建 F 的孩子结点 H 和 I,并将创建的孩子结点入队
        q.Delete(pNode);
        pNewNode=btree.InsertLeftChild(pNode, 'H');
        q.Insert(pNewNode);
        pNewNode=btree.InsertRightChild(pNode, 'I');
        q.Insert(pNewNode);
        //依次将 G、H 和 I 出队,因它们无孩子所以不创建孩子结点
        q.Delete(pNode);
        q.Delete(pNode);
        q.Delete(pNode);
        return 0;
}
```

说明：可通过单步调试方式查看所创建的二叉树中各结点的值是否正确。

🖥 14.4　二叉树的遍历及常用操作

在二叉树的一些应用中,常常要求在树中查找具有某种特征的结点或者对树中全部结点逐一进行某种处理,这时就涉及二叉树的遍历问题。

14.4.1　二叉树的遍历及其实现

二叉树的遍历就是按照某种规则依次访问二叉树中的每个结点,且每个结点仅被访问

一次。本书根据结点访问顺序的不同,介绍 4 种常用的遍历方式：先序遍历、中序遍历、后序遍历和逐层遍历。

1. 先序遍历

先序遍历,也称为先根遍历,其访问方式递归定义如下：

（1）对于一棵二叉树,先访问其根结点,再访问根结点的左、右子树。

（2）对于左、右子树中的结点仍然是按照先序遍历方式访问,即先访问根结点,再访问根结点的左、右子树。

说明：在先序遍历中,只规定了根结点和其子树的访问顺序,但没有规定左、右子树的访问顺序。本书中规定,在先序、中序和后序遍历时均是先访问左子树后再访问右子树。

例如,对于图 14-12 所示的二叉树,其先序遍历的结果为：A、B、D、G、C、E、F、H、I。

先序遍历的实现可以采用递归方式和非递归方式,下面先给出递归实现的描述。

【描述 14-5】 描述 14-3 类模板中的递归先序遍历成员函数实现。

```
//按递归方式先序遍历
template<class T>
void LinkedBinTree<T>::PreOrderTraverse(LinkedNode<T> * pNode)
{
    if(pNode==NULL)
        return;
    //先访问 pNode
    cout<<pNode->m_data<<" ";
    //再以先序遍历方式访问 pNode 的左子树
    PreOrderTraverse(pNode->m_pLeftChild);
    //最后以先序遍历方式访问 pNode 的右子树
    PreOrderTraverse(pNode->m_pRightChild);
}
```

可见,按递归方式实现的先序遍历算法具有代码简洁、可读性好等优点,但大量递归调用会产生额外的时间和空间开销。为了提升程序性能,在实际编程中应尽量使用非递归方式实现算法。下面给出先序遍历的非递归实现描述。

【描述 14-6】 描述 14-3 类模板中的非递归先序遍历成员函数实现。

问题求解思路：非递归先序遍历需要利用栈实现,栈顶元素即是下一棵要访问的子树的根结点。具体步骤为：

① 将二叉树的根结点入栈。

② 将栈顶元素出栈并访问（即先访问根结点）,若栈顶元素存在右子树则将右子树根结点入栈（即根结点右孩子先于左孩子入栈、后于左孩子出栈,所以后访问）,若栈顶元素存在左子树则将左子树根结点入栈（即根结点左孩子后于右孩子入栈、先于右孩子出栈,所以先访问）。

③ 重复步骤②,直至栈为空。

对于例 14-2 中构建的二叉树（图 14-12）,其非递归先序遍历过程如表 14-1 所示。

表 14-1 图 14-12 所示二叉树的非递归先序遍历过程

操　　作	栈中元素 （最左边为栈底元素，最右边为栈顶元素）
根结点 A 入栈	A
栈顶元素 A 出栈并访问，将 A 的右孩子 C 和左孩子 B 依次入栈	C、B
栈顶元素 B 出栈并访问，将 B 的左孩子 D 入栈	C、D
栈顶元素 D 出栈并访问，将 D 的右孩子 G 入栈	C、G
栈顶元素 G 出栈并访问	C
栈顶元素 C 出栈并访问，将 C 的右孩子 F 和左孩子 E 依次入栈	F、E
栈顶元素 E 出栈并访问	F
栈顶元素 F 出栈并访问，将 F 的右孩子 I 和左孩子 H 依次入栈	I、H
栈顶元素 H 出栈并访问	I
栈顶元素 I 出栈并访问	栈空
栈为空，二叉树先序遍历结束	栈空

```cpp
//按非递归方式先序遍历
template<class T>
void LinkedBinTree<T>::PreOrderTraverse()
{
    LinkStack<LinkedNode<T> * >s;
    LinkedNode<T> * pNode=NULL;
    if(m_pRoot==NULL)
        return;
    //将根结点入栈
    s.Push(m_pRoot);
    //栈不为空时循环
    while(!s.IsEmpty())
    {
        //栈顶元素出栈并被访问
        s.Pop(pNode);
        cout<<pNode->m_data<<" ";
        //若结点存在右子树,则将右子树根结点入栈
        if(pNode->m_pRightChild)
            s.Push(pNode->m_pRightChild);
        //若结点存在左子树,则将左子树根结点入栈
        if(pNode->m_pLeftChild)
            s.Push(pNode->m_pLeftChild);
    }
}
```

2. 中序遍历

中序遍历,也称为中根遍历,其访问方式递归定义如下:

(1) 对于一棵二叉树,先访问根结点左子树,再访问根结点,最后访问右子树。

(2) 对于左、右子树中的结点仍然是按照中序遍历方式访问。

例如,对于图 14-12 所示的二叉树,其中序遍历的结果为:D、G、B、A、E、C、H、F、I。

中序遍历的实现也可以采用递归方式和非递归方式,下面先给出递归实现的描述。

【描述 14-7】 描述 14-3 类模板中的递归中序遍历成员函数实现。

```
//按递归方式中序遍历
template<class T>
void LinkedBinTree<T>::InOrderTraverse(LinkedNode<T> * pNode)
{
    if(pNode==NULL)
        return;
    //先以中序遍历方式访问 pNode 的左子树
    InOrderTraverse(pNode->m_pLeftChild);
    //再访问 pNode
    cout<<pNode->m_data<<" ";
    //最后以中序遍历方式访问 pNode 的右子树
    InOrderTraverse(pNode->m_pRightChild);
}
```

下面再给出中序遍历的非递归实现的描述。

【描述 14-8】 描述 14-3 类模板中的非递归中序遍历成员函数实现。

问题求解思路:非递归中序遍历需要利用栈实现,栈顶元素即是下一个要访问的结点。具体步骤如下。

① 从整棵二叉树的根结点开始,将每棵子树的根结点进行入栈操作。

② 判断刚入栈的根结点是否有左子树,若有则对左子树重复步骤①,直至刚入栈的根结点没有左子树(这样对二叉树或任一子树的根结点来说,都是先于其左子树的根结点入栈,即其左子树的根结点会先于其出栈,从而保证在访问根结点前先访问其左子树)。

③ 判断栈是否为空,若不为空则将栈顶元素出栈并访问,再判断栈顶元素是否有右子树,若有则回到步骤①访问栈顶元素的右子树,否则重复步骤③,直至栈为空。

```
//按非递归方式中序遍历
template<class T>
void LinkedBinTree<T>::InOrderTraverse()
{
    LinkStack<LinkedNode<T> * >s;
    LinkedNode<T> * pNode=m_pRoot;
    //pNode 不为空时循环
    while(pNode)
    {
        //当 pNode 不为空时,将其入栈,并令 pNode 指向其左孩子
```

```
    while(pNode)
    {
        s.Push(pNode);
        pNode=pNode->m_pLeftChild;
    }
    //栈不为空,则栈顶结点出栈并被访问,令 pNode 指向取出栈顶结点的右孩子
    while(!s.IsEmpty())
    {
        s.Pop(pNode);
        cout<<pNode->m_data<<" ";
        pNode=pNode->m_pRightChild;
        if(pNode)              //若栈顶结点有右子树,则访问其右子树
            break;
    }
    }
}
```

3. 后序遍历

后序遍历,也称为后根遍历,其访问方式递归定义如下:

(1) 对于一棵二叉树,先访问根结点的左子树,后访问右子树,最后访问根结点。

(2) 对于左、右子树中的结点仍然是按照后序遍历方式访问。

例如,对于图 14-12 所示的二叉树,其后序遍历的结果为：G、D、B、E、H、I、F、C、A。

后序遍历的实现也可以采用递归方式和非递归方式,下面先给出递归实现的描述。

【描述 14-9】　描述 14-3 类模板中的递归后序遍历成员函数实现。

```
//按递归方式后序遍历
template<class T>
void LinkedBinTree<T>::PostOrderTraverse(LinkedNode<T> * pNode)
{
    if(pNode==NULL)
        return;
    //先以后序遍历方式访问 pNode 的左子树
    PostOrderTraverse(pNode->m_pLeftChild);
    //再以后序遍历方式访问 pNode 的右子树
    PostOrderTraverse(pNode->m_pRightChild);
    //最后访问 pNode
    cout<<pNode->m_data<<" ";
}
```

下面再给出后序遍历的非递归实现的描述。

【描述 14-10】　描述 14-3 类模板中的非递归后序遍历成员函数实现。

问题求解思路：非递归后序遍历需要利用栈实现,栈顶元素即是当前正在访问子树的根结点。具体步骤如下。

① 从整棵二叉树的根结点开始,将每棵子树的根结点进行入栈操作。

② 判断刚入栈的根结点是否有左子树,若有则对左子树重复步骤①,直至刚入栈的根结点没有左子树(这样对二叉树或任一子树的根结点来说,都是先于其左子树的根结点入栈,即其左子树的根结点会先于其出栈,从而保证在访问根结点前先访问其左子树)。

③ 判断栈是否为空,若不为空则取出栈顶元素(注意这里先不出栈),判断其右孩子是否为空或已被访问(通过比较栈顶元素右孩子与前一个访问的结点可知前一个访问的结点是否是栈顶元素的右孩子),若右孩子不为空且没被访问则回到步骤①访问栈顶元素的右子树(这样可以保证在访问根结点前先访问其右子树),否则访问当前栈顶元素,将栈顶元素出栈,并设置栈顶元素为前一个访问的结点,重复步骤③,直至栈为空。

```cpp
//按非递归方式后序遍历
template<class T>
void LinkedBinTree<T>::PostOrderTraverse()
{
    LinkStack<LinkedNode<T> * >s;
    LinkedNode<T> * pNode=m_pRoot, * pPreVisitNode=NULL;
    //pNode不为空时循环
    while(pNode)
    {
        //当pNode不为空时,将其入栈,并令pNode指向其左孩子
        while (pNode)
        {
            s.Push(pNode);
            pNode=pNode->m_pLeftChild;
        }
        while(!s.IsEmpty())
        {
            //当栈不为空时,取出栈顶元素
            s.Top(pNode);
            //若栈顶元素的右孩子为空或已被访问,则访问当前栈顶元素,并将栈顶元素出栈
            if(pNode->m_pRightChild==NULL
                || pNode->m_pRightChild==pPreVisitNode)
            {
                cout<<pNode->m_data<<" ";
                s.Pop(pNode);
                pPreVisitNode=pNode;     //设置pNode为前一个访问的结点
                //设置pNode为空,表示pNode及其左右子树均已访问完毕,访问下一个栈中
                    元素
                    pNode=NULL;
            }
            //否则,应先访问栈顶元素的右孩子
            else
            {
                pNode=pNode->m_pRightChild;
                break;
```

```
        }
      }
    }
  }
```

4. 逐层遍历

逐层遍历是指从第一层开始依次对每层中的结点按照从左至右的顺序进行访问。例如,对于图 14-12 所示的二叉树,其逐层遍历的结果为：A、B、C、D、E、F、G、H、I、J。

逐层遍历的实现只能采用非递归方式,下面给出具体实现方法。

【描述 14-11】　描述 14-3 类模板中的非递归逐层遍历成员函数实现。

问题求解思路：非递归逐层遍历需要利用队列实现,队头元素即是下一个要访问的结点。具体步骤如下。

① 将二叉树的根结点入队。

② 将队头元素出队并访问,若队头元素有左子树则将左子树根结点入队,若队头元素有右子树则将右子树根结点入队。

③ 重复步骤②,直至队列为空。

```
//按非递归方式逐层遍历
template<class T>
void LinkedBinTree<T>::LevelOrderTraverse()
{
    LinkQueue<LinkedNode<T> * >q;
    LinkedNode<T> * pNode=NULL;
    if(m_pRoot==NULL)    return;
    //将根结点入队
    q.Insert(m_pRoot);
    //当队列不为空时循环
    while(!q.IsEmpty())
    {
        //将队头元素出队并访问
        q.Delete(pNode);
        cout<<pNode->m_data<<" ";
        //若结点存在左子树,则将左子树根结点入队
        if(pNode->m_pLeftChild)
            q.Insert(pNode->m_pLeftChild);
        //若结点存在右子树,则将右子树根结点入队
        if(pNode->m_pRightChild)
            q.Insert(pNode->m_pRightChild);
    }
}
```

14.4.2　二叉树其他常用操作的实现

下面给出二叉树其他常用操作的实现方法。

1. 获取指定结点的双亲结点

在二叉树的二叉链表表示中,结点中没有指向其双亲结点的指针,要获取双亲结点则需要从根结点开始遍历二叉树直至找到指定结点的双亲结点。因此,可以参照前面给出的二叉树遍历算法,编写获取双亲结点的程序。下面只给出按非递归方式实现的算法。

【描述 14-12】 描述 14-3 类模板中按非递归方式获取指定结点双亲结点的成员函数实现。

```
//按非递归方式获取指定结点的双亲结点
template<class T>
LinkedNode<T> * LinkedBinTree<T>::GetParent(LinkedNode<T> * pNode)
{
    LinkQueue<LinkedNode<T> * >q;
    LinkedNode<T> * pCurNode=NULL;
    //若指定结点 pNode 为根结点,则返回空
    if(pNode==m_pRoot)
        return NULL;
    //若二叉树是空树,则返回空
    if(m_pRoot==NULL)
        return NULL;
    //按非递归逐层遍历的方式搜索双亲结点
    //将根结点入队
    q.Insert(m_pRoot);
    //当队列不为空时循环
    while(!q.IsEmpty())
    {
        //将队头元素出队
        q.Delete(pCurNode);
        //如果 pNode 是队头元素的孩子,则返回队头元素
        if(pCurNode->m_pLeftChild==pNode || pCurNode->m_pRightChild==pNode)
            return pCurNode;
        //若结点存在左子树,则将左子树根结点入队
        if(pCurNode->m_pLeftChild)
            q.Insert(pCurNode->m_pLeftChild);
        //若结点存在右子树,则将右子树根结点入队
        if(pCurNode->m_pRightChild)
            q.Insert(pCurNode->m_pRightChild);
    }
    return NULL;
}
```

2. 删除以指定结点为根的子树

删除以指定结点为根的子树,一方面要将子树从二叉树中删除,另一方面要将子树中的结点释放。将子树从二叉树中删除是通过将指定结点的双亲结点的指针值置空来实现的。

若删除的是整棵二叉树,则应将根结点指针值置空。将子树中的结点释放,就是采用类似于遍历子树中所有结点的方式将各结点占据的内存释放。删除子树也可以采用递归方式和非递归方式实现。下面只给出按非递归方式实现的算法。

【描述 14-13】　描述 14-3 类模板中按非递归方式删除以指定结点为根的子树的成员函数实现。

```cpp
//删除以指定结点为根的子树
template<class T>
void LinkedBinTree<T>::DeleteSubTree(LinkedNode<T> * pNode)
{
    LinkedNode<T> * pParentNode=NULL;
    //若指定结点为空,则返回
    if(pNode==NULL)
        return;
    //若将整棵二叉树删除,则令根结点为空
    if(m_pRoot==pNode)
        m_pRoot=NULL;
    //否则,若指定结点存在双亲结点,则将双亲结点的左孩子/右孩子置空
    else if((pParentNode=GetParent(pNode))!=NULL)
    {
        if(pParentNode->m_pLeftChild==pNode)
            pParentNode->m_pLeftChild=NULL;
        else
            pParentNode->m_pRightChild=NULL;
    }
    //否则,指定结点不是二叉树中的结点,直接返回
    else
        return;
    //调用 DeleteSubTreeNode 物理删除以 pNode 为根的子树
    DeleteSubTreeNode(pNode);
}


//由 DeleteSubTree 函数调用按非递归方式物理删除以指定结点为根的子树
template<class T>
void LinkedBinTree<T>::DeleteSubTreeNode(LinkedNode<T> * pNode)
{
    LinkQueue<LinkedNode<T> * >q;
    LinkedNode<T> * pCurNode=NULL;
    if(pNode==NULL)
        return;
    //按非递归层次遍历的方式删除子树
    q.Insert(pNode);
    while(!q.IsEmpty())
    {
        q.Delete(pCurNode);
```

```
        if(pCurNode->m_pLeftChild)
            q.Insert(pCurNode->m_pLeftChild);
        if(pCurNode->m_pRightChild)
            q.Insert(pCurNode->m_pRightChild);
        delete pCurNode;              //释放结点
    }
}
```

3. 根据关键字查找结点

根据关键字查找结点,实质上就是按照某种规则依次访问二叉树中的每一结点,直至找到与关键字匹配的结点。根据关键字查找结点也可以采用递归方式和非递归方式实现。下面只给出按非递归方式实现的算法。

【描述 14-14】 描述 14-3 类模板中按非递归方式根据关键字查找结点的成员函数实现。

```
//按非递归方式根据关键字查找结点
template<class T>
LinkedNode<T> * LinkedBinTree<T>::SearchByKey(const T &x)
{
    LinkQueue<LinkedNode<T> * >q;
    LinkedNode<T> * pMatchNode=NULL;
    if(m_pRoot==NULL)
        return NULL;
    //按非递归层次遍历的方式查找结点
    q.Insert(m_pRoot);
    while (!q.IsEmpty())
    {
        q.Delete(pMatchNode);
        if(pMatchNode->m_data==x)
            return pMatchNode;
        if(pMatchNode->m_pLeftChild)
            q.Insert(pMatchNode->m_pLeftChild);
        if(pMatchNode->m_pRightChild)
            q.Insert(pMatchNode->m_pRightChild);
    }
    return NULL;
}
```

4. 其他常用操作

下面给出其他常用操作的实现的描述。

【描述 14-15】 描述 14-3 类模板中其他成员函数实现。

```
//实现删除二叉树
template<class T>
```

```
LinkedBinTree<T>::~LinkedBinTree()
{
    Clear();                //清空二叉树中的结点
}
//实现清空二叉树
template<class T>
void LinkedBinTree<T>::Clear()
{
    DeleteSubTree(m_pRoot);
}
//判断二叉树是否为空
template<class T>
bool LinkedBinTree<T>::IsEmpty()
{
    if(m_pRoot==NULL)
        return true;
    return false;
}
//获取根结点
template<class T>
LinkedNode<T> * LinkedBinTree<T>::GetRoot()
{
    return m_pRoot;
}
//修改指定结点的元素值
template<class T>
bool LinkedBinTree<T>::ModifyNodeValue(LinkedNode<T> * pNode, const T &x)
{
    if(pNode==NULL)
        return false;
    pNode->m_data=x;
    return true;
}
//获取指定结点的元素值
template<class T>
bool LinkedBinTree<T>::GetNodeValue(LinkedNode<T> * pNode, T &x)
{
    if(pNode==NULL)
        return false;
    x=pNode->m_data;
    return true;
}
//获取指定结点的左孩子结点
template<class T>
LinkedNode<T> * LinkedBinTree<T>::GetLeftChild(LinkedNode<T> * pNode)
```

```
{
    if(pNode==NULL)
        return NULL;
    return pNode->m_pLeftChild;
}
//获取指定结点的右孩子结点
template<class T>
LinkedNode<T> * LinkedBinTree<T>::GetRightChild(LinkedNode<T> * pNode)
{
    if(pNode==NULL)
        return NULL;
    return pNode->m_pRightChild;
}
```

说明：将描述 14-3 中关于二叉树二叉链表表示类模板的声明代码和描述 14-4 至描述 14-15 中关于二叉树二叉链表表示类模板的实现代码一起存储在 LinkedBinTree.h 文件中，以后就可以基于该类模板快速完成链式二叉树相关应用问题的求解。

📊 14.5 二叉排序树

14.5.1 二叉排序树的定义

二叉排序树又称**二叉查找树**，它或者是一棵空树，或者是具有如下性质的二叉树：

（1）若它的左子树非空，则左子树上所有结点的值均小于根结点的值。

（2）若它的右子树非空，则右子树上所有结点的值均大于根结点的值。

（3）左、右子树也分别是二叉排序树。

图 14-14 所示的就是一棵二叉排序树，每个结点的值均大于其左子树中各结点的值，而小于其右子树中各结点的值。对该树进行中序遍历，可得到递增序列：9、17、21、28、30、43、56、70、85。

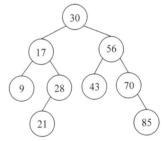

图 14-14 二叉排序树示例

说明：若在实际应用中，允许不同的元素具有同样的值（如不同的学生在某门课程上可以得同样的成绩），则将二叉排序树定义中的"大于"改为"大于或等于"（或"小于"改为"小于或等于"）即可。

14.5.2 二叉排序树的生成

在二叉排序树中插入一个新结点，应该保证插入新结点后的二叉树仍然是一棵二叉排序树。对于一个给定元素 K，将其插入到二叉排序树中的具体步骤如下：

（1）若二叉排序树为一棵空树，则将元素 K 作为二叉排序树的根结点。

（2）若 K 等于根结点的值，则该元素已经是二叉排序树中的结点，不需重复插入，直接返回；若 K 小于根结点的值，则将 K 插入左子树中；若 K 大于根结点的值，则将 K 插入右子树中。重复该步骤，直至要插入的子树为空，此时将 K 作为该子树的根结点。

说明：若在实际应用中，允许不同的元素具有同样的值，则将上述步骤（2）中的"若 K 等于根结点的值……直接返回"删除，将"大于"改为"大于或等于"（或"小于"改为"小于或等于"）即可。

二叉排序树的生成过程就是不断插入新结点的过程。例如，对于数据集合{43，56，37，28，17，39，22}，其对应的二叉排序树的生成过程如图 14-15 所示。

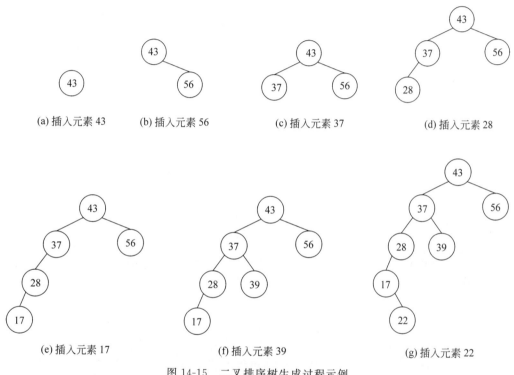

图 14-15　二叉排序树生成过程示例

对于同一个数据集合，元素插入的先后顺序不同，所生成的二叉排序树也会截然不同。例如，对于数据集合{43，56，37，28，17，39，22}，若按照 22、39、17、28、37、56、43 的顺序插入，则生成的二叉排序树如图 14-16(a)所示；若按照 56、43、39、37、28、22、17 的顺序插入，则生成的二叉排序树如图 14-16(b)所示。

下面基于 14.3.2 节中二叉树的二叉链表表示，给出生成二叉排序树算法的实现。

【描述 14-16】　二叉排序树插入新结点的算法描述。

```
//将元素 K 插入到二叉排序树 btree 中
template<class T>
void InsertBST(LinkedBinTree<T>&btree, T K)
{
    LinkedNode<T> * pNode=NULL, * pChild=NULL;
    T x;
```

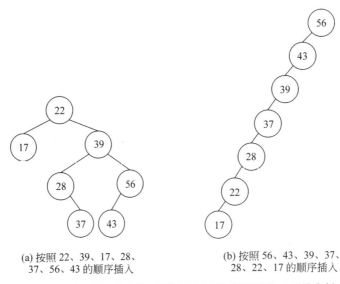

(a) 按照 22、39、17、28、
37、56、43 的顺序插入

(b) 按照 56、43、39、37、
28、22、17 的顺序插入

图 14-16 同一数据集合按不同插入顺序得到不同的二叉排序树

```
//若二叉排序树为空树,则将 K 作为根结点
if (btree.IsEmpty())
{
    btree.CreateRoot(K);
    return;
}
pNode=btree.GetRoot();
while (pNode)
{
    btree.GetNodeValue(pNode, x);
    if (K==x)          //若 K 已经是二叉排序树中的结点,则不需重复插入
        return;
    if (K<x)           //若 K 小于当前子树根结点的值,则将 K 插入该根结点的左子树中
    {
        //若根结点有左子树,则继续寻找新元素在左子树中应处的位置
        if ((pChild=btree.GetLeftChild(pNode))!=NULL)
            pNode=pChild;
        else         //否则,将新元素作为根结点的左孩子
        {
            btree.InsertLeftChild(pNode, K);
            return;
        }
    }
    else               //若 K 大于当前子树根结点的值,则将 K 插入该根结点的右子树中
    {
        //若根结点有右子树,则继续寻找新元素在右子树中应处的位置
        if ((pChild=btree.GetRightChild(pNode))!=NULL)
            pNode=pChild;
```

```
        else        //否则,将新元素作为根结点的右孩子
        {
            btree.InsertRightChild(pNode, K);
            return;
        }
    }
}
```

【描述 14-17】　生成二叉排序树的算法描述。

```
//根据传入数据集合 R,生成二叉排序树 btree
template<class T>
void CreateBST(T R[], int nSize, LinkedBinTree<T>&btree)
{
    int nI;
    //将 R 中的元素逐一插入二叉排序树 btree 中
    for (nI=1; nI<nSize; nI++)
        InsertBST(btree, R[nI]);              //调用插入新结点的算法
}
```

14.5.3　二叉排序树的查找

在生成二叉排序树的过程中,无序的数据集合转换成了以二叉树表示的有序序列。与折半查找类似,二叉排序树的查找也是一个逐步缩小查找范围的过程。对于给定值 K,先将 K 与根结点的值比较,若相等则查找成功;若 K 小于根结点的值,则在左子树中继续进行二叉排序树的查找;否则,在右子树中继续进行二叉排序树的查找。重复该过程,直至找到匹配的结点,查找成功;或者子树为空,查找失败。例如,对于图 14-15(g)所示的二叉排序树,若根据给定值 K=39 进行查找,由于 K<43,因此在值为 43 的结点的左子树中继续查找;又由于 K>37,因此在值为 37 的结点的右子树中继续查找;由于 K=39,因此查找成功。若根据给定值 K=47 进行查找,由于 K>43,因此在值为 43 的结点的右子树中继续查找;又由于 K<56,因此在值为 56 的结点的左子树中继续查找;由于值为 56 的结点的左子树为空,因此查找失败。

从具体处理步骤上可以看出,二叉排序树的查找过程与前面学习的二叉排序树插入新结点的过程非常相似,因此,可以参照二叉排序树插入新结点的算法描述,以非递归方式实现二叉树的查找。另外,当查找失败时,也可以同时将给定元素 K 作为新结点插入二叉排序树中。

【描述 14-18】　以非递归方式实现的二叉排序树查找的算法描述,并且当查找失败时将给定元素 K 作为新结点插入二叉排序树中。

```
//以非递归方式实现根据给定元素 K 进行二叉排序树的查找
//当查找失败时将 K 作为新结点插入二叉排序树中
template<class T>
```

```
LinkedNode<T> * SearchInsertBST(LinkedBinTree<T>&btree, T K)
{
    LinkedNode<T> * pNode=NULL, * pChild=NULL;
    T x;
    //若二叉排序树为空树,则将K作为根结点并返回空
    if (btree.IsEmpty())
    {
        btree.CreateRoot(K);
        return NULL;
    }
    pNode=btree.GetRoot();
    while (pNode)
    {
        btree.GetNodeValue(pNode, x);
        if (K==x)      //若K等于当前子树根结点的值,则查找成功
            return pNode;
        if (K<x)       //若K小于当前子树根结点的值,则在该根结点左子树中继续查找
        {
            //若根结点有左子树,则继续在左子树中进行二叉排序树查找
            if ((pChild=btree.GetLeftChild(pNode))!=NULL)
                pNode=pChild;
            else      //否则,将新元素作为当前子树根结点的左孩子插入二叉排序树中
            {
                btree.InsertLeftChild(pNode, K);
                return NULL;
            }
        }
        else           //若K大于当前子树根结点的值,则在该根结点右子树中继续查找
        {
            //若根结点有右子树,则继续在右子树中进行二叉排序树的查找
            if ((pChild=btree.GetRightChild(pNode))!=NULL)
                pNode=pChild;
            else       //否则,将新元素作为当前子树根结点的右孩子插入二叉排序树中
            {
                btree.InsertRightChild(pNode, K);
                return NULL;
            }
        }
    }
    return NULL;
}
```

说明: 需要将描述 14-16 至描述 14-18 生成二叉排序树和二叉排序树的查找的代码也放到 LinkedBinTree.h 文件中,作为二叉树的一个基本操作。

14.6　二叉树排序树应用示例

【例 14-3】　二叉树排序树应用示例。

（1）创建一个包含整型元素 43、56、37、28、17、39、22 的二叉排序树，并显示二叉排序树中的所有元素。

（2）根据给定值在二叉排序树中进行查找，若查找成功则输出找到的元素值，否则输出"查找失败"。

```
/* Chap14_3.cpp: 二叉树排序树应用示例 */
#include "LinkedBinTree.h"
#include<iostream>
using namespace std;
int main()
{
int nR[]={0, 43, 56, 37, 28, 17, 39, 22};
    int nSize=sizeof(nR)/sizeof(nR[0]);
    int nK=39, nX=0;
    LinkedBinTree<int>btree;               //定义二叉树对象
    LinkedNode<int> * pNode=NULL;          //用于保存查找结果
    CreateBST(nR, nSize, btree);           //根据数组 nR 中的元素创建二叉排序树
    btree.InOrderTraverse();               //按中序遍历显示二叉排序树中的所有元素
    cout<<endl;
    //根据给定值 nK 进行二叉排序树查找,pNode 指向匹配元素所在的结点
    pNode=SearchInsertBST(btree, nK);
    if (pNode !=NULL)                      //查找成功
    {
        btree.GetNodeValue(pNode, nX);     //获取匹配元素的值
        cout<<nX<<"查找成功"<<endl;         //输出匹配元素的值
    }
    else
        cout<<"查找失败!"<<endl;
    return 0;
}
```

显然，在二叉排序树的查找过程中，若查找成功，则走了一条从根结点到匹配结点的路径；若查找失败，则走了一条从根结点到某个叶子结点的路径。因此，在一次查找过程中与给定元素 K 的比较次数不超过树的深度。但对于二叉排序树来说，一个数据集合按照不同插入顺序可生成不同的二叉排序树，其平均查找长度也会有所不同。例如，对于图 14-15(g)、图 14-16(a)和图 14-16(b)所示的二叉排序树，它们在查找成功时的平均查找长度分别为：

- 对于图 14-15(g)所示的二叉树，$ASL=(1+2\times2+3\times2+4+5)/7=20/7\approx2.86$。
- 对于图 14-16(a)所示的二叉树，$ASL=(1+2\times2+3\times2+4\times2)/7=19/7\approx2.71$。
- 对于图 14-16(b)所示的二叉树，$ASL=(1+2+3+4+5+6+7)/7=28/7=4$。

在最好情况下,二叉排序树的形态应比较均匀,除最后一层外,其他各层的结点与满二叉树相同,此时它的平均查找长度约为 $\log_2 n$。在最坏情况下,二叉排序树中的每个结点都只有一个孩子,此时二叉排序树蜕化为一棵深度为 n 的单分支树,平均查找长度与顺序查找相同,即 $(n+1)/2$。二叉排序树在平均情况下的平均查找长度较难分析,这里仅给出结论:二叉排序树在平均情况下的平均查找长度为 $O(\log_2 n)$。

在实际应用中,应尽量使生成的二叉排序树的形态比较均匀,即平衡二叉排序树,以提高查找效率。

14.7 哈夫曼树和哈夫曼码

哈夫曼树,又称最优二叉树,是指在一类有着相同叶子结点的树中具有最短带权路径长度的二叉树。哈夫曼树在实际中有着广泛的应用。

14.7.1 基本术语

在介绍哈夫曼树之前,首先介绍一些基本术语。

1. 结点的权和带权路径长度

在实际应用中,往往给树中的结点赋予一个具有某种意义的实数,该实数称为是**结点的权**。**结点的带权路径长度**是指从树根到该结点的路径长度与结点的权的乘积。

2. 树的带权路径长度

树的带权路径长度是指树中所有叶子结点的带权路径长度之和,记为 $WPL = \sum_{i=1}^{n} W_i L_i$。其中,n 为叶子结点的数目,$W_i$ 为第 i 个叶子结点的权,L_i 为根结点到第 i 个叶子结点的路径长度,可知 $W_i L_i$ 为第 i 个叶子结点的带权路径长度。

例如,图 14-17 中所示的两棵二叉树,其带权路径长度分别为:

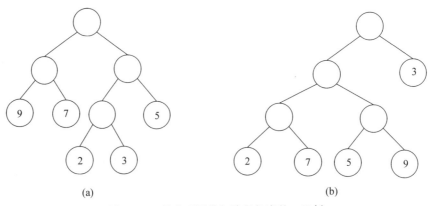

(a)   (b)

图 14-17　具有不同带权路径长度的二叉树

$$WPL(a) = 2 \times (9+7+5) + 3 \times (2+3) = 57$$
$$WPL(b) = 1 \times 3 + 3 \times (2+7+5+9) = 72$$

14.7.2　哈夫曼树及其构造方法

在由 n 个叶子结点构成的一类二叉树中,具有最短带权路径长度的二叉树称为哈夫曼树。其构造方法如下:

(1) 已知 n 个权值为 $W_i(i=1, 2, \cdots, n)$ 的结点,将每个结点作为根结点生成 n 棵只有根结点的二叉树 T_i,形成森林 $F=\{T_1, T_2, \cdots, T_n\}$。

(2) 从森林 F 中选出根结点权值最小的两棵二叉树 T_p 和 T_q,并通过添加新的根结点将它们合并为一棵新二叉树,新二叉树中 T_p 和 T_q 分别作为根结点的左子树和右子树,且根结点的权值等于 T_p 和 T_q 两棵二叉树的根结点权值之和。以合并后生成的新二叉树替代森林 F 中的原有二叉树 T_p 和 T_q。重复该步骤,直至森林 F 中只存在一棵二叉树。

图 14-18 是哈夫曼树的构造过程示例。初始有根结点权值分别为 2、3、5、7、9 的 5 棵二叉树组成的森林,如图 14-18(a)所示。从中选取根结点权值最小的两棵二叉树进行合并,得到如图 14-18(b)所示的森林,重复该合并操作,直至森林中只剩下一棵二叉树,这棵二叉树就是哈夫曼树,如图 14-18(e)所示。

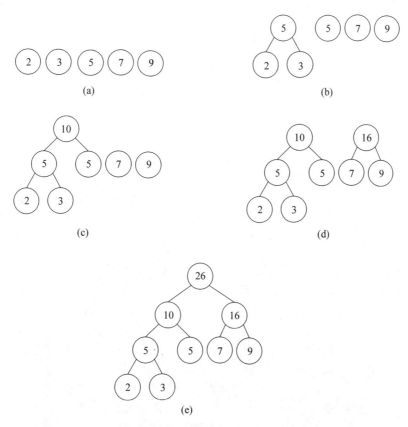

图 14-18　哈夫曼树的构造过程示例

14.7.3　哈夫曼码及其编解码方法

哈夫曼码是利用哈夫曼树得到的一种不定长的二进制编码,它在数据压缩领域有着广泛应用。利用哈夫曼码进行数据压缩的基本原理是:对于出现频率较高的字符,使用较短的编码;而对于出现频率较低的字符,则使用较长的编码,从而使得用于表示字符序列的编码总长度最短,节省了存储空间。

1. 哈夫曼编码

哈夫曼编码是指将用其他编码法表示的字符序列转成用哈夫曼码表示以减少存储空间,其具体方法如下:

(1) 以要编码的字符集 $C=\{c_1,c_2,\cdots,c_n\}$ 作为叶子结点、字符出现的频度或次数 $W=\{w_1,w_2,\cdots,w_n\}$ 作为结点的权,构造哈夫曼树。

(2) 规定哈夫曼树中,从根结点开始,双亲结点到左孩子结点的分支标为 0,双亲结点到右孩子结点的分支标为 1。从根结点到某一叶子结点经过的分支形成的编码即是该叶子结点所对应字符的哈夫曼码。

例如,假设要编码的字符集为{A,B,C,D,E,F},各字符的出现次数为{20,5,13,8,23,3},则其哈夫曼码的编码过程如图 14-19 所示。首先根据如图 14-19(a)所示的字符集和各字符出现次数构造如图 14-19(b)所示的哈夫曼树,再利用哈夫曼树对各字符进行哈夫曼编码,编码结果如图 14-19(c)所示。可见,在最后得到的哈夫曼码编码表中,对于出现频率较高的字符采用较短的编码形式,如出现频率最高的 3 个字符 E、A、C 都是采用 2 位编码;对于出现频率较低的字符则采用较长的编码形式,如出现频率最低的 2 个字符 F、B 都是采用 4 位

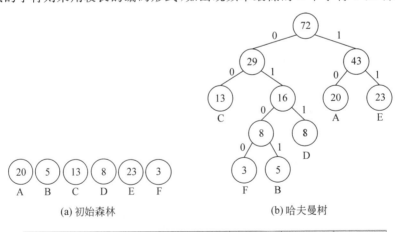

(a) 初始森林　　　　　　　　　(b) 哈夫曼树

字符	A	B	C	D	E	F
出现次数	20	5	13	8	23	3
哈夫曼码	10	0101	00	011	11	0100

(c) 哈夫曼编码表

图 14-19　哈夫曼码编码过程示例

编码,这使得用于表示字符序列的编码总长度最短,节省了存储空间。另外,每个字符的哈夫曼码都不是另一个字符哈夫曼码的前缀,因此在使用哈夫曼码存储数据时,各字符编码之间不需加空格等分隔符。

2. 哈夫曼解码

哈夫曼解码是指将用哈夫曼码表示的字符序列转换其他编码法表示,以让计算机能正确显示字符内容,其具体方法如下:

(1) 将用于表示字符序列的哈夫曼码逐位取出并送入哈夫曼树中。

(2) 从哈夫曼树的根结点开始,对于每一个结点,遇到位 0 则经左分支到其左孩子,遇到位 1 则经右分支到其右孩子。重复该过程直至到达某一个叶子结点,该叶子结点所对应的字符即是解码结果。解码一个字符后回到哈夫曼树的根结点开始解码下一个字符。

例如,假设要解码的哈夫曼码是 0100100011,则根据图 14-19(b)所示的哈夫曼树可得到解码结果为 FACE。

说明:哈夫曼编码是选择结点建立二叉树的过程;而哈夫曼解码则是根据编码中的 0 或 1 访问二叉树的左或右子树,直到叶子结点的过程。可以基于 LinkedBinTree.h,完成哈夫曼编码和解码问题的求解。关于哈夫曼树的问题可作为上机练习。

拓展学习

源代码、树的表示法以及树、森林和二叉树的转换方法及二叉树实用实例

第 15 章　图

导 学

【主要内容】

本章介绍图的基本概念,并通过实例说明如何用图来描述实际问题;重点讲解图在计算机中常用的 3 种表示方法和图的遍历方法,并给出完整的 C++ 程序代码,以及如何复用这些代码解决实际应用问题的实例和方法;最后结合具体应用问题讲解最小生成树和最短路径的问题。通过学习,应对图这种复杂的非线性数据结构有全面的认识,掌握图的邻接矩阵、邻接压缩表和邻接链表表示方法,能够根据实际应用需要选取合适的图的表示方法;掌握图的遍历算法;能够熟练地使用图及书中的代码解决实际问题。

【重点】

● 图的基本性质。
● 图的表示方法。

【难点】

图的实现方法和应用。

15.1　图的基本概念及特性

图也是一种非常重要的非线性数据结构,它比树状结构更为复杂。在树状结构中,各数据元素之间有着明显的层次关系,上一层中的一个前驱结点对应下一层中的 d(d≥0)个后继结点,但下一层中的一个后继结点最多只与上一层中的一个前驱结点相关,因此,树状结构主要是用来表示数据元素之间一对多的关系。而在图结构中,结点之间的关系可以是任意的,图中任意两个结点都可能相关,图结构可以用来表示数据元素之间多对多的关系。

图结构在工程、数学、物理、化学、计算机科学等领域有着广泛的应用。例如,用图结构表示实体之间联系的网状模型是继层次模型之后的第二代数据库数据模型。

图 G 是由顶点(图中通常将结点称为顶点)的非空有限集合 V 和边的集合 E 组成,记为 G=(V, E)。每一个顶点偶对就是图中的一条边,所以 E 用于表示 V 上的连接关系。在一个图中,至少要包含一个顶点,但可以没有任何边。通常用 V(G)和 E(G)来表示图 G 的顶点集合和边集合。

下面给出图的基本术语。

1. 有向图和无向图

若 E(G) 中的顶点偶对是有序的,则这些有序偶对就形成了有向边,此时图 G 称为**有向图**。有向边也简称为**弧**。在有向图 G 中,对于一条从顶点 v_i 到顶点 v_j 的弧,记为 $<v_i, v_j>$ 且 $<v_i, v_j> \in E(G)$,称 v_i 为**弧尾**,v_j 为**弧头**。例如,如图 15-1(a) 所示的 G_1 是一个有向图,其顶点集合 $V(G_1) = \{v_0, v_1, v_2, v_3, v_4\}$,边集合 $E(G_1) = \{<v_0, v_1>, <v_0, v_2>, <v_1, v_4>, <v_2, v_0>, <v_2, v_3>, <v_3, v_0>\}$。

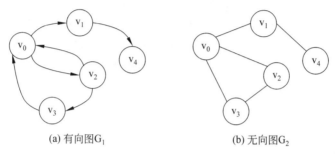

(a) 有向图 G_1　　　　　　　　(b) 无向图 G_2

图 15-1　有向图和无向图

若 E(G) 中的顶点偶对是无序的,则这些无序偶对就形成了无向边,此时图 G 称为**无向图**。无向边也简称为**边**。在无向图 G 中,对于一条存在于顶点 v_i 和顶点 v_j 之间的边,记为 (v_i, v_j) 或 (v_j, v_i),且 $(v_i, v_j) \in E(G)$ 或 $(v_j, v_i) \in E(G)$。由于无向边没有方向,因此在无向图中 (v_i, v_j) 与 (v_j, v_i) 完全等价。例如,图 15-1(b) 中所示的 G_2 是一个无向图,其顶点集合 $V(G_2) = \{v_0, v_1, v_2, v_3, v_4\}$,边集合 $E(G_2) = \{(v_0, v_1), (v_0, v_2), (v_0, v_3), (v_1, v_4), (v_2, v_3)\}$。

2. 顶点的度、入度和出度

在无向图 G 中,若存在 $(v_i, v_j) \in E(G)$,则称顶点 v_i 和顶点 v_j 互为**邻接点**,即顶点 v_i 和顶点 v_j 相邻接,或者说顶点 v_i、v_j 与边 (v_i, v_j) 相关联。与顶点 v_i 相关联的边的数目称为顶点 v_i 的**度**,记为 $D(v_i)$。例如,在图 15-1(b) 所示的无向图 G_2 中,各顶点的度分别为:$D(v_0) = 3, D(v_1) = D(v_2) = D(v_3) = 2, D(v_4) = 1$。

在有向图 G 中,若存在 $<v_i, v_j> \in E(G)$,则称顶点 v_i 邻接到顶点 v_j,或顶点 v_j 邻接自顶点 v_i。以顶点 v_i 为弧头的弧的数目称为顶点 v_i 的**入度**,记作 $ID(v_i)$;以顶点 v_i 为弧尾的弧的数目称为 v_i 的**出度**,记为 $OD(v_i)$;顶点 v_i 的入度和出度之和称为 v_i 的**度**,记为 $D(v_i)$。例如,在图 15-1(a) 所示的有向图 G_1 中,各顶点的入度分别为:

$$ID(v_0) = 2, ID(v_1) = ID(v_2) = ID(v_3) = ID(v_4) = 1$$

各顶点的出度分别为:

$$OD(v_0) = OD(v_2) = 2, OD(v_1) = OD(v_3) = 1, OD(v_4) = 0$$

各顶点的度分别为:

$$D(v_0) = 4, D(v_2) = 3, D(v_1) = D(v_3) = 2, D(v_4) = 1$$

3. 路径、路径长度和回路

在图 G 中,若存在一个顶点序列 $(v_i^0, v_i^1, \cdots, v_i^{n-1})$,使得对于任意 $j(0 \leqslant j < n-1)$ 有 $<v_i^j, v_i^{j+1}> \in E(G)$(若 G 为有向图)或 $(v_i^j, v_i^{j+1}) \in E(G)$(若 G 为无向图),则该序列是从顶点 v_i^0 到顶点 v_i^{n-1} 的一条**路径**。显然,从一个顶点到另一个顶点的路径不一定唯一。例如,在图 15-1(a)所示的有向图中,顶点序列 (v_2, v_3, v_0) 是一条从顶点 v_2 到顶点 v_0 的路径,而顶点序列 (v_2, v_0) 也是一条从顶点 v_2 到顶点 v_0 的路径;在图 15-1(b)所示的无向图 G_2 中也存在这样两条从顶点 v_2 到顶点 v_0 的路径。

一条路径中边的数目称为**路径长度**。例如,顶点序列 (v_2, v_3, v_0) 组成的路径的长度为 2,顶点序列 (v_2, v_0) 组成的路径的长度为 1。

在一条路径中,若一个顶点至多只经过一次,则该路径称为**简单路径**;若组成路径的顶点序列中第一个顶点与最后一个顶点相同,则该路径称为**回路**(或环);在一个回路中,若除第一个顶点与最后一个顶点外,其他顶点只出现一次,则该回路称为**简单回路**(或简单环)。例如,在图 15-1(a)所示的有向图 G_1 中,顶点序列 (v_2, v_3, v_0) 组成了一条简单路径;顶点序列 (v_2, v_3, v_0, v_2) 是一个简单回路。

4. 连通图

对于无向图,若至少存在一条从顶点 v_i 到顶点 v_j 的路径,则称顶点 v_i 和顶点 v_j 是**连通的**。若无向图 G 中任意两个顶点都是连通的,则称 G 为**连通图**。例如,在图 15-1(b)所示的无向图 G_2 中任意两个顶点都是连通的,因此 G_2 是连通图。

对有向图,若存在从顶点 v_i 到顶点 v_j 的路径或存在从顶点 v_j 到顶点 v_i 的路径,则称顶点 v_i 和顶点 v_j 是**单向连通的**;若两条路径同时存在,则称顶点 v_i 和顶点 v_j 是**强连通的**。有向图 G 中,若任意两个顶点都是单向连通的,则称 G 是**单向连通图**;若任意两个顶点都是强连通的,则称 G 为**强连通图**。例如,在图 15-1(a)所示的有向图 G_1 中,任意两个顶点都满足单向连通的条件,因此 G_1 是单向连通图;顶点 v_1 和顶点 v_4 不满足强连通的条件,因此 G_1 是非强连通图。

5. 子图、连通分量和强连通分量

对于图 G、G',若满足 $V(G') \subseteq V(G)$ 且 $E(G') \subseteq E(G)$,则 G' 是 G 的**子图**。也就是说,从图 G 的顶点集合中选出一个子集并从边集合中选出与该顶点子集相关的一些边所构成的图,就是图 G 的子图。

一个无向图的极大连通子图称为该无向图的**连通分量**;一个有向图的极大强连通子图称为该有向图的**强连通分量**。这里的"极大"是指向连通子图或强连通子图中再添加一个顶点,该子图就不再连通或强连通。显然,若一个图本身就是连通图或强连通图,那么它的连通分量或强连通分量就是图本身,具有唯一性。若一个图本身是非连通图或非强连通图,那么它的连通分量可能有多种形式。例如,图 15-2(a)和图 15-2(c)分别是非连通图和非强连通图,对应的两种形式的连通分量和强连通分量分别如图 15-2(b)和图 15-2(d)所示。

6. 权和带权图

为一个图中的每条边标上一个具有某种意义的实数,该实数就称为边的**权**。通常用边

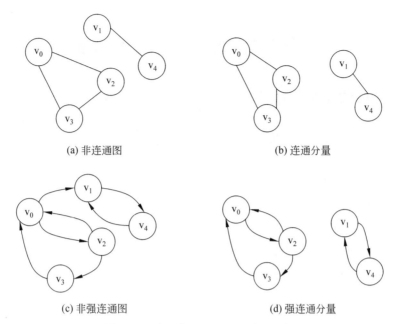

(a) 非连通图　　　　　　　　　　　　(b) 连通分量

(c) 非强连通图　　　　　　　　　　　(d) 强连通分量

图 15-2　连通分量和强连通分量示例

的权表示从一个顶点到另一个顶点的代价。边上带权的图就称为**带权图**。

7. 生成树和最小生成树

若无向图 G 的一个子图 G′是一棵包含图 G 所有顶点的树,则 G′称为图 G 的**生成树**。生成树本身是一棵树,具备树的所有性质。对于树中的任一结点,根结点都是其祖先,因此树中的任意两个结点都是连通的,即子图 G′是连通图。另一方面,子图 G′与图 G 具有相同的顶点集合,而子图 G′的边集合是图 G 边集合的子集,因此图 G 必然也是连通图。也就是说,只有连通图才有生成树。

连通图的生成树不具有唯一性,从不同的顶点出发或者采用不同的遍历算法,可以得到不同的生成树。例如,图 15-3(b)所示的就是根据图 15-3(a)得到的两种不同形式的生成树。在所有形式的生成树中,边上的权之和最小的生成树,称为**最小生成树**。

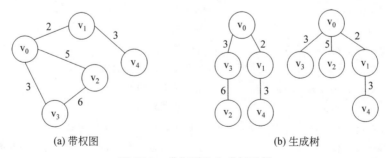

(a) 带权图　　　　　　　　　　　　　(b) 生成树

图 15-3　带权图和生成树示例

📊 15.2　图的抽象数据类型和表示方式

15.2.1　图的抽象数据类型

对于图,一般需要进行以下基本操作:

(1) 创建图。

(2) 对图作深度优先遍历。

(3) 对图作广度优先遍历。

(4) 获取顶点的数目。

(5) 获取边的数目。

(6) 获取与指定顶点相关联的第一条边。

(7) 获取与指定边有相同关联顶点的下一条边。

(8) 添加一个顶点。

(9) 添加一条边。

(10) 获取一个顶点中存储的数据。

(11) 判断一条边是否存在。

(12) 设置一条边的权。

(13) 获取一条边的权。

下面是图的抽象数据类型描述:

```
ADT Graph
{
    Data:
        顶点集合
        边集合
    Operations:
        Graph();                //创建图
        ~Graph();               //删除图
        DFSTraverse();          //对图作深度优先遍历
        BFSTraverse();          //对图作广度优先遍历
        GetVertexNum();         //获取顶点的数目
        GetEdgeNum();           //获取边的数目
        GetFirstEdge();         //获取与指定顶点相关联的第一条边
        GetNextEdge();          //获取与指定边有相同关联顶点的下一条边
        AddOneVertex();         //添加一个顶点
        AddOneEdge();           //添加一条边
        GetVertexValue();       //获取一个顶点中存储的数据
        IsEdge();               //判断一条边是否存在
```

```
        SetEdgeWeight();              //设置一条边的权
        GetEdgeWeight();              //获取一条边的权
    } ADT Graph
```

15.2.2 图的表示法

在计算机中存储图,主要是确定顶点的存储方式以及顶点之间关系(即边)的存储方式。与前面学习的线性表和树相比,图存储的难点在于顶点之间的关系更为复杂,因为图中任意两个顶点都可以通过连接形成边。因此,如何存储图中的边以方便地对边进行增加、删除、修改、查找等操作是图存储要解决的首要问题。根据边的存储方式的不同,图的存储结构有多种表示方法,可以根据实际应用需要选取合适的表示方法。下面主要介绍邻接矩阵、邻接压缩表和邻接链表这 3 种常用图表示方法。

1. 邻接矩阵表示方法

邻接矩阵表示方法是用矩阵来表示各顶点之间的连接关系。对于有 n 个顶点的图 $G=(V,E)$,其邻接矩阵 A 为 $n \times n$ 的方阵,元素 $A[i][j]$ $(0 \leqslant i,j < n)$ 定义如下:

$$A[i][j] = \begin{cases} w_{ij} & \text{对无向图存在}(v_i,v_j) \in E(G),\text{对有向图存在} <v_i,v_j> \in E(G) \\ \infty & \text{反之} \end{cases}$$

其中,w_{ij} 为边 (v_i,v_j) 或 $<v_i,v_j>$ 上的权。例如,图 15-4(a) 中所示的有向图 G_1 和图 15-4(c) 中所示的无向图 G_2 的邻接矩阵分别如图 15-4(b) 和图 15-4(d) 所示。

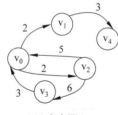

(a) 有向图 G_1

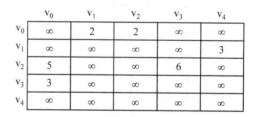

	v_0	v_1	v_2	v_3	v_4
v_0	∞	2	2	∞	∞
v_1	∞	∞	∞	∞	3
v_2	5	∞	∞	6	∞
v_3	3	∞	∞	∞	∞
v_4	∞	∞	∞	∞	∞

(b) G_1 的邻接矩形

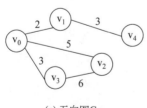

(c) 无向图 G_2

	v_0	v_1	v_2	v_3	v_4
v_0	∞	2	5	3	∞
v_1	2	∞	∞	∞	3
v_2	5	∞	∞	6	∞
v_3	3	∞	6	∞	∞
v_4	∞	3	∞	∞	∞

(d) G_2 的邻接矩形

图 15-4 邻接矩阵表示方法示例

2. 邻接压缩表表示方法

邻接压缩表可以视为邻接矩阵的一种压缩表示形式。当图中边的数目远远小于结点数目的平方时,邻接压缩表占据的存储空间会远远小于邻接矩阵占据的存储空间;但其缺点是边的添加、删除等操作较为复杂。

邻接压缩表使用 3 个顺序表来表示图中顶点之间的连接关系和权,下面给出具体存储形式。设图中共有 n 个顶点 $\{v_0, v_1, \cdots, v_{n-1}\}$,3 个顺序表分别为 s、w 和 h。在 s 中依次记录与顶点 $v_i(i=0, 1, \cdots, n-1)$ 相关联的顶点,如图 15-5(a)所示,可知:对无向图 G,s 中的元素数目两倍于图中边的数目,且有 $(v_i, v_{m_i}^j) \in E(G)(j=0,1,\cdots,j_i-1)$;对有向图 G,s 中的元素数目等于图中边的数目,且有 $<v_i, v_{m_i}^j> \in E(G)(j=0,1,\cdots,j_i-1)$。在 w 中依次记录 s 中存储的各条边的权,其元素数目等于 s 中的元素数目,如图 15-5(b)所示。在 h 中依次记录与顶点 v_i 相关联的顶点在 s 中的起始存储位置,如图 15-5(c)所示,h 中的元素数目等于图中顶点的数目。

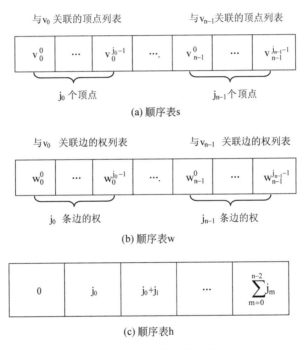

图 15-5 邻接压缩表存储形式

例如,图 15-6(a)中所示的有向图 G_1 和图 15-6(c)中所示的无向图 G_2 的邻接压缩表分别如图 15-6(b)和图 15-6(d)所示。

3. 邻接链表表示方法

邻接链表可以视为图的一种链式存储结构。在邻接链表中,每个顶点中设置一个指向链表头的指针,在链表中保存与该顶点相邻接的顶点信息,包括顶点位置及两个顶点形成的边的权。例如,图 15-7(a)中所示的有向图 G_1 和图 15-7(c)中所示的无向图 G_2 的邻接链表分别如图 15-7(b)和图 15-7(d)所示。

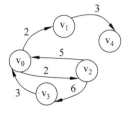

(a) 有向图G_1

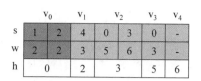

(b) 有向图G_1的邻接压缩表

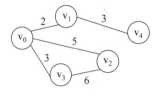

(c) 无向图G_2

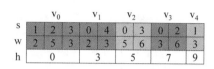

(d) 无向图G_2的邻接压缩表

图 15-6　邻接压缩表表示方法示例

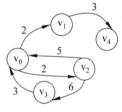

(a) 有向图G_1

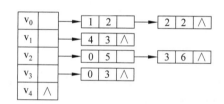

(b) 有向图G_1的邻接链表

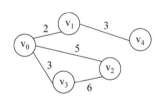

(c) 无向图G_2

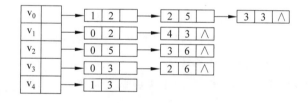

(d) 无向图G_2的邻接链表

图 15-7　邻接链表表示方法示例

15.2.3　图的邻接矩阵表示法的实现

【描述 15-1】　图邻接矩阵表示的类模板描述。

```cpp
#include<iostream>
#include<assert.h>
using namespace std;
const int INFINITY=INT_MAX;
const int MAX_VERTEX_NUM=30;
```

```
template<class T>
class AdjGraph
{
public:
    AdjGraph(int nGraphType);    //创建图
    bool DFSTraverse(int nV, int);
                            //以递归方式从下标为 nV 的顶点开始对图作深度优先遍历
    void DFS(int nV, bool bVisited[]);
                            //由 DFSTraverse 调用以递归方式完成图的深度优先遍历
    bool DFSTraverse(int nV);    //以非递归方式从下标为 nV 的顶点开始对图作深度优先遍历
    void BFSTraverse(int nV);    //从下标为 nV 的顶点开始对图作广度优先遍历
    int GetVertexNum();          //获取顶点数目
    int GetFirstEdge(int nV);    //获取与指定顶点 nV 相关联的第一条边
    int GetNextEdge(int nV1, int nV2);
        //获取与指定边(nV1, nV2)或<nV1, nV2>有相同关联顶点 nV1 的下一条边
    bool AddOneVertex(const T &vertex);              //添加一个顶点
    bool AddOneEdge(int nV1, int nV2, int nWeight);  //添加一条边
    bool GetVertexValue(int nV , T &vertex);         //获取一个顶点中存储的数据
    bool IsEdge(int nV1, int nV2);                   //判断一条边是否存在
    bool SetEdgeWeight(int nV1,int nV2,int nWeight); //设置一条边的权
    bool GetEdgeWeight(int nV1,int nV2,int&nWeight); //获取一条边的权
private:
    T m_vertex[MAX_VERTEX_NUM];                      //顶点集合
    int m_nAdjMatrix[MAX_VERTEX_NUM][MAX_VERTEX_NUM]; //边集合
    int m_nVertexNum;                                //顶点数目
    int m_nGraphType;                           //图的类型(0：无向图,1：有向图)
};
```

下面对描述 15-1 类模板中的部分成员函数给出具体实现，关于对图作深度优先遍历的 DFSTraverse 函数和对图作广度优先遍历的 BFSTraverse 函数的实现，在 15.3 节中将专门进行讨论并给出具体算法。

【描述 15-2】 描述 15-1 类模板中部分成员函数的实现。

```
//创建图
template<class T>
AdjGraph<T>::AdjGraph(int nGraphType)
{
    int nI, nJ;
    m_nGraphType=nGraphType;
    m_nVertexNum=0;
    //将任两个结点之间边上的权置为无穷大,表示初始时没有边
    for(nI=0; nI<MAX_VERTEX_NUM; nI++)
    for(nJ=0; nJ<MAX_VERTEX_NUM; nJ++)
        m_nAdjMatrix[nI][nJ]=INFINITY;
}
//获取顶点数目
template<class T>
```

```
int AdjGraph<T>::GetVertexNum()
{
    return m_nVertexNum;
}
//获取与指定顶点 nV 相关联的第一条边
template<class T>
int AdjGraph<T>::GetFirstEdge(int nV)
{
    int nJ;
    if(nV<0 || nV>=m_nVertexNum)
        return -1;
    //依次访问所有顶点,找到第一条与 nV 相关联的边
    for(nJ=0; nJ<m_nVertexNum; nJ++)
        if(IsEdge(nV, nJ))
            return nJ;
    return -1;
}
//获取与指定边有相同关联顶点 nV1 的下一条边的 nV1 外的顶点
template<class T>
int AdjGraph<T>::GetNextEdge(int nV1, int nV2)
{
    int nJ;
    if(!IsEdge(nV1, nV2))
        return -1;
    //依次访问 nV2 后面的顶点,找到下一条与 nV1 相关联的边
    for(nJ=nV2+1; nJ<m_nVertexNum; nJ++)
        if(IsEdge(nV1, nJ))
            return nJ;
    return -1;
}
//添加一个顶点
template<class T>
bool AdjGraph<T>::AddOneVertex(const T &vertex)
{
    if(m_nVertexNum>=MAX_VERTEX_NUM)
        return false;
    m_vertex[m_nVertexNum]=vertex;
    m_nVertexNum++;
    return true;
}
//添加一条边
template<class T>
bool AdjGraph<T>::AddOneEdge(int nV1, int nV2, int nWeight)
{
    if(nV1<0 || nV1>=m_nVertexNum || nV2<0 || nV2>=m_nVertexNum
       || IsEdge(nV1, nV2))          //两个顶点必须存在,且两个顶点间原先没有边
        return false;
    m_nAdjMatrix[nV1][nV2]=nWeight;
```

```
        if(m_nGraphType==0)                    //无向图
            m_nAdjMatrix[nV2][nV1]=nWeight;
        return true;
}
//获取一个顶点中存储的数据
template<class T>
bool AdjGraph<T>::GetVertexValue(int nV, T &vertex)
{
        if(nV<0 || nV>=m_nVertexNum)
            return false;
        vertex=m_vertex[nV];
        return true;
}
//判断一条边是否存在
template<class T>
bool AdjGraph<T>::IsEdge(int nV1, int nV2)
{
        return m_nAdjMatrix[nV1][nV2]!=INFINITY;            //权重为有限值,则表明边存在
}
//设置一条边的权
template<class T>
bool AdjGraph<T>::SetEdgeWeight(int nV1, int nV2, int nWeight)
{
        if(!IsEdge(nV1, nV2))
            return false;
        m_nAdjMatrix[nV1][nV2]=nWeight;
        return true;
}
//获取一条边的权
template<class T>
bool AdjGraph<T>::GetEdgeWeight(int nV1, int nV2, int &nWeight)
{
        if(!IsEdge(nV1, nV2))
            return false;
        nWeight=m_nAdjMatrix[nV1][nV2];
        return true;
}
```

说明：将描述 15-1 中关于图邻接矩阵表示类模板的声明代码和描述 15-2 中关于图邻接矩阵表示类模板的实现代码一起存储在 AdjGraph.h 文件中,以后就可以基于该类模板快速完成图相关应用问题的求解。

📊 15.3 图 的 遍 历

图的遍历是指从某一顶点出发按照某种规则依次访问图中的所有顶点,且每个顶点只被访问一次。与树相比,图中顶点之间的关系更为复杂,因此,图的遍历也要比树的遍历更

加复杂。例如,在图中存在回路的情况下,从某个顶点出发访问图中其他顶点,最后可能又会回到初始顶点造成重复访问;对于非连通图或非强连通图来说,从某个顶点出发不一定能访问到其他所有顶点。

针对上述两个问题,可以通过设置一个布尔型的 visited 一维数组来解决:visited 数组的长度等于图中顶点的数目,用来记录每个顶点是否被访问过,在从某一顶点出发访问其他顶点的过程中,若访问某顶点时,发现 visited 数组中相应元素的值为 true,则表明该顶点已被访问过,不应再重复访问;在从某一顶点访问其他顶点的操作完毕后,若发现仍有一些顶点在 visited 数组中对应元素的值为 false,则表明该图是非连通图或非强连通图,应从某一未被访问的顶点开始继续遍历图。

根据搜索路径的不同,图的遍历通常采有两种方法:广度优先遍历和深度优先遍历。

15.3.1 广度优先遍历及其实现

广度优先遍历类似于树的逐层遍历,即先从某一个顶点开始访问,然后访问与该顶点相邻接且未被访问过的顶点集 $V_1(G)$,再访问与 $V_1(G)$ 中顶点相邻接且未被访问过的顶点集 $V_2(G)$,重复该过程直至与初始顶点连通的所有顶点都被访问完。对于非连通图或非强连通图,还要从某一个未被访问的顶点开始重复上一过程,直至所有顶点访问完毕。图 15-8 是图的广度优先遍历算法流程图。

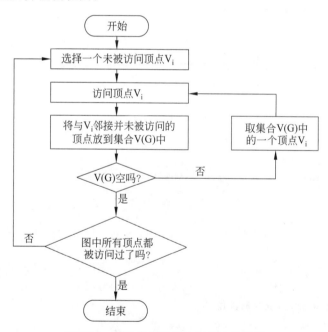

图 15-8 图的广度优先遍历算法流程图

【例 15-1】 根据图的广度优先遍历思想,分别从顶点 V_0 和 V_3 遍历图 15-9,写出结点遍历的顺序。

解:从顶点 V_0 开始广度优先遍历 G1 的结果为:V_0 V_1 V_2 V_4 V_3。

从顶点 V_3 开始广度优先遍历 G1 的结果为:V_3 V_0 V_1 V_2 V_4。

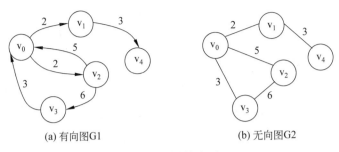

(a) 有向图G1   (b) 无向图G2

图 15-9   图的遍历

从顶点 V_0 开始广度优先遍历 G2 的结果为：V_0 V_1 V_2 V_3 V_4。

从顶点 V_3 开始广度优先遍历 G2 的结果为：V_3 V_0 V_2 V_1 V_4。

说明：对于用邻接矩阵表示的图,其遍历结果与边的添加顺序无关;而对于用邻接压缩表或邻接链表表示的图,其遍历结果则与边的添加顺序有关。

同树的逐层遍历一样,图的广度优先遍历需要利用队列实现。下面给出具体的实现方法。

【描述 15-3】 广度优先遍历成员函数 BFSTraverse 的实现。

```
//从下标为 nv 的顶点开始对图作广度优先遍历
template<class T>
bool AdjGraph<T>::BFSTraverse(int nV)
{
    Queue<int>queue;
    int nVisitVertex, nVertex, nBegVertex=nV;
    bool bVisited[MAX_VERTEX_NUM];                 //记录一个顶点是否已访问
    T vertex;
    //若下标为 nv 的顶点不存在,则遍历失败
    if(nV<0 || nV>=m_nVertexNum)
        return false;
    memset(bVisited, 0, sizeof(bVisited));         //各顶点均设置为未访问状态
    while(1)
    {
        queue.Insert(nBegVertex);                  //将第一个要访问的顶点入队
        bVisited[nBegVertex]=true;                 //设置该顶点为已访问状态
        while(!queue.IsEmpty())                    //若队列不为空则一直循环
        {
            //将队头元素出队并访问
            nVisitVertex=queue.Delete();
            GetVertexValue(nVisitVertex, vertex);
            cout<<vertex<<' ';
            //获取与队头元素相邻接且未访问的顶点,入队并将其设置为已访问状态
            nVertex=GetFirstEdge(nVisitVertex);
            while(nVertex !=-1)
            {
```

```
            if(bVisited[nVertex]==false)
            {
                queue.Insert(nVertex);
                bVisited[nVertex]=true;
            }
            nVertex=GetNextEdge(nVisitVertex, nVertex);
        }
    }
//判断是否仍有未访问的顶点,若有则从该顶点开始再进行广度优先遍历
        for (nVisitVertex = nBegVertex + 1; nVisitVertex < m_nVertexNum + nV;
        nVisitVertex++)
    {
        if(bVisited[nVisitVertex%m_nVertexNum]==false)
        {
            nBegVertex=nVisitVertex%m_nVertexNum;
            break;
        }
    }
    //所有顶点都已访问,退出循环
    if(nVisitVertex==m_nVertexNum+nV)
        break;
    }
    return true;
}
```

15.3.2　深度优先遍历及其实现

深度优先遍历类似于树的先序遍历,即从某一个顶点开始访问,访问后将该顶点去除得到若干子图,对每个子图再依次进行深度优先遍历。

【例 15-2】　根据图的深度优先遍历思想,分别从顶点 V_0 和 V_3 遍历图 15-9,写出结点遍历的顺序。

解: 从顶点 V_0 开始深度优先遍历 G1 的结果为: V_0　V_1　V_4　V_2　V_3。
从顶点 V_3 开始深度优先遍历 G1 的结果为: V_3　V_0　V_1　V_4　V_2。
从顶点 V_0 开始深度优先遍历 G2 的结果为: V_0　V_1　V_4　V_2　V_3。
从顶点 V_3 开始深度优先遍历 G2 的结果为: V_3　V_0　V_1　V_4　V_2。

对于图的深度优先遍历,与树的先序遍历一样,有递归和非递归两种实现方式,其中非递归方式需要利用栈。下面分别给出它们的具体实现。

【描述 15-8】　深度优先遍历成员函数 DFSTraverse 的实现。

```
//以递归方式从下标为 nV 的顶点开始对图作深度优先遍历
template<class T>
bool AdjGraph<T>::DFSTraverse(int nV, int)
```

```
{
    int nBegVertex;
    bool bVisited[MAX_VERTEX_NUM];                    //记录一个顶点是否已访问
    //若下标为 nV 的顶点不存在,则遍历失败
    if(nV<0 || nV>=m_nVertexNum)
        return false;
    memset(bVisited, 0, sizeof(bVisited));            //各顶点均设置为未访问状态
    //对于图中的每一个顶点,若为未访问状态,则从该顶点开始调用 DFS 函数对包
    //含该顶点的连通子图进行深度优先遍历
    for(nBegVertex=nV; nBegVertex<m_nVertexNum+nV; nBegVertex++)
    {
        if(bVisited[nBegVertex%m_nVertexNum]==false)
            DFS(nBegVertex, bVisited);
    }
    return true;
}
//由 DFSTraverse 调用以递归方式完成图的深度优先遍历
template<class T>
void AdjGraph<T>::DFS(int nV, bool bVisited[])
{
    T vertex;
    int nVertex;
    //先访问当前顶点,并将其状态设置为已访问
    GetVertexValue(nV, vertex);
    cout<<vertex<<' ';
    bVisited[nV]=true;
    //逐个获取与当前顶点相邻接的顶点,若获取到的顶点未访问,则调用 DFS 函数
    //对包含该顶点的连通子图进行深度优先遍历
    nVertex=GetFirstEdge(nV);
    while(nVertex !=-1)
    {
        if(bVisited[nVertex]==false)
            DFS(nVertex, bVisited);
        nVertex=GetNextEdge(nV, nVertex);
    }
}
//以非递归方式从下标为 nV 的顶点开始对图作深度优先遍历
template<class T>
bool AdjGraph<T>::DFSTraverse(int nV)
{
    Stack<int>s;
    int nPeekVertex, nVertex, nBegVertex=nV, nLastPopVertex=-1;
    bool bVisited[MAX_VERTEX_NUM];                    //记录一个顶点是否已访问
    T vertex;
```

```
//若下标为 nV 的顶点不存在,则遍历失败
    if(nV<0 || nV>=m_nVertexNum)
        return false;
    memset(bVisited, 0, sizeof(bVisited));          //各顶点均设置为未访问状态
    while(1)
    {
        //先访问当前顶点,设置该顶点为已访问,并将该顶点进栈
        GetVertexValue(nBegVertex, vertex);
        cout<<vertex<<' ';
        bVisited[nBegVertex]=true;
        s.Push(nBegVertex);
        while(!s.StackEmpty())                      //若栈不为空则一直循环
        {
            nPeekVertex=s.Peek();                   //获取栈顶元素
            while(1)
            {
            //判断与栈顶元素相邻接的顶点原来是否已访问过,若未访问则获取
            //栈顶元素第一条边,若已访问则根据上次访问的边获取下一条边
                if(nLastPopVertex<0)
                    nVertex=GetFirstEdge(nPeekVertex);
                else
                    nVertex=GetNextEdge(nPeekVertex, nLastPopVertex);
                //若不存在下一条边或存在未访问的下一条边,则退出循环
                if(nVertex==-1 || bVisited[nVertex]==false)
                    break;
                //若存在已访问的下一条边,则以下一条边为基础继续寻找后面的一条边
                nLastPopVertex=nVertex;
            }
            //若不存在下一条边,则该顶点的所有子图均已访问完毕,将该顶点出栈
            if(nVertex==-1)
                nLastPopVertex=s.Pop();
            else
            //若存在未访问的下一条边,则访问与该边相关联的另一顶点并将其进栈,
            //然后再以深度优先遍历的方式访问该顶点的各子图
            {
                GetVertexValue(nVertex, vertex);
                cout<<vertex<<' ';
                bVisited[nVertex]=true;
                s.Push(nVertex);
            }
        }
        //判断是否仍有没有访问的顶点,若有则从该顶点开始再进行深度优先遍历
        for(nVertex=nBegVertex+1; nVertex<m_nVertexNum+nV; nVertex++)
        {
```

```
        if(bVisited[nVertex%m_nVertexNum]==false)
        {
            nBegVertex=nVertex%m_nVertexNum;
            break;
        }
    }
//所有顶点都已访问,退出循环
    if(nVertex==m_nVertexNum+nV)
        break;
    }
    return true;
}
```

15.4 应用实例

15.4.1 图的应用

前面已经将关于图邻接矩阵表示类模板的声明代码和关于图邻接矩阵表示类模板的实现代码一起存储在 AdjGraph.h 文件中,下面就可以基于该类模板快速完成图相关应用问题的求解。

【例 15-3】 基于图邻接矩阵表示的 C++ 实现代码,完成如下操作。

(1) 创建如图 15-10 所示的有向图和无向图,其中每一个顶点保存一个字符信息(A、B、C、D、E)。

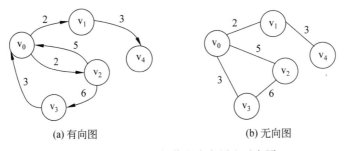

(a) 有向图 (b) 无向图

图 15-10 例 15-3 操作的有向图和无向图

(2) 假设都从顶点 v_0 开始访问,分别查看两个图的广度优先遍历和深度优先遍历的结果。

C++ 实现代码如下:

```
#include "AdjGraph.h"
int main()
{
    AdjGraph<char>graph1(1), graph2(0);
```

```
        char c;
        for (c='A'; c<='E'; c++)              //创建有向图
            graph1.AddOneVertex(c);
        graph1.AddOneEdge(0, 1, 2);
        graph1.AddOneEdge(0, 2, 2);
        graph1.AddOneEdge(1, 4, 3);
        graph1.AddOneEdge(2, 0, 5);
        graph1.AddOneEdge(2, 3, 6);
        graph1.AddOneEdge(3, 0, 3);
        cout<<"有向图";
        cout<<"广度优先遍历结果: ";
        graph1.BFSTraverse(0);                //调用广度优先遍历函数
        cout<<endl;
        cout<<"递归深度优先遍历结果: ";
        graph1.DFSTraverse(0, 0);             //调用递归深度优先遍历函数
        cout<<endl;
        for (c='A'; c<='E'; c++)              //创建无向图
            graph2.AddOneVertex(c);
        graph2.AddOneEdge(0, 1, 2);
        graph2.AddOneEdge(0, 2, 5);
        graph2.AddOneEdge(0, 3, 3);
        graph2.AddOneEdge(1, 4, 3);
        graph2.AddOneEdge(2, 3, 6);
        cout<<"无向图";
        cout<<"广度优先遍历结果: ";
        graph2.BFSTraverse(0);                //调用广度优先遍历函数
        cout<<endl;
        cout<<"递归深度优先遍历结果: ";
        graph2.DFSTraverse(0, 0);             //调用递归深度优先遍历函数
        cout<<endl;
        return 0;
    }
```

15.4.2 用图来描述和求解实际问题

下面通过两个实例介绍如何用图来描述和求解实际问题。

1. 最小生成树问题

【例 15-4】 有若干个城市,通过在两个城市之间修建高速公路,使得从任一城市出发经过高速公路都可以到达另一城市。为了使修建高速公路的工程总造价最低,应如何设计?

该问题的图描述如下:将所有城市作为图的顶点,任意两个顶点相连接形成边,两个城市之间修建高速公路的工程造价作为边的权。显然,边没有方向,因此对于该问题应使用无向图表示。

图 15-11 是该问题的一个图描述示例。这里考虑 4 个城市，任意两个城市之间修建高速公路的工程造价作为边的权在边上标注。从而，该问题就转化为了从图 G 中计算子图 G′ 的问题，目标子图 G′ 具有如下特点：

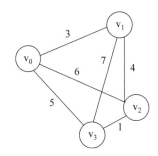

图 15-11　用图描述实际问题示例——最小生成树问题

（1）是一个连通图且包含图 G 中的所有顶点（从任一城市出发可以到达另一城市）。

（2）在所有满足上一条件的子图中，目标子图 G′ 的权之和最小（工程总造价最低）。

根据上述两个特点，可知目标子图 G′ 应是一棵树，因为删除任一条边都会导致子图不连通，添加任一条边都会使最终的权之和增加，并且应该是权之和最小的最小生成树。

将例 15-4 转化为图描述后，该问题的求解就转化为求图的最小生成树的问题。最小生成树的求解算法有 Prim 算法、Kruskal 算法等，可直接使用这些算法的实现代码来解决自己的问题。关于 Prim 算法、Kruskal 算法及其实现代码，请参阅拓展学习。

2. 最短路径问题

【例 15-5】　一个人开车从一个地方去另一个地方，有多种路线，为了使总里程数最少，应走哪条路线？

该问题的图描述如下：将所有路口作为图的顶点，路口之间的道路作为连接两个顶点的边，道路长度作为边的权。考虑有些道路是单行路，且往返行驶里程数可能会有所不同，因此，对于该问题应使用有向图表示。

图 15-12 是该问题的一个图描述示例，这里考虑 5 个路口，从一个路口到另一个路口的行驶里程数作为边的权在边上标注。从而，该问题就转化成了计算图中两个顶点间最短路径的问题。

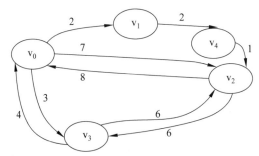

图 15-12　用图描述实际问题示例——最短路径问题

　　将例 15-5 转化为图描述后,该问题的求解就转化为求图中两个顶点间的最短路径问题。关于最短路径的求解,有求从某个顶点到其余各顶点的最短路径的 Dijkstra 算法,还有求每一对顶点之间的最短路径的 Floyd 算法,可直接使用这些算法的实现代码来解决自己的问题。关于求从某个顶点到其余各顶点的最短路径的算法,和求每一对顶点之间的最短路径的算法及其实现代码,请参阅拓展学习。

拓展学习

源代码、图的邻接链表和邻接压缩表的实现、求最小生成树的算法及其实现、
求最短路径的算法及其实现

第 16 章　算法设计策略及应用实例

导 学

【主要内容】

第 11 章已经介绍过几种基本算法设计策略的思想和实现方法。对于较大规模的优化问题,仅仅采用穷举等简单的算法设计策略,往往无法使计算机在短时间内求出问题的解。因此,还需要针对问题的特点设计出有效的算法,使计算机能够在有限的时间内求解问题。本章将进一步介绍 5 种常用算法设计策略的基本思想和实现方法,这些策略包括分治策略、贪心策略、动态规划策略、回溯策略和分支限界策略,以及它们的具体应用实例。通过这些实例,加深对每一种算法设计策略的理解,对每一个策略所能解决的问题的特征、设计程序的基本步骤和算法设计模式有更加直观的认识。

【重点】

常用算法设计策略的基本思想。

【难点】

常用算法设计策略的应用。

16.1　分 治 策 略

对于大问题进行"分而治之"是人类最普遍的做法。分治策略就是在解题时采用"分而治之"的策略。分治策略被用于许多高效的计算机算法设计过程中,是很多高效算法的基础。例如,排序算法(快速排序、归并排序)、快速傅里叶变换等。本节主要介绍分治策略的基本知识,然后给出分治策略应用实例。

16.1.1　分治策略概述

分治策略是一类算法设计策略,它将原问题分解成若干部分,从而产生若干子问题,这些子问题互相独立且与原问题类型相同,然后解决这些子问题,最后把这些子问题的解合并成原问题的解。

分治策略所能解决的问题一般具有以下 3 个特征：

- 原问题可以分解成规模较小、相互独立和类型相同的子问题。
- 子问题的规模缩小到一定的程度，就不需要再分解，可以很容易地求解。
- 所有子问题的解能够合并成原问题的解。

第一条特征是应用分治策略的基础，分解得到的子问题需要相互独立和类型相同，这一特征体现了递归思想。大多数问题都可以满足第二条特征。能否利用分治策略完全取决于问题是否具有第三条特征。如果具备了第一条和第二条特征，而不具备第三条特征，就应该考虑用贪心策略或动态规划策略。

说明：如果各子问题之间不独立，算法需要重复地求解公共子问题，此时一般用动态规划策略，而不适宜使用分治策略。

16.1.2　分治策略的算法设计步骤和程序模式

1. 分治策略的算法设计步骤

如图 16-1 所示，采用分治策略的算法设计包括分解、求解和合并 3 个步骤。

（1）分解：将原问题分解为若干个规模较小、相互独立、与原问题类型相同或相似的子问题。

（2）求解：若子问题缩小到容易解决的规模，则直接求解；否则，递归地求解子问题。

（3）合并：将各个子问题的解合并为原问题的解。

在分治策略中，由于子问题与原问题在结构和解法是相同或相似的，所以分治策略大都采用递归的形式。

说明：分治策略和递归算法经常同时应用在算法设计中，并因此产生了许多高效算法。不过在有些情况下，分治策略也可以不采用递归算法，而且这种非递归算法的程序会比递归算法具有更快的计算速度和更低的辅助空间要求。

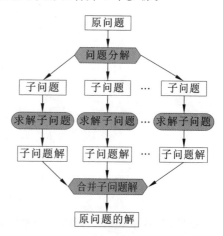

图 16-1　分治策略示意图

2. 分治策略的程序模式

分治策略的一般程序模式如下：

```
divide-and-conquer(P)
{
    if(Small(P)) return S(P);
    else{
        把问题 P 分解成成子问题 P₁,P₂,…,Pₖ(k≥1);
        for(i=1;i<=k;i++)
            yi=divide-and-conquer(Pᵢ);
```

```
        return combine(y₁,y₂,…,yₖ);
    }
}
```

其中,Small()是一个布尔函数,用于判断问题规模是否足够小,以便可以直接求解。如果 Small(P)为真,则调用函数 S(P),返回问题 P 的解。通过递归调用 divide-and-conquer() 求解子问题 P₁,P₂,…,Pₖ。combine()是一个合并函数,用于将 P 的子问题 P₁,P₂,…,Pₖ 的解 y₁,y₂,…,yₖ 合并为 P 的解。

16.1.3 分治策略应用实例

【例 16-1】 矩阵乘积问题。因为矩阵可以方便地表示两个集合中元素之间的关系,所以被用于通信网络和交通运输系统等模型,在这些模型中经常用到矩阵的乘法。根据矩阵乘积的定义,两个 n 阶矩阵乘积的时间复杂度为 $O(n^3)$。Strassen 根据分治策略设计矩阵乘积的算法,降低时间复杂度。假设 n 为 2 的整数幂,A、B、C 都是 n 阶的矩阵,每个矩阵可以分解成 4 个 n/2 阶的矩阵。

$$\begin{bmatrix} C_{11} & C_{12} \\ C_{21} & C_{22} \end{bmatrix} = \begin{bmatrix} A_{11} & A_{12} \\ A_{21} & A_{22} \end{bmatrix} \times \begin{bmatrix} B_{11} & B_{12} \\ B_{21} & B_{22} \end{bmatrix}$$

Strassen 计算以下 7 个矩阵:

$$M_1 = (A_{11} + A_{22})(B_{11} + B_{22})$$
$$M_2 = (A_{21} + A_{22})B_{11}$$
$$M_3 = A_{11}(B_{12} - B_{22})$$
$$M_4 = A_{22}(B_{21} - B_{11})$$
$$M_5 = (A_{11} + A_{12})B_{22}$$
$$M_6 = (A_{21} - A_{11})(B_{11} + B_{12})$$
$$M_7 = (A_{12} - A_{22})(B_{21} + B_{22})$$

最后,矩阵乘积的结果由 7 个矩阵得出:

$$C = \begin{bmatrix} C_{11} & C_{12} \\ C_{21} & C_{22} \end{bmatrix} = \begin{bmatrix} M_1 + M_4 - M_5 + M_7 & M_3 + M_5 \\ M_2 + M_4 & M_1 + M_3 - M_2 + M_6 \end{bmatrix}$$

算法复杂度分析:按照矩阵的定义,两个 n 阶矩阵乘积中有 n^2 个元素,计算每个元素需要 n 次乘法和 $(n-1)$ 次加法,所以需要 n^3 次乘法和 $n^2(n-1)$ 次加法,其时间复杂度为 $O(n^3)$,而通过分治策略设计的矩阵乘积算法可以降低时间复杂度为 $O(n^{2.81})$。

```
/* Strassen.cpp */
#include<iostream>
#include<time.h>
#include<stdlib.h>
#include"Matrix.h"
using namespace std;
#define N 16
//基于分治策略的 strassen 算法
```

```
void strassen(int n,Matrix<int>A,Matrix<int>B,Matrix<int>&C)
{
    int i,j;
    if(n==2)
    {
        C=A * B;
    }
    else
    {
        int m=n/2;
        Matrix<int>   A11(m,m),A12(m,m),A21(m,m),A22(m,m);
        Matrix<int>   B11(m,m),B12(m,m),B21(m,m),B22(m,m);
        Matrix<int>   C11(m,m),C12(m,m),C21(m,m),C22(m,m);
        Matrix<int>   M1(m,m),M2(m,m),M3(m,m),M4(m,m),M5(m,m), M6(m,m),M7(m,m);
        Matrix<int>AA(m,m),BB(m,m),MM1(m,m),MM2(m,m);
        for(i=1; i<=m; i++)
        {
            for(j=1; j<=m; j++)
            {
                //将矩阵 A 和 B 平均分为 4 个小矩阵
                A11(i,j)=A(i,j);
                A12(i,j)=A(i,j+m);
                A21(i,j)=A(i+m,j);
                A22(i,j)=A(i+m,j+m);
                B11(i,j)=B(i,j);
                B12(i,j)=B(i,j+m);
                B21(i,j)=B(i+m,j);
                B22(i,j)=B(i+m,j+m);
            }
        }
        //以下计算 M1、M2、M3、M4、M5、M6、M7(递归部分)
        AA=A11+A22;
        BB=B11+B22;
        strassen(m,AA,BB,M1);          //M1=(A11+A22)(B11+B22)
        AA=A21+A22;
        strassen(m,AA,B11,M2);         //M2=(A21+A22)B11
        BB=B12-B22;
        strassen(m,A11,BB,M3);         //M3=A11(B12-B22)
        BB=B21-B11;
        strassen(m,A22,BB,M4);         //M4=A22(B21-B11)
        AA=A11+A12;
        strassen(m,AA,B22,M5);         //M5=(A11+A12)B22
        AA=A21-A11;
        BB=B11+B12;
        strassen(m,AA,BB,M6);          //M6=(A21-A11)(B11+B12)
```

```
            AA=A12-A22;
            BB=B21+B22;
            strassen(m,AA,BB,M7);              //M7=(A12-A22)(B21+B22)
            MM1=M1+M4;
            MM2=MM1-M5;
            C11=MM2+M7;
            C12=M3+M5;
            C21=M2+M4;
            MM1=M1+M3;
            MM2=MM1-M2;
            C22=MM2+M6;
            for(i=1; i<=m; i++)
            for(j=1; j<=m; j++)
            {
                C(i,j)=C11(i,j);
                C(i,j+m)=C12(i,j);
                C(i+m,j)=C21(i,j);
                C(i+m,j+m)=C22(i,j);
            }
        }
    }
    int main()
    {
        int i,j;
        Matrix<int>A(N,N),B(N,N),C(N,N);   //定义3个矩阵A、B、C
        for(i=1;i<=N;i++)                  //系统随机为A、B矩阵赋值
        for(j=1;j<=N;j++)
        {
            A(i,j)=(int)(16.0*rand()/(RAND_MAX+1.0));
            B(i,j)=(int)(16.0*rand()/(RAND_MAX+1.0));
        }
        cout<<"随机生成"<<N<<"阶矩阵A:"<<endl;
        cout<<A<<endl;
        cout<<"随机生成"<<N<<"阶矩阵B:"<<endl;
        cout<<B<<endl;
        strassen(N,A,B,C);                      //调用strassen()函数计算A和B的乘积
        cout<<"A和B的乘积矩阵C:"<<endl;         //输出计算结果
        cout<<C<<endl;
        return 0;
    }
```

说明：当n不是2的整数幂时，可以在原来矩阵上增加元素为0的若干行和列，使矩阵变为阶数为2的整数幂。

16.2　贪　心　策　略

贪心策略是比较容易实现的算法设计策略,虽然看上去既直观又简单,但是它却广泛用于许多问题的求解,例如最短路径问题、最小生成树、Huffman 编码、作业调度问题等。本节主要介绍贪心策略的基本知识,然后给出贪心策略的应用实例。

16.2.1　最优化问题与最优化原理

1. 最优化问题

最优化问题是在满足一定的限制条件下,对于一个给定的优化函数,寻找一组参数值,使得函数值最大或最小。每个最优化问题都包含一组限制条件和一个优化函数,符合限制条件的求解方案称为可行解,使优化函数取得最大(小)值的可行解称为最优解。

最优化问题举例。如图 16-2 所示,要靠墙建一个矩形的运动场,现在有 300m 的建筑材料。如何设计运动场的长和宽,使它的面积最大?

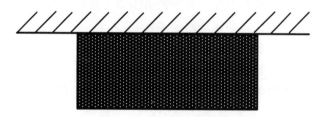

图 16-2　拟建运动场示意图

建运动场的问题可以抽象为如下最优化问题:

(1) 限制条件是建筑材料为 300m。设 x 和 y 分别是矩形的长和宽,限制条件为:$x+2y{\leqslant}300,x{>}0,y{>}0$。

(2) 代表问题解的优劣是矩形面积,即优化函数表示:$f(x,y)=xy$。

任何一组满足限制条件 $x+2y{\leqslant}300$ 的 x 和 y 都是可行解,而使 xy 最大的是最优解。

2. 最优化原理

1951 年,美国数学家 R.E. Bellman 等人根据多阶段决策问题的特点,提出了解决这类问题的最优化原理。最优化原理的数学语言描述为:假设为了解决某一优化问题,需要依次作出 n 个决策 $D_1,D_2,\cdots,D_n$。如果某个决策序列是最优的,那么对于任何一个整数 $k(1{<}k{<}n)$,则 $D_{k+1},D_{k+2},\cdots,D_n$ 也是最优的,因为不论前面 k 个决策是怎样的,以后的最优决策只取决于前面决策所确定的当前状态。

16.2.2　贪心策略概述

贪心策略通过一系列步骤来构造问题的解,每一步都做出当前来看是最好的选择,扩展已知的部分解,直到获得问题的完整解。这种"当前来看是最好的选择"的策略就是该策略名称的来源。当算法结束时,如果贪心策略找到的是最优解,那么算法就是正确的;否则,算法得到的就是一个次最优解。尽管贪心策略只能用于最优化问题,但是计算机科学家把它作为一种通用的算法设计策略。

使用贪心策略求解的问题一般具有以下两个重要的性质。

(1) 最优子结构性

当一个问题的最优解包含其子问题的最优解时,称此问题具有最优子结构性质,也称此问题满足最优化原理。问题的最优子结构性质是该问题可以用贪心策略或者动态规划策略求解的关键特征。

(2) 贪心选择性

若一个问题的全局最优解可以通过一系列局部最优的选择,即贪心选择来获得,则称该问题具有贪心选择性。该性质是选择贪心策略,而不是动态规划策略的主要依据。在动态规划策略中,每步所做出的选择(决策)往往依赖于相关子问题的解,因而只有在求出相关子问题的解后,才能做出选择。而贪心法仅在当前状态下做出最好的选择,即局部最优选择,然后再去求解做出这个选择后产生的相应子问题的解。由于这种差别,动态规划法通常以自底向上的方式求解各个子问题,而贪心法则通常以自顶向下的方式做出一系列的贪心选择,每做出一次贪心选择,就将问题简化为规模更小的子问题。

贪心选择性可从如下 3 个方面来理解:

① 可行性,即贪心选择必须满足问题的约束。

② 局部最优性,即贪心选择是当前步骤中所有可行选择中最佳的局部选择。

③ 不变性,即一旦做出选择,在算法的后面步骤中就无法改变。

总之,贪心策略求解的问题需要具备两个性质:一是最优子结构性质;二是贪心选择性质。第一条性质是应用贪心策略的基础,而第二条性质是决定使用贪心策略的关键。具备第一条性质的问题,如果不具备贪心选择性,而是具备子问题重叠性,则考虑用动态规划策略设计算法。

说明:严格地讲,使用贪心策略设计算法,要证明算法所求解的问题具有优化子结构和贪心选择性,还要证明算法确实按照贪心选择性进行局部优化选择。

前面章节拓展学习中介绍的 Prim、Kraskal、Dijkstra 等算法都是根据贪心策略设计的算法。

16.2.3 贪心策略的算法设计步骤及程序模式

1. 贪心策略的算法设计步骤

贪心策略的算法设计步骤一般分为以下 4 步:

(1) 建立数学模型来描述问题。

(2) 把求解的问题分成若干个子问题。

(3) 求解子问题,得到子问题的局部最优解。

(4) 通过贪心选择,扩展子问题的局部最优解,直到构成问题的完整解。

2. 贪心策略的程序模式

贪心策略的程序模式一般为：

```
Greedy(C)                          //C 是问题的输入集合,即候选集合
{
    S={ };                         //初始解集合为空集
    while(not Solution(S))         //集合 S 没有构成问题的一个解
    {
        x=Select(C);               //在候选集合 C 中进行贪心选择
        if Feasible(S, x)          //判断集合 S 中加入 x 后的解是否可行
        {
            S=S+{x};
            C=C-{x};
        }
    }
    return S;
}
```

其中,C 是候选集合,问题的最终解均来自候选集合 C;S 是解集合,根据贪心选择扩展解集合 S,直到构成问题的完整解;Solution()是一个布尔函数,检查解集合 S 是否构成问题的完整解;Select()是贪心选择函数,它选择最有希望构成问题解的候选对象,选择函数通常基于某个目标函数;Feasible()是一个布尔函数,检查解集合中加入一个候选对象是否可行,即解集合扩展后是否满足约束条件。

16.2.4　贪心策略应用实例

【例 16-2】 用贪心策略求解活动安排问题。设有 n 个活动的集合 $E=\{1,2,\cdots,n\}$,其中每个活动都要求使用同一资源,而在同一时间内只有一个活动能使用这一资源。每个活动 i 都有一个要求使用该资源的起始时间 s_i 和结束时间 f_i,且 $s_i<f_i$。如果选择了活动 i,则它在半开时间区间 $[s_i,f_i)$ 内占用资源。若区间 $[s_i,f_i)$ 与区间 $[s_j,f_j)$ 不相交,则称活动 i 与活动 j 是相容的。也就是说,当 $s_i\geqslant f_j$ 或 $s_j\geqslant f_i$ 时,活动 i 与活动 j 相容。活动安排问题就是要在所给的活动集合中,选出数量最多的相容活动子集合。各活动的起始时间和结束时间存储于数组 s 和 f 中,且按结束时间的非降序排列。

由于输入的活动是以其完成时间的非递减序排列,所以贪心算法每次总是选择具有最早完成时间的相容活动加入 A 中。直观上,按这种方法选择相容活动就为未安排的活动留下尽可能多的时间。也就是说,该算法的贪心选择是使剩余的可安排时间极大化,以便安排尽可能多的相容活动。贪心策略求解活动安排问题的时间复杂度为 O(n)。在 GreedySelector 算法中,集合 A 用来存储所选择的活动。活动 i 在集合 A 中,当且仅当 A[i]的值为 true。变量 j 用以记录最近一次加入 A 中的活动。

```
/* ActivityAssignment.cpp    贪心策略求解活动安排问题 */
template<typename Type>
```

```
void GreedySelector(int n, Type s[], Type f[], bool A[]){
    A[1]=true;              //表示活动进入相容集合,即活动被安排
    int j=1;                //进入相容集合的最后一个活动
    for(int i=2; i<=n; i++)
    {
        if(s[i]>=f[j]){
            A[i]=true;
            j=i;
        }
        else
            A[i]=false;
    }
}
```

【例 16-3】 任务调度问题。每项任务需要一个单位的工作时间,并且每项任务都有一个截止时间和奖励。如果任务在截止时间之前开始,则可以获得奖励,否则就不能获得奖励。问题是如何安排任务以获得最多的奖励。注意,不需要完成所有任务。例如,表 16-1 所示的任务调度问题实例,任务 1 的截止时间为 2 指的是任务 1 要在时间 1 或者时间 2 开始,否则就超过截止时间。任务 2 的截止时间为 1 意味着任务 2 只能在时间 1 开始。因此,可能的任务调度有[1,3]、[2,1]、[2,3]、[3,1]、[4,1]、[4,3]。通过观察发现,一种合理的贪心选择策略如下:先按照任务的奖励从高到低排序,根据这个顺序检查每个任务,如果满足截止时间的约束就加入该任务。

表 16-1   任务调度问题实例

任务	截止时间	奖励	任务	截止时间	奖励
1	2	30	3	2	25
2	1	35	4	1	40

问题求解思路:程序中使用第 10 章拓展学习中的快速排序算法,实现对任务的奖励排序,然后根据贪心选择策略调度任务。用贪心策略求解任务调度问题的时间复杂度为 $O(n)$。

```
/* Scheduling.cpp      贪心策略求解任务调度问题 */
#include<iostream>
#include"QuickSort.h"
using namespace std;
#define N 4
struct Job{
    int id;                 //任务编号
    int deadline;           //截止时间
    int profile;            //奖励
};
template<typename Type>
bool operator<=(const Type a, const Type b)
```

```
{
    if(a.profile<=b.profile)
        return false;
    else
        return true;
}
template<typename Type>
bool operator>=(const Type a, const Type b)
{
    if(a.profile>=b.profile)
        return false;
    else
        return true;
}
int main()
{
    Job * jobs=new Job[N+1];
    int M[N][3]={ {1,2,30},{2,1,35},{3,2,25},{4,1,40} };
    for(int i=1; i<=N; i++)
    {
        jobs[i].id=M[i-1][0];
        jobs[i].deadline=M[i-1][1];
        jobs[i].profile=M[i-1][2];
    }
    QuickSort<Job>(jobs, 1, N);          //按照奖励降序排列
    cout<<jobs[1].id<<endl;
    int deadline=1;
    for(int i=2; i<=N; i++)
    {
        if(jobs[i].deadline>deadline){
            cout<<jobs[i].id<<endl;
            deadline++;
        }
    }
    delete[] jobs;
    return 0;
}
```

16.3 动态规划策略

动态规划是一种求多阶段决策问题最优解的算法设计策略,是美国数学家 Richard Bellman 在 20 世纪 50 年代提出的。动态规划策略建立在最优化原理的基础上,可以高效地解决许多用分治算法或贪心算法无法解决的问题。本节主要介绍动态规划策略的基本知

识,并给出动态规划策略应用实例。

16.3.1　动态规划策略概述

分治策略将原问题分解成若干子问题,然后解决这些子问题,再把这些子问题的解合并成原问题的解。分治策略要求子问题互相独立,如果子问题不是互相独立,分治策略将重复计算公共子问题,导致效率降低。贪心策略在每次决策时都做出局部最优选择,虽然简单、直观,但是没有正确性证明的贪心策略很可能无法得到最优解。动态规划策略则不仅系统地搜索所有可能性,保证准确性,而且通过保存中间结果避免重复计算,保证求解的高效性。

动态规划的基本思想是:把将待求解问题分解成一系列子问题,然后求解每个子问题仅一次,并将其结果保存在一个表中,以后用到时直接存取,避免重复计算。

动态规划求解的问题要具有如下性质:

(1) 最优子结构性。动态规划策略与贪心策略一样,要求问题具有最优子结构性,即问题的最优解包含其子问题的最优解。

(2) 子问题重叠性。如果问题在求解过程中,很多子问题的解被多次使用,就称该问题具有子问题重叠性。如图 16-3 所示,问题 1.1 可以分解成问题 2.1、问题 2.2,而问题 1.2可以分解成问题 2.1、问题 2.4 和问题 2.5,那么问题 2.1 是问题 1.1 和问题 1.2 的重叠子问题。

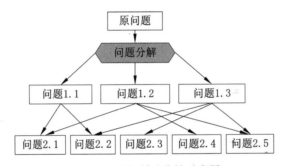

图 16-3　子问题重叠性示意图

动态规划本质上是一种以空间换时间的策略,它在实现的过程中需要存储求解过程中的各种状态,所以它的空间复杂度要大于其他算法。动态规划将原来具有指数级复杂度的搜索算法改进成了具有多项式时间的算法。其中的关键在于解决冗余、避免重复计算,这是动态规划策略的根本目的和原理。

说明:严格地讲,使用动态规划策略设计算法,要证明算法所求解的问题具有优化子结构,还要简单说明问题具有子问题重叠性。

动态规划策略和贪心策略都是一种递推算法,即由局部最优解来推导全局最优解。但它们的不同之处是,贪心算法中做出的每步贪心决策都无法改变,因为贪心策略是由上一步的最优解推导出下一步的最优解,而上一步之前的最优解则不作保留。贪心策略要求每一步的最优解一定包含上一步的最优解。动态规划策略全局最优解中一定包含某个局部最优解,但不一定包含前一个局部最优解,因此需要记录之前的所有最优解。

贪心策略和动态规划策略虽然都要求问题具有最优子结构性质,但是能用动态规划算法求解的问题不一定能用贪心算法来求解。

下面用两个经典问题来说明。

1）0-1 背包问题和背包问题

（1）**0-1 背包问题**：给定 n 种物品和一个背包，物品 i 的重量是 w_i，其价值为 v_i，背包的容量为 c。问应如何选择装入背包中的物品，使其总价值最大？

注意：在选择装入背包的物品时，对每种物品 i 只有两种选择，即装入背包或不装入背包。不能将物品 i 装入背包多次，也不能只装入物品 i 的一部分。

（2）**背包问题**：与 0-1 背包问题类似，所不同的是在选择物品装入背包时，可以选择物品的一部分，而不一定要全部装入背包。

说明：两个问题相似，但背包问题可以用贪心算法求解，而 0-1 背包问题却不能。

背包问题的贪心算法描述：首先计算每种物品单位重量的价值 v_i/w_i，然后依贪心选择策略，将尽可能多的单位重量价值最高的物品装入背包。若将这种物品全部装入背包后，背包内的物品总重量未超过 c，则选择单位重量价值次高的物品并尽可能多地装入背包。依此策略一直到背包装满为止。

对于 0-1 背包问题，如果背包中物品的价值和重量如表 16-2 所示，背包装入物品的总重量不得超过 11。贪心策略选择的物品{5,2,1}，总价值为 35，不是最优解。最优解应该是选择{3,4}，总价值为 40。此时，贪心策略对 0-1 背包问题就不适用了，因为它无法保证最终能将背包装满，部分背包空间的闲置使单位重量背包空间所具有的价值降低了。动态规划算法可以解决 0-1 背包问题，详见例 16-6。

表 16-2　0-1 背包问题的一个实例

i	vi	wi	i	vi	wi
1	1	1	4	22	6
2	6	2	5	28	7
3	18	5			

2）最短路径问题

假设寻找图 16-4 中从 A 到 D 的最短路径，因为从 A 到 D 的最短路径一定会经过 B 和 C，而 A 到 B 的最短距离是 1，B 到 C 的最短距离是 2，C 到 D 的最短距离是 1，所以，从 A 到 D 的最短距离是 1+2+1=4。此时，贪心策略可以解决该问题。

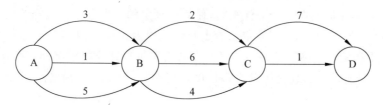

图 16-4　适用贪心策略的最短路径问题

如果使用贪心策略寻找图 16-5 中从 A 到 D 的最短路径，从 A 出发后选择 B_1，因为从 A 到 B_1 的距离比到 B_2 短，在选择 B_1 之后，接着选择 C_3，最后选择 D。此条路径的长度是 12+11+17=40，这不是最短路径，最短路径应是 A→B_1→C_1→D，其距离是 12+13+11=

36。此时,贪心策略就不能解决该问题了。

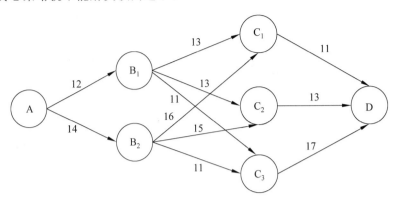

图 16-5 贪心策略不适用的问题

图 16-4 可以使用贪心策略,是因为从 A 到 D 必定经过 B 和 C,所以需要先找到 A 到 B 的最短路径,再找到从 B 到 C 的最短路径,最后寻找从 C 到 D 的最短路径。在图 16-5 中,从 A 到 D 的最短路径不一定经过 B_1 和 C_3。动态规划策略保存中间每个点到起点 A 的最短距离,随后计算经过该点路径的最短距离时,只需要直接存取,不需要重复计算。

16.3.2 动态规划策略的相关概念

下面介绍几个动态规划策略的相关概念。

1. 多阶段决策问题

如果一类活动过程可以分为若干个互相联系的阶段,在每一个阶段都需做出决策(采取措施),一个阶段的决策确定以后,常常影响到下一个阶段的决策,从而就完全确定了一个过程的活动路线,则称它为多阶段决策问题。

2. 最优策略

对于多阶段决策问题,各个阶段的决策构成一个决策序列,称为一个策略。每一个阶段都有若干个决策可供选择,因而就有许多策略供人们选取,对应于一个策略可以确定活动的效果,这个效果可以用数量来确定。策略不同,效果也不同。多阶段决策问题,就是要在可以选择的那些策略中间选取一个最优策略,使其在预定的标准下达到最好的效果。

【例 16-4】 最短路径问题。给定初始点及终点以及由初始点到终点的各种可能途径,要求寻找一条由初始点到终点的最短路径。在前面表示道路连接情况和道路长度的图 16-5 中,图中两点之间连线上的数值代表道路长度。现在要从结点 A 到结点 D,怎样走才能使所走的路径最短?

对于这个问题,可以穷举出所有的策略($c_2^1 c_3^1$),如表 16-3 所示。

从表 16-3 中可以看出,从 A 处到 D 处,最短路径是策略 1。表 16-3 实际上是穷举了所有可能的路径。如果有很多地点(如地图上的城市),道路连接情况很复杂,使用穷举策略效率会很低。

表 16-3　从 A 处到 D 处可以选择的路径

策　略	路　线	道路总长度
策略 1	A→B1→C1→D	36
策略 2	A→B1→C2→D	38
策略 3	A→B1→C3→D	40
策略 4	A→B2→C1→D	41
策略 5	A→B2→C2→D	42
策略 6	A→B3→C3→D	42

3．动态规划的本质

动态规划本质上是多阶段决策过程。将问题的过程分成几个相互联系的阶段,从而把一个大问题转化成一组同类型的子问题,然后逐个求解。即从边界条件开始,逐段递推寻优,在每一个子问题的求解中,均利用了它前面的子问题的最优化结果,依次进行,最后一个子问题所得的最优解就是整个问题的最优解。

4．动态规划的基本术语

(1) 阶段与阶段变量:把一个问题的过程恰当地分为若干个相互联系的阶段,以便按一定的次序去求解。阶段是按问题的时间或空间的自然特征来划分的,把描述阶段的变量称为阶段变量(使用字母 k 表示),阶段变量可以是年、月、日、路段等。用动态规划方法解题,原问题必须能划分为若干阶段。

(2) 状态、状态变量与允许状态集合:状态表示每个阶段开始所处的自然状况或客观条件,通常一个阶段有若干个状态。描述过程状态的变量称为状态变量,常用 s_k 表示第 k 阶段的状态变量。状态变量 s_k 的取值集合称为允许状态集合,用 S_k 表示。在动态规划问题中,状态是划分阶段的依据,状态的变化就意味着阶段的推移。因此,解题时首先应明确每一阶段开始时的一切可能状态。

(3) 决策、决策变量和允许决策集合:表示当过程处于某一阶段的某个状态时,可以作出不同的决定,从而确定下一阶段的状态,这种决定称为决策。描述决策的变量,称为决策变量,使用 $u_k(s_k)$ 表示第 k 阶段当状态为 s_k 时的决策变量。在实际问题中,决策变量的取值往往限制在一定范围内,此范围称为允许决策集合,使用 $D_k(s_k)$ 表示第 k 阶段从状态 s_k 出发的允许决策集合,则有 $u_k(s_k) \in (D_k(s_k))$。

(4) 状态转移方程:状态转移方程是确定过程由一个状态到另一个状态的演变过程,描述了状态转移规律。给定 k 阶段状态变量的值后,如果这一阶段的决策变量一经确定,第 k+1 阶段的状态变量也就完全确定。设阶段变量为 k,状态变量为 s_k,决策变量 u_k,则状态转移方程为:

$$s_{k+1} = T_k(s_k, u_k) \tag{16-1}$$

(5) 指标函数和最优值函数:用于衡量所选定策略优劣的数量指标称为指标函数。最优指标函数记为 $f_k(s_k)$,它表示从第 k 段状态 s_k 采用最优策略到过程终止时的最佳效益。

在不同的问题中,指标函数的含义是不同的,它可能是距离、利润、成本、产量或资源消耗等。动态规划模型的指标函数,应具有可分离性,并满足以下递推关系:

$$f_k(s_k) = \mathop{opt}_{u_k \in D_k(s_k)} g(f_{k+1}(T_k(s_k,u_k)),u_k) \tag{16-2}$$

其中,s_k 是第 k 段的某个状态,u_k 是从 s_k 出发的允许决策集合 $D_k(s_k)$ 中的一个决策,$T_k(s_k,u_k)$ 是由 s_k 和 u_k 所导出的第 $k+1$ 段的某个状态 s_{k+1},$g(x,u_k)$ 是定义在数值 x 和决策 u_k 上的一个函数,而函数 opt 表示最优化,根据具体问题表示求最大值或求最小值。

16.3.3 动态规划策略算法设计步骤及程序模式

1. 动态规划策略的算法设计步骤

动态规划策略的算法设计步骤一般分为以下 5 步:

(1) 建立数学模型描述问题。

(2) 划分阶段,选择状态,注意阶段一定是有序的。

(3) 确定决策,并写出状态转移方程。

(4) 根据指标函数和最优值函数,写出递推方程,包括边界条件。

(5) 计算最优值的信息,如果需要则构造问题的最优解。

2. 动态规划策略的程序模式

动态规划策略的程序模式一般为:

```
DynamicProgramming(n, S, D)
{
    initialize fₙ₊₁(sₙ₊₁);          //初始化边界条件(第 n 个阶段)
    for(int k=n; k> =1; k--)
    {  //第 k 个阶段
        for(each sₖ∈ Sₖ)
        {  //第 k 阶段的每个状态 sₖ
            fₖ(sₖ)=∞(or-∞);
            for(each uₖ(sₖ)∈ Dₖ(sₖ))
            {  //可以到达状态 sₖ 的每个决策 uₖ(sₖ)
                sₖ₊₁=Tₖ(sₖ,uₖ);           //状态 sₖ 经过决策 uₖ 后到达 sₖ₊₁
                t=g(fₖ₊₁(sₖ₊₁),uₖ);        //sₖ₊₁经过决策 uₖ 后到达 sₖ 产生的费用(价值)
                if(t is better than fₖ(sₖ))
                    fₖ(sₖ)=t;
            }
        }
        print fₙ(sₙ)
    }
}
```

说明:对于一些动态规划求解问题,使用递归的方法可以很巧妙地构造其最优解。

16.3.4　动态规划策略应用实例

【例 16-5】　使用动态规划策略求解图 16-5 的最短路径问题。

把从 A 到 D 的全过程分成 3 个阶段，用 k 表示阶段变量，表 16-4 是各阶段的初始状态和可供选择的道路。其中，可供选择的道路描述了状态转移情况。

表 16-4　阶段划分

阶段 k	初始状态	可选择道路
k＝1	A	AB_1、AB_2
k＝2	B_1	B_1C_1、B_1C_2、B_1C_3
	B_2	B_2C_1、B_2C_2、B_2C_3
k＝3	C_1	C_1D
	C2	C_2D
	C3	C_3D

用 $d_k(x_k, x_{k+1})$ 表示在第 k 阶段由初始状态 x_k 到下阶段的初始状态 x_{k+1} 的路径距离。$f_k(x_k)$ 表示从第 k 阶段的 x_k 到终点 D 的最短距离，则最优指标函数为：

$$f_k(x_k) = \min(f_{k-1}(x_{k-1}) + d_k(x_{k-1}, x_k)) \tag{16-3}$$

利用倒推方法求解 A 到 D 的最短距离。用 $f_k[x]$ 表示 k 阶段的地点 x 到地点 D 的最短距离，k=3,2,1,0，初始条件为 $f_0[D]=0$。用 $d[x,y]$ 表示 k 阶段的地点 x 和 k+1 阶段的地点 y 之间的距离。用动态规划策略求解最短路径的伪码描述如下：

```
f₀[D]=0;                              //初始条件
for(k=3;k>=1;k--)
begin
    for(x 取遍 k 阶段的所有城市)
        begin
            fₖ[x]=∞;                  //初始化最短路径为最大
            for(y 取遍 k-1 阶段的所有城市)
                begin
                    if(fₖ[x]>fₖ₋₁[y]+d[x,y])
                        fₖ[x]=fₖ₋₁[y]+d[x,y];      //累计消耗,更新最短路径
                end
        end;
end;
输出 f₃[A];
```

下面分析程序的计算过程。整个计算过程分为 3 步，从最后一个阶段开始进行。

第 1 步：有 3 条路线到终点 D，可计算出：

$$f_1(C_1) = d(C_1, D) = 11$$
$$f_1(C_2) = d(C_2, D) = 13$$

$$f_1(C_3) = d(C_3, D) = 17$$

第2步：到达 B_1 和 B_2 两地各有3条路线,可计算出：

$$f_2(B_1) = \min\begin{cases}d(B_1,C_1) + f_1(C_1)\\d(B_1,C_2) + f_1(C_2)\\d(B_1,C_3) + f_1(C_3)\end{cases} = \min\begin{cases}13+11\\13+13\\11+17\end{cases} = 24$$

对应的最短路径为 $B_1 \rightarrow C_1 \rightarrow D$。

$$f_2(B_2) = \min\begin{cases}d(B_2,C_1) + f_1(C_1)\\d(B_2,C_2) + f_1(C_2)\\d(B_2,C_3) + f_1(C_3)\end{cases} = \min\begin{cases}16+11\\15+13\\11+17\end{cases} = 27$$

对应的最短路径为 $B_2 \rightarrow C_1 \rightarrow D$。

第3步：到达 A 有2条路线,可计算出：

$$f_3(A) = \min\begin{cases}d(A,B_1) + f_2(B_1)\\d(A,B_2) + f_2(B_2)\end{cases} = \min\begin{cases}12+24\\14+27\end{cases} = 36$$

对应的最短路径为 $A \rightarrow B_1 \rightarrow C_1 \rightarrow D$。

动态规划策略就是从终点逐段向始点方向寻找最短路线的有效方法。可以将最短路径问题抽象成多阶段决策问题,用动态规划策略逐段求解时,每个阶段上的求优方法基本相同,而且比较简单。这种方法会明显优于穷举法,每一阶段的计算都要利用上一阶段的计算结果,因而会减少很多计算量。问题越复杂,段数越多,动态规划方法的效果也越明显。

说明：最短路径问题不仅是求距离最短问题,还可以是求时间或运输费用的最小值问题。

【例 16-6】 0-1 背包问题：已知有 n 个物品和一个背包,物品 i 的重量是 w_i,价值为 v_i,背包的容量为 c。物品 i 只能放入包中或者留在包外,不能部分和多次放入包中。问题是在选择的物品总重量不超过 c 的条件下,获得最大的价值。

把对每件物品的取舍作为一个阶段,那么选择物品的过程分成 n 个阶段。决策变量 u_k 表示第 k 个物品是否被选择。如果物品 i 被选择,则 $u_k=1$,否则 $u_k=0$。如果物品 1 被选择 ($u_1=1$),那么原问题变成有 n−1 个物品、背包容量为 c−w_1 的背包问题。同理,在做出 $u_1, u_2, \cdots, u_i$ 个决策后,问题简化为只需 n−i 次决策、背包容量为 $c - \sum_{k=1}^{i} u_k w_k$ 的问题。因此,无论决策变量 $u_1, u_2, \cdots, u_i$ 是多少,剩余的决策一定是简化后的背包问题的最优解,故 0-1 背包问题具有最优子结构性质。

如果考虑只能选择前 i 个物品($1 \leqslant i \leqslant n$)且背包容量为 j($1 \leqslant j \leqslant c$)的简化背包问题,设 m(i,j)为该简化问题的最优解,即能够放进容量为 j 背包中,是前 i 个物品的最大价值子集。放进容量为 j 背包中前 i 个物品的子集可以根据是否包括第 i 个物品分成两种情况：一是子集中不包括第 i 个物品;二是子集中包括第 i 个物品。分情况得到如下结论：

(1) 如果子集不包括第 i 个物品,则最优子集的价值为 m(i−1,j)。

(2) 如果子集中包括第 i 个物品,则最优子集的价值为 v_i+m(i−1,j−w_i),即最优子集是由第 i 个物品和前 i−1 个能够放进容量为 j−w_i 的背包最优子集构成。

因此,前 i 个物品中最优子集的总价值等于两种情况下子集价值中的较大者。递归方程如下：

$$m(i,j) = \begin{cases} 0 & i = 0 \text{ 且 } j = 0 \\ m(i-1,j) & i > 0 \text{ 且 } j < w_i \qquad (16\text{-}4) \\ \max\{m(i-1,j), v_i + m(i-1, j - w_i)\} & i > 0 \text{ 且 } j \geqslant w_i \end{cases}$$

说明：根据公式(16-4)计算 m(i,j)并保存在二维数组中，具体实现参考函数 knapsack()。然后，根据计算得出的二维数组输出问题的解，具体实现参考函数 printAnswer()。使用动态规划求解 0-1 背包问题的时间复杂度为 O(nc)。

```cpp
/* Knapsack.cpp     采用动态规划策略求解 0-1 背包问题 */
#include<iostream>
#include<iterator>
using namespace std;
//动态规划计算 m(n,c)
int * knapsack(int * w,int * v,int n,int c)
{
    int * m=new int[(n+1) * (c+1)],i,j;
    for(i=1;i<n+1;i++)
        m[i * (c+1)]=0;
    for(j=0;j<c+1;j++)
        m[j]=0;
    for(i=1;i<=n;i++)
    for(j=1;j<=c;j++)
    {
            m[i * (c+1)+j]=m[(i-1) * (c+1)+j];
            if(w[i-1]<=j)
                if(v[i-1]+m[(i-1) * (c+1)+j-w[i-1]]>m[(i-1) * (c+1)+j])
                    m[i * (c+1)+j]=v[i-1]+m[(i-1) * (c+1)+j-w[i-1]];
    }
    return m;
}
//构造问题的解,x[i]=1 表示选择物品 i,x[i]=0 表示不选择
int printAnswer(int * m,int * w, int c, int n)
{
    int i,j=c;
    int * x=new int[n];
    for(i=n;i>1;i--)
        if(m[i * (c+1)+j]==m[(i-1) * (c+1)+j])
            x[i-1]=0;
        else
        {
            x[i-1]=1;
            j-=w[i-1];
        }
```

```
    x[0]=m[(c+1)+j]>0? 1:0;
    for(i=0; i<n;i++)
    {
        cout<<x[i]<<endl;
    }
}
```

📊 16.4 回溯策略

"回溯"术语最早由 D. H. Lehmer 在 20 世纪 50 年代提出。R. J. Walker 是回溯策略的早期研究者之一,在 1960 年给出了回溯算法的描述。后来,S. Golomb 和 L. Baumert 给出回溯策略的基本描述以及各种应用。本节主要介绍回溯策略的基本知识,并给出回溯策略的应用实例。

16.4.1 回溯策略概述

通过搜索问题的所有候选解以找到问题的解的方法称为搜索法,也称为枚举法。当一个问题的所有候选解数量有限,或者只需要检查部分候选解就可以找到问题的解时,搜索法是可行的。但是,由于实际问题候选解的数量往往很大,计算机搜索候选解的时间会很长,所以搜索法在实际应用中很少使用。

回溯策略是一种选优搜索法,通过对候选解进行系统搜索,使问题的求解时间大大减少,同时保证在算法运行结束时能够找到所需要的解。回溯法的基本思想是:在搜索过程中,当探索到某一步时,发现原先的选择不是最优或达不到目标时就退回到上一步重新选择。回溯法主要用来解决一些要经过许多步骤才能完成并且每一步都有若干种可能的分支的问题。

一般来说,大多数回溯策略得到的解可以表示成为一个 n 元组($x_1, x_2, \cdots, x_n$),其中 $x_i \in S_i$(S_i 是有限线性有序集合)。假设 $|S_i|$ 是集合 S_i 的大小,那么候选解的数量为 $|S_1| \times |S_2| \times \cdots \times |S_n|$。枚举法首先生成所有的可能解,然后评估每个元组,寻找那些生成最优结果的元组。回溯策略可以使用远小于 $|S_1| \times |S_2| \times \cdots \times |S_n|$ 次的搜索,来获取问题的解。回溯策略一次只生成部分元组,并测试该部分元组是否有可能得到最优解。如果部分元组($x_1, x_2, \cdots, x_i$)无法得到最优解,就可以忽略该元组后面元组($x_{i+1}, x_{i+2}, \cdots, x_n$)的搜索,即避免了 $|S_{i+1}| \times |S_{i+2}| \times \cdots \times |S_n|$ 次测试,从而加快了搜索速度。

若问题的解需要穷举搜索大量、有限的可能解空间才能获取,那么该问题就称为组合问题。回溯策略求解的问题一般是困难的组合问题,这些问题可能存在精确解,但是无法用高效的算法求解。另外,组合问题的解空间一般可以组织成一个树,即问题的搜索树。如果一个问题的解空间可以用树表示,则可以使用回溯策略求解。

回溯策略可以求解困难组合优化问题,但是在最坏情况下,回溯策略也会生成呈指数增长的解空间树。回溯策略会剪掉解空间树中的分支,使问题在可以接受的时间内求解。

16.4.2　回溯策略算法设计步骤及程序模式

1. 回溯策略的算法设计步骤

回溯策略的算法设计步骤一般分为以下 5 步：

(1) 建立数学模型描述问题。

(2) 定义问题的解空间，它包含问题的所有可能解。

(3) 把问题的解空间组织成树结构。

(4) 以深度优先的方式搜索树结构的解空间，并在搜索的过程中判断是否满足约束条件。

(5) 输出问题的解，如果需要则构造问题的解。

2. 回溯策略的程序模式

回溯策略的程序根据实现方法可以分成递归和迭代两种。

设 $(X_1, X_2, \cdots, X_i)$ 为根结点到解空间树中的任一结点的路径。$S(X_1, X_2, \cdots, X_i)$ 表示 X_{i+1} 的所有可能值的集合，且满足 $(X_1, X_2, \cdots, X_i, X_{i+1})$ 是解空间树的一条路径。$B(X_1, X_2, \cdots, X_i)$ 是一个布尔型的限界函数，表示路径 $(X_1, X_2, \cdots, X_i)$ 是否可以扩展得到解结点。$T(X_1, X_2, \cdots, X_i)$ 是一个布尔型的判断函数，表示 $(X_1, X_2, \cdots, X_i)$ 是通往答案结点的路径。$U(X_i)$ 也是布尔型的函数，其为真表示结点 X_i 没有被搜索过。

递归回溯策略的程序模式如下：

```
BackTrackRecursion (int t)
{
    for(X[t]∈S(X[1],X[2]…,X[t-1]))
    {
        if(B(X[1],X[2],…,X[t])&&U(X[t]))
        {
            if(T(X[1],X[2],…,X[t]))
                output(X[1],X[2],…,X[t]);
            if(k<n) BackTrackRecursion(t+1);
        }
    }
}
```

迭代回溯策略的程序模式如下：

```
BackTrackIteration()
{
    int k=1;
    while(k>0)
    {
        if(B(X[1],X[2],…,X[t-1])&&X[t]∈S(X[1],X[2],…,X[t-1])&&U(X[t]))
        {
```

```
            if(T(X[1],X[2],…,X[t]))
                output(X[1],X[2],…,X[t]);
            k++;
        }else
        k--;
    }
}
```

16.4.3 回溯策略应用实例

【例 16-7】 使用回溯策略求解 n 皇后问题。已知一个 n×n 的棋盘,寻找所有能够使得 n 个皇后没有冲突的方案,即不能将两个皇后置于同一行、列或者斜线上。假设 n=4(即四皇后)时,就是一个 4×4 的棋盘,每一行中有 4 个位置,每行只能有一个皇后,这样就有 4^4 种布局。每种布局可以用向量 $<x_1,x_2,x_3,x_4>$ 表示,其中 x_i 表示第 i 行放置皇后的列号。当第 i 行中还没有放置皇后时,则 $x_i=0$。例如,向量 $<1,3,2,4>$ 对应的布局如图 16-6 所示。实际上,由于两个皇后不能在同一列,所以任何一个没有冲突的布局方案都对应于 1、2、3、4 的一个排列。

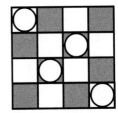

图 16-6 四皇后问题的一个布局

为了使用回溯策略解决 n 皇后问题,将问题的解空间组织成一棵完全 n 叉树,然后以深度优先方式搜索。根结点表示没有放置皇后,因为第 1 行皇后有 4 个位置可以放置,所以根结点下有 4 个分支,分别对应 $x_1=1,2,3,4$,即把皇后放置在第 1 行的第 1,2,3,4 列中,如图 16-7 所示。每放置完一个皇后,由于约束条件的限制,以后的搜索空间大幅缩减。回溯策略会找出 n 皇后问题的所有可行解。

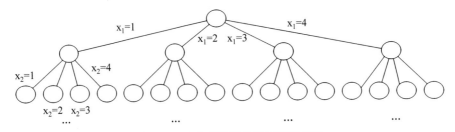

图 16-7 四皇后问题的解空间树结构

问题求解思路:采用深度优先策略搜索 x_1,x_2,x_3,x_4 的值,最后输出所有的可行解。函数 Place()判断一个位置是否可以放置皇后,函数 NQueens()通过递归调用输出问题的所有解。

```cpp
/* NQueens.cpp    采用回溯策略的 n 皇后问题 */
#include<iostream>
using namespace std;
#define N 4
int x[N+1];
bool Place(int k, int i)        //第 k 行、第 i 列的位置是否可以放置皇后
```

```
{
    for(int j=1; j<k; j++)
    {
        if(x[j]==i || abs(x[j]-i)==abs(j-k))
            return false;
    }
    return true;
}
void NQueens(int k, int n)
{
    for(int i=1; i<=n; i++)
    {
        if(Place(k, i))
        {
            x[k]=i;
            if(k==n)
            {
                for(int j=1; j<=n; j++)
                    cout<<x[j]<<' ';
                cout<<endl;
            }
            else
                NQueens(k+1, n);
        }
    }
}
int main()
{
    NQueens(1,N);
}
```

📊 16.5　分支限界策略

分支限界策略是一个用途十分广泛的算法设计策略，由 Richard Manning Karp 在 20
世纪 60 年代提出，成功求解含有 65 个城市的旅行商问题。后来，分支限界法被用于解决各
种各样的优化问题。例如，作业调度问题、分配问题、网络问题、背包问题、旅行商问题。本
节主要介绍分支限界策略的基本知识，并给出分支限界策略的应用实例。

16.5.1　堆

分支限界策略经常使用堆，堆分为大根堆和小根堆。对于大根堆，每个结点的键值都要
大于或等于其孩子结点的值；而对于小根堆，每个结点的键值都小于或等于其孩子结点

的值。

例如,图 16-8(a)是一个大根堆,图 16-8(b)是一个小根堆。

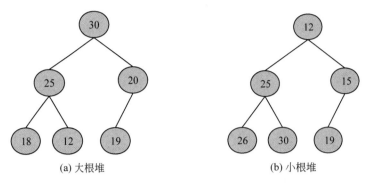

(a) 大根堆　　　　　　　　　　　　　(b) 小根堆

图 16-8　是否满足堆定义的二叉树示例

可以使用数组来实现堆,按照从上到下、从左到右的顺序来保存堆中元素。例如,对于图 16-8(a)中所示的堆,其数组表示如图 16-9 所示。

下标索引　0　　1　　2　　3　　4　　5　　6

键值

图 16-9　堆的数组表示

在分支限界策略中,通过结点的边界值,选择最有希望扩展的结点,所以需要可以方便地返回最大或最小值的数据结构,堆正好满足要求,经常被用于分支限界策略。

【描述 16-1】　堆数据结构的 C++ 描述。

```
/* Heap.h */
#include<iostream>
using namespace std;
template<class Type>
struct heap
    {
    Type * S;   //保存结点数组
    int heapsize;
    };
//把下标为 index 的结点下移
template<class Type>
void siftDown(heap<Type>&H, int index)
{
    int parent, largest;
    Type siftkey;
    bool done;
    siftkey=H.S[index];
    parent=index;
    done=false;
    while((2* parent<=H.heapsize) && !done)
```

```
    {
        if((2 * parent<H.heapsize) && (H.S[2 * parent ]<H.S[2 * parent+1]))
            largest=2 * parent+1;
        else
            largest=2 * parent;
        if(siftkey<H.S[largest])
        {
            H.S[parent]=H.S[largest];
            parent=largest;
        }
        else
            done=true;
        H.S[parent]=siftkey;
    }
}
//把下标为 index 的结点上移
template<class Type>
void siftUp(heap<Type> &H, int index)
{
    bool done=false;
    if(index !=1)
    {
        while(!done && index !=1)
        {
            if(H.S[index / 2]<H.S[index])
            {
                H.S[0]=H.S[index];
                H.S[index]=H.S[index / 2];
                H.S[index / 2]=H.S[0];
            }
            else
                done=true;
            index=index / 2;
        }
    }
}
//删除并返回堆的根元素
template<class Type>
Type removeRoot(heap<Type> &H)
{
    Type outkey;
    outkey=H.S[1];
    H.S[1]=H.S[H.heapsize];
    H.heapsize--;
    siftDown(H, 1);
```

```
        return outkey;
}
//把 A 放入堆中
template<class Type>
void insert(heap<Type> &H, Type A)
{
    H.heapsize++;
    H.S[H.heapsize]=A;
    siftUp(H, H.heapsize);
}
//创建堆
template<class Type>
void createHeap(int n, heap<Type> &H)
{
    H.heapsize=n;
    for(int i=n / 2; i>=1; i--)
        siftDown(H, i);
}
```

说明：将描述 16-1 中关于堆类模板的实现代码存储在 Heap.h 文件中，以后就可以基于该类模板快速完成分支限界问题的求解。

16.5.2　分支限界策略概述

在回溯策略中,若无法从解空间树的某个分支得到解,就不会搜索这个分支。这个思想在分支限界策略中得到强化。分支限界法包括以下两个基本操作。

(1) 分支：把全部可行的解空间不断分割为越来越小的子集。

(2) 限界：为每个子集内的解的值计算一个下界或上界。

分支限界策略的基本思想是：定义一个边界函数,用于计算解空间树中每个结点的边界值,然后决定该结点是否有希望被扩展。边界函数取决于最优化问题的类型。如果是最小化问题,定义下界边界函数;如果是最大化问题,定义上界边界函数。如果结点有希望被扩展,即边界值优于目前的最优值,则扩展该结点;如果结点没有希望被扩展,即边界值差于目前的最优值,则在解空间树中把该分支剪掉,不再扩展该结点。这样,解的许多子集就可以不予考虑了,从而缩小了搜索范围。

分支限界策略与回溯策略的共同点是：需要把问题表示成解空间树,然后在树中搜索问题的解。分支限界策略与回溯策略的不同点有两个：一是分支限界策略没有限制树的搜索方法,可以是广度优先搜索,也可以是最小成本搜索,而回溯策略采用的是深度优先搜索；二是分支限界策略只能用于优化问题,而回溯策略可以用于非优化问题,如求问题的可行解。因此,分支限界策略在设计算法时需要以下两个额外的条件：

(1) 为解空间树中的每个结点提供一种计算其边界的方法。

(2) 求出目前最优解的值。如果一个结点的边界值不满足当前最优解值的范围,就停止搜索这个结点。因为从这个结点得到的解,没有一个比目前得到的最优解更好。分支限

404

界策略通过限界的方法避免搜索更多的分支。

分支限界策略求解的问题也是组合优化问题。如果一个问题的解空间可以用树表示，并且可以求出结点的边界值和目前最优解的值，则可以使用分支限界策略求解。

16.5.3　分支限界策略算法设计步骤及程序模式

1. 分支限界策略的算法设计步骤

分支限界策略的算法设计步骤一般分为以下 5 步：

（1）建立数学模型描述问题。

（2）定义问题的解空间，它包含问题的所有可能解。

（3）把问题的解空间组织成树结构。

（4）以广度优先或最小成本的方式搜索树结构的解空间，并在搜索的过程中计算当前最优解的值和每个分支出来的结点的边界值。

（5）输出问题的解，如果需要则构造问题的解。

2. 分支限界策略的程序模式

分支限界策略的程序模型与回溯策略类似，此处不再赘述。

16.5.4　分支限界策略应用实例

【**例 16-8**】　使用分支限界策略求解任务分配问题。任务分配问题是把 n 项任务分配给 n 个人，每个人完成每项任务所需要的时间不同，一般用 n 阶矩阵表示。要求分配给每个人一项任务，使完成 n 项任务的总时间最少。

把不同的任务分配给不同的人，就出现了很多不同的组合，求完成所有任务总时间最少的任务分配，这是一个组合优化问题。如何构造任务分配问题的解空间树？解决方法是把树中的每一层对应一项任务的分配，该层的每个结点对应一项任务被分配给不同的人员，如图 16-10 所示。任务分配问题的边界函数定义为已经分配的任务所用的时间，与剩余每个任务的最少完成时间之和。例如，图 16-10 中的矩阵 C 是 4 位人员完成 4 项任务所用的时间表。当任务都没有分配时，4 项任务的总完成时间不会小于矩阵 C 每一列中最小元素的和，即 5＋2＋1＋4＝12。注意，该和不一定是合法选择的成本，因为 5 和 1 都是由人员 c 完成的。当任务一分配给人员 a 时，完成 4 项任务的总时间不会小于 9＋4＋1＋4＝18。如果任务一分配给人员 b，那么完成4 项任务的总时间不会小于 6＋2＋1＋4＝13。

$$\begin{array}{c} \quad\ \text{任务一}\ \ \text{任务二}\ \ \text{任务三}\ \ \text{任务四} \\ \begin{array}{l} \text{人员a} \\ \text{人员b} \\ \text{人员c} \\ \text{人员d} \end{array} \left[\begin{array}{cccc} 9 & 2 & 7 & 8 \\ 6 & 4 & 3 & 7 \\ 5 & 8 & 1 & 8 \\ 7 & 6 & 9 & 4 \end{array} \right] = C \end{array}$$

图 16-10　任务完成时间表

分支限界策略求解分配问题如图 16-11 所示，当任务一分配给不同的人员，会有不同的边界值。因为求总时间最小的解，所以把下界值最小的结点作为最有希望的扩展结点。任务一分配给人员 b 后，任务二再分配给人员 a，其下界值正好对应一个可行解，即任务三分配给 c,任务四分配个 d,所以总时间 13。已知一个可行解的总时间为 13,那么下限值大于 13 的那些结点就不可能得到最优解。

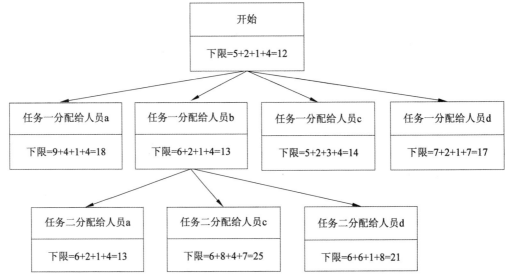

图 16-11　用分支限界法求解分配问题的实例

问题求解思路: 总共有 N 个任务和 N 个人员,任务完成时间矩阵保存在二维数组 CostMatrix[][]中。用数组 x 保存分配给人员的任务,x[i]=j 表示把任务 j 分配给人员 i,当 x[i]=-1 时表示人员 i 尚未分配任务。最后,把数组 x 中的值保存在数组 job 中。

```cpp
/* JobAssignmnet.cpp    采用分支限界策略求解任务分配问题 */
#include<iostream>
#include<limits>
#include "Heap.h"
using namespace std;
//结点通过 bound 边界值比较大小,创建小根堆
template<class Type>
bool operator< (const Type a, const Type b)
{
    if(a.bound>b.bound)
        return true;
    else
        return false;
}
#define N 4
struct node
{
    int x[N];          //分配给人员的任务
    int k;             //搜索到的层数
    float t;           //在当前的搜索层,已经分配任务所需的时间
    float bound;       //该结点的边界值
};
```

```
float job_assign(float CostMatrix[][N],int job[])
{
    int i, j, m;
    node * xnode, * pnode;
    xnode=new node;
    heap<node>H;
    H.S=new node[N * N+1];
    H.heapsize=0;
    float min;
    //初始化为-1,表示所有人员都没有分配任务
    for(i=0; i<N; i++)
        xnode->x[i]=-1;
    xnode->k=0;
    xnode->t=0;
    xnode->bound=0;
    //通过分支限界策略寻找最优解,并保存在结点的 x 数组中
    while(xnode->k !=N)
    {
        for(i=0; i<N; i++)
        {
            if(xnode->x[i]==-1)
            {
                pnode=new node;
                * pnode= * xnode;
                pnode->x[i]=pnode->k;
                pnode->t+=CostMatrix[i][pnode->k];
                pnode->bound=pnode->t;
                pnode->k++;
                for(j=pnode->k; j<N; j++)
                {
                    min=numeric_limits<float>::max();
                    for(m=0; m<N; m++)
                        if((pnode->x[m]==-1) && (CostMatrix[m][j]<min))
                            min=CostMatrix[m][j];
                    pnode->bound+=min;
                }
                insert(H, * pnode);
                delete pnode;
            }
        }
        node x=removeRoot(H);
        xnode=&x;
    }
    //最少时间保存在 min
    min=xnode->bound;
    //把最优解保存在数组 job 中
    for(i=0; i<N; i++)
```

```
            job[i]=xnode->x[i];
        delete [] H.S;
        return min;
    }
    void main()
    {
        float Cost[4][4]={{3,8,4,12},{9,12,13,5},{8,7,9,3},{12,7,6,8}};
        int job[4];
        cout<<job_assign(Cost,job)<<endl;
        for(int i=0; i<N; i++)
            cout<<job[i]<<endl;
    }
```

【例 16-9】 使用分支限界策略求解 0-1 背包问题。已知有 n 个物品和一个背包,物品 i 的重量是 w_i,价值为 p_i,背包的容量为 W。物品 i 只能放入包中或者留在包外,不能部分和多次放入包中。问题是:在选择的物品总重量不超过 W 的条件下,获得最大的价值。

在 16.3 节中,使用动态规划策略求解过该问题。现在,使用分支限界策略求解该问题。可以使用一棵二叉树来构造 0-1 背包问题的解空间树,树中每层对应一件物品的选择,左边的结点表示包括该物品,右边的结点表示不包括该物品。0-1 背包问题的边界函数定义为已经选择物品的总价值,加上背包剩余容量与剩下物品的最大单位价值的乘积。例如,对于表 16-5 的背包问题实例,背包的容量为 10,那么使用分支限界法求解背包问题实例的解空间树如图 16-12 所示,根据边界函数可以计算每个结点的上限值。

表 16-5　0-1 背包问题实例

物品编号	重 量	价 值	价值/重量
1	4	40	10
2	7	42	6
3	5	25	5
4	3	12	4

问题求解思路:总共有 n 件物品,每件物品的重量保存在数组 w 中,价值保存在数组 p 中。函数 bound() 用于计算每个结点的上限值,函数 Branch_and_Bound_Knapsack() 通过分支限界法计算最大价值,保存在参数 maxprofit 中。

```
/* BBKnapsack.cpp      采用分支限界策略求解 0-1 背包问题    */
#include<iostream>
#include<iterator>
#include "Heap.h"
using namespace std;
//结点通过 bound 边界值比较大小,创建大根堆
template<class Type>
bool operator< (const Type a, const Type b)
{
```

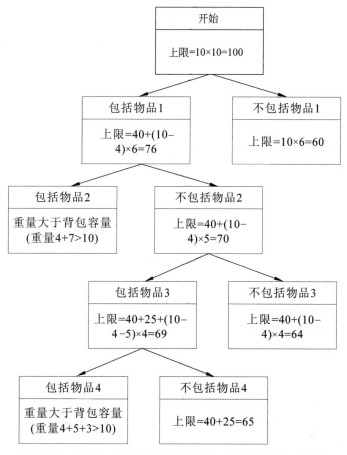

图 16-12　使用分支限界法求解 0-1 背包问题实例的解空间树

```
    if(a.bound<b.bound)
        return true;
    else
        return false;
}
struct node
{
    int level;              //搜索到的层数
    int profit;             //物品的价值
    int weight;             //物品的重量
    float bound;            //该结点的边界值
};
//计算每个结点的边界值
float bound(node u, int W, int n, const int w[], const int p[])
{
    int j, k;
    int total;
    float result;
```

```
        if(u.weight>=W)
            return 0;
        else
        {
            result=u.profit;
            j=u.level==-1? 0:u.level-1;
            total=u.weight;
            while(j<n && total+w[j]<=W) {
                total=total+w[j]; //Grab as many items
                result=result+p[j]; //as possible.
                j++;
            }
            k=j;
            if(k<n)
                result=result+ (W-total) * p[k] / w[k];
            return result;
        }
}
//分支限界策略求解最大价值
void Branch_and_Bound_Knapsack (int n, const int p[], const int w[], int W, int&
maxprofit)
{
    heap<node>H;
    H.S=new node[2 * n+1];
    H.heapsize=0;
    node u, v;
    v.level=-1; v.profit=0; v.weight=0;
    maxprofit=0;
    v. bound=bound(v, W, n, w, p);
    insert(H, v);
    while(H.heapsize !=0)
    {
        v=removeRoot(H);
        if(v.bound>maxprofit)
        {
            u.level=v.level+1;
            u.weight=v.weight+w[u.level];
            u.profit=v.profit+p[u.level];
            if(u.weight<=W && u.profit>maxprofit)
                maxprofit=u.profit;
            u.bound=bound(u,W,n,w,p);
            if(u.bound>maxprofit)
                insert(H, u);
            u.weight=v.weight;
            u.profit=v.profit;
```

```
                u.bound=bound(u, W, n, w, p);
                if(u.bound>maxprofit)
                    insert(H,u);
            }
        }
    delete [] H.S;
}
void main()
{
    int n=4, W=16;
    int p[]={40,30,50,10};
    int w[]={2,5,10,5};
    int max;
    Branch_and_Bound_Knapsack(n, p, w, W, max);
    cout<<"获得的最大价值为"<<max<<endl;
}
```

关于本章的源代码，请参阅拓展学习。

拓展学习

本章源代码

图 书 资 源 支 持

❖❖

感谢您一直以来对清华版图书的支持和爱护。为了配合本书的使用,本书提供配套的资源,有需求的读者请扫描下方的"书圈"微信公众号二维码,在图书专区下载,也可以拨打电话或发送电子邮件咨询。

如果您在使用本书的过程中遇到了什么问题,或者有相关图书出版计划,也请您发邮件告诉我们,以便我们更好地为您服务。

❖❖

我们的联系方式:

地　　　址:北京市海淀区双清路学研大厦 A 座 701

邮　　　编:100084

电　　　话:010-83470236　　010-83470237

资源下载:http://www.tup.com.cn

客服邮箱:2301891038@qq.com

QQ:2301891038(请写明您的单位和姓名)

资源下载、样书申请

书 圈

扫一扫,获取最新目录

课 程 直 播

用微信扫一扫右边的二维码,即可关注清华大学出版社公众号"书圈"。